工 程 测 量

主　编　张晓东

副主编　胡良柏

参　编　王筱君　程星海

主　审　兰小机

哈尔滨工程大学出版社

内 容 简 介

本书共分十二章,主要介绍了测量学的基本知识和3S技术的发展,水准仪使用和水准测量方法,经纬仪使用与测角方法,误差理论的相关知识,控制测量原理与方法,地形图的基本知识与地形图应用,建筑工程测量的方法,建筑物变形测量的方法,地质勘探测量的方法,线路工程测量和桥隧施工测量,水利工程测量的方法,房产测量的方法等内容。本书内容翔实,层次清晰,在阐述理论和方法的同时,加入实习实训,具有很强的实用性。

本书是高等职业教育非测绘专业的工程测量教材,可以作为普通高校教材使用,也可作为相关专业技术人员的参考书。

图书在版编目(CIP)数据

工程测量/张晓东主编. —哈尔滨:哈尔滨工程
大学出版社,2012.5(2018.8重印)
ISBN 978 - 7 - 5661 - 0358 - 1

Ⅰ.①工… Ⅱ.①张… Ⅲ.①工程测量 - 高等职业教
育 - 教材 Ⅳ.①TB22

中国版本图书馆 CIP 数据核字(2012)第 100221 号

出版发行	哈尔滨工程大学出版社	
社 址	哈尔滨市南岗区南通大街 145 号	
邮政编码	150001	
发行电话	0451 - 82519328	
传 真	0451 - 82519699	
经 销	新华书店	
印 刷	北京中石油彩色印刷有限责任公司	
开 本	787mm × 1 092mm 1/16	
印 张	15.75	
字 数	381 千字	
版 次	2012 年 5 月第 1 版	
印 次	2018 年 8 月第 2 次印刷	
定 价	34.00 元	

http://www.hrbeupress.com
E-mail:heupress@ hrbeu. edu. cn

　　测量学是一门历史悠久的学科,随着技术进步、社会发展以及工程建设对测绘数据精度要求越来越精密,其地位和作用显得更加重要。高速铁路建设、大型水电工程、高层建筑施工、城市规划、数字城市等离不开测量技术支撑,由"3S"技术支撑测绘学科的发展,为这门古老学科注入了新的活力。

　　高等职业技术院校人才培养的目标可概述为:以应用能力为主线,以本专业技术需求为导向,理论满足专业需求,具有可持续学习与发展能力。

　　本书是依据人才培养目标,为高职高专院校地质、建筑、房产、交通水电等专业编写的工程测量教材。教材编写中,邀请生产单位的专业技术人员讨论研究,形成了教材编写方案。教材介绍了测绘学基本概念、水准仪测量高差、纬仪测角、全站仪测距等方法;介绍了区域控制测量方法;介绍了地质勘探测量、建筑测量、房产地籍测绘、线路测量原理与方法;介绍了 GPS 应用、数据处理原理方法;介绍了测绘新技术及其应用。本书由易到难,涉及面较广,可根据专业教学实际选择章节教学。

　　本书由张晓东主编、统稿,共分十二章。甘肃工业职业技术学院张晓东编写(一、二、六章),甘肃工业职业技术学院胡良柏编写(三、四、五、十章),甘肃工业职业技术学院王筱君编写(七、八、九、十二章),甘肃省测绘局工程院高级工程师程星海编写(十一章、实习实训)。

　　本书由江西理工大学兰小机教授主审,对教材提出修改意见,特此致谢!

　　本书参考了国内有关教材的内容,在此,向作者表示衷心的感谢! 由于编者水平有限,书中不足之处,恳请广大读者批评指正。

编　者
2012 年 1 月

CONTENTS 目录

CONTENTS

CONTENTS

第一章　工程测量的基本知识

第一节　测量学简介

在人类发展的历史长河中,人类的活动中产生了确定点的位置及其相互关系的需要。如远在公元前 1 400 多年古埃及尼罗河畔的农田在每次河水泛滥后的地界恢复需要测量。公元前 3 世纪前,中国人的祖先已经认识并利用天然磁石的磁性,并制成了"司南"磁罗盘用于方向的确定。而在公元前 2 世纪,大禹治水就已经制造了"准绳、规矩"等测量工具,并成功地用于治水工程中。

随着人类对世界认识视野的拓宽,测绘科学也逐步完善形成。公元前 6 世纪,古希腊的毕达哥拉斯提出地球体的概念,两百多年后,亚里士多德进行了进一步的论证,又过了一百年,埃老突斯尼测算了地球子午圈的长度,并推算了地球的半径。现代全球测绘数据显示,地球的扁率(长短半径差与长半径之比)约为 298.3 分之一,已经是比较准确的描述了。公元 8 世纪,南宫说在今河南境内进行了子午圈实地弧度测量。到 17 世纪末,牛顿和惠更斯提出了地扁说,并在 18 世纪中叶由法国科学院测量证实了地扁说,使人类对地球的认识从球体认识推进到了椭球体。19 世纪初,法国的拉普拉斯和德国的高斯都提出了地球更精确的描述,非椭球性,地球总体应该为梨状。1873 年利斯廷创造了"大地水准面"一词,以此面封闭形成的球体——大地体来描述地球。1945 年,前苏联的莫洛坚斯基创立了用地面重力测量数据直接研究真实地球表面形状的理论,由此,人类对地球的认识,由天圆地方的认识,经过圆形、椭球形、梨状的一个越来越准确的认识过程。

作为测绘主要成果形式的地图,在表现形式和制作方式上也发生了重大的进步。公元前 3 世纪前,人类只是在一些陶片上记录一些地形的示意略图,公元前 2 世纪,中国人已经能在锦帛上绘制有比例和方位的地图,有了一定的精度。公元 2 世纪,古希腊的脱勒密在《地理学指南》中已经收集、整理了当时关于地球的一般知识,阐述了编制地图的方法,并提出了地区曲面在地图制图中的投影问题。中国西晋初年,裴秀编绘的《禹贡地域图》是世界最早的历史图集。他汇编的《地形方丈图》是中国全国大地图。他还以"制图六体"奠定了制图的理论基础。16 世纪,测量仪器在技术上有了一个大进步,以荷兰墨卡托的《世界地图集》和中国罗洪先《广舆图》为代表,达到了新的水平,已经可以利用仪器直接测绘图件,再缩绘为不同比例的图。清初康熙年间我国已经首次用仪器测绘完成全国范围的《皇舆全览图》。

1930 年我国首次与德国汉莎航空公司合作,进行了航空摄影测量。1933 年同济大学设立测量系开始培养专业技术人才。1954 年建立了 54 北京坐标系,1956 年建立了黄海高程系。1958 年颁布了我国 1: 10 000,1: 25 000,1: 50 000,1: 100 000 比例尺地形图测绘基本原则(草案)。1988 年 1 月 1 日,我国正式启用"1985 国家高程基准",并在我国西安泾阳县永乐镇建立了新的大地坐标原点,并用 IUGG(国际大地测量与地球物理学联合会)75 参考椭球,建立了我国独立的参心坐标系,称为西安 1980 坐标系。20 世纪 90 年代以来,以全球卫星定位系统为主的现代空间定位技术快速发展,导致获得位置的测量技术和方法迅速变革。空间技术的迅速发展与广泛应用,迫切要求国家提供高精度、地心、动态、实用、统一的大地坐标系,作为各项社会经济活动的基础性保障。

2008 年 7 月 1 日起,启用 2000 国家大地坐标系(简称"2000 坐标系")。2000 坐标系是全球地心坐标系在我国的具体体现,其原点为包括海洋和大气的整个地球的质量中心。为测绘事业与国际接轨奠定了良好的基础。

第二节 测绘科学及其分类

测绘科学就其研究的内容,是一门研究对地球整体及其表面形态、地理分布、外层空间物体的有关信息的采集、处理、分析、描述、管理和利用的科学与技术。测量学按照研究的重点内容和应用范围来分类,包括以下多个学科。

1.大地测量学

大地测量学是研究地球的形状、大小、重力场及其变化,通过建立区域和全球的三维控制网、重力网及利用卫星测量等方法测定地球各种动态的理论和技术的学科。其基本任务是建立地面控制网、重力网,精确测定控制点的空间三维位置,为地形测量提供控制基础,为各类工程建设施工测量提供依据,为研究地球形状大小、重力场及其变化、地壳变形及地震预报提供信息。

2.摄影测量与遥感学

摄影测量与遥感学是研究利用摄影和遥感技术获取被测物体的信息,以确定物体的形状、大小和空间位置的理论和方法。由于获得相片的方法不同,摄影测量又分为航空摄影测量(简称航测)、陆地摄影测量(简称陆摄)、水下摄影测量。遥感分为航空遥感、航天遥感等。

3.工程测量学

工程测量学研究在工程建设和自然资源开发的规划、设计、施工、竣工验收和运营中测量的理论和方法。工程测量学包括工程控制测量、地形测绘、变形监测及建立相应的信息系统等内容。

4.海洋测量学

海洋测量学是以海洋和陆地水域为研究对象,研究海洋水下地形测量、航道及相关的港口、码头的建设等工程相关的测量的理论和方法。

5.地图制图学

地图制图学是研究各种地图的制作理论、原理、工艺技术和应用的一门学科。研究内容主要包括地图编制、地图投影学、地图整饰、印刷等。现代地图制图学向着制图自动化、电子地图制作及与计算机信息科学的结合,以及建立地理信息系统方向发展。

6.地球空间信息学

测绘学科的理论、技术、方法及其学科内涵在不断地发生变化。当代由于空间技术、计算机技术、通信技术和地理信息技术的发展,致使测绘学的理论基础、工程技术体系、研究领域和科学目标正在适应新形势的需要而发生深刻的变化。由 3S 技术(GPS,RS,GIS)支撑的测绘科学技术在信息采集、数据处理和成果应用等方面也在进入数字化、网络化、智能化、实时化和可视化的新阶段。测绘学已经成为研究对地球和其他实体与空间分布有关的信息进行采集、量测、分析、显示、管理和利用的一门科学技术。它的服务对象远远超出传统测绘学比较狭窄的应用领域,已扩大到国民经济和国防建设等与地理空间信息有关的各个领域,成为当代兴起的一门新型学科——地球空间信息学。

第三节　测绘科学在社会发展中的作用

测绘科学是人类认识和研究我们赖以生存的地球的不可缺少的手段。伴随人类文明的不断进步,人类对自己的唯一家园——地球给予了越来越多的关注。人类需要保护地球,推进可持续发展。要关注和探索大区域,或全球性的问题,必须由测绘提供基础数据的支持。地球的形状和大小、本身的变化(如地壳板块的运动、地震预测、重力场的时空变化、地球的潮汐、自转的变化等)也需要观测,这些观测将对人类进一步认识地球发挥着不可缺少的作用,要实现这些观测需要测绘技术的支持。

在国家建设中,从发展规划,资源调查、开发与利用,环境保护,城市、交通、水利、能源、通信等任何建设工程,大到正负电子对撞机、核电站的建设,小到新农村的建设,建设工程的全部过程都需要测绘提供保障。

在信息化建设不断推进的今天,国家经济建设的各方面对测绘保障提出了越来越高的要求。要求测绘提供精确、实时的数据资料,并要求提供的地理空间信息数据和专业数据结合,以此推进信息化进程。面向社会公众服务的相关公司和政府部门,也可以通过基于地理空间位置信息的指挥运作系统,来实现及时的服务和最大效率的发挥,如出租车公司的车辆管理,急救、消防的调度管理等。如在物流管理中,地理空间信息数据和相关自动识别技术等结合,以构建零库存和最低物流成本的现代物流管理系统。基于地理空间信息建立的各种专业信息系统,进行信息共享平台的建设,来构建数字城市、数字区域和数字国家。

在国防建设和公众安全保障中,测绘提供准确、及时的定位和相关保障,其作用也在不断地发挥。现代化战争中的精确打击,需要高质量的测绘保障,需要实时的、足够精度的定位数据。战前作战方案的优化制定,作战过程中的战场态势评估及作战指挥,战后评估都需要在测绘获得的地理空间信息的基础上,建立作战指挥系统。人造地球卫星、航天器、远程导弹等,都要随时观测、跟踪、校正飞行轨道,以保证它们精确入轨飞行。在国界勘测中,通过测绘提供的国界线地理空间信息数据则是关系到国家主权和利益的国家重要数据,并且在国际交往和合作中发挥重要作用。在保障公众安全中,借助测绘提供的地理空间信息,可以使警力得到合理的安排,发挥最大的作用。

社会公众出于对个人财产或监控物的动态监控,其财产定位及必要的跟踪需求也开始出现,并且不断增长;个人出游中也需要定位和指向。

在经济社会发展中,特别是在全世界强调人与自然和谐、经济社会可持续发展的今天,政府部门及相关机构越来越需要及时掌握自然与社会经济要素的分布状况及其变化特征,来制定和调整相关的政策,以实现对社会经济发展的最大推动的期望。它们也希望在某种自然、社会危机或者风险事件出现的情况下,能够最及时地获得地理空间信息数据,迅速形成相关的决策和指挥系统,以便提高全社会在防灾减灾方面的效率,将损失降低到最小。

由此,社会政治、经济的发展,使很多的部门和社会组成的各个层面都需要测绘的支持,测绘工作也将发挥越来越重要的作用。

第四节　3S 技术及其发展

近十几年来,随着空间科学技术、计算机技术和信息科学的发展,全球定位系统(GPS)、遥感(RS)和地理信息系统(GIS)、图形的显示形式等方面都发生了革命性的变化。测绘科学正从模拟走向数字化、信息化,从静态走向动态、三维走向四维,地形图从单一的平面图纸走向动态的 3D 显示,使之更加直观,从仅向专业部门和单位服务,拓展到逐步向公众服务,测绘成果的价值更加显现。测绘工作效率革命性的提高,使测绘为公众服务成为可能。

全球卫星定位系统 GPS 的英文全称是 Navigation Satellite Timing And Ranging Global Position System,简称 GPS,也被称作 NAVSTAR GPS。其意为"导航卫星测时与测距全球定位系统",或简称全球定位系统。全球定位系统(GPS)是以卫星为基础的无线电导航定位系统,具有全能性(陆地、海洋、航空和航天)、全球性、全天候、连续性和实时性的导航、定位和定时的功能。能为各类用户提供精密的三维坐标、速度和时间。GPS 是 20 世纪 70 年代美国军方组织开发的原主要用于军事的导航和定位系统,20 世纪 80 年代初开始用于大地测量,基本原理是电磁波数码测距定位,即利用分布在 6 个轨道上的 24 颗 GPS 卫星,将其在参照系中的位置及时间数据电文向地球播报,地面接收机如果能同时接收四颗卫星的数据,就可以解算出地面接收机的三维位置和接收机与卫星时差四个未知数。

图 1-1 是全球卫星定位系统 GPS 的基本构架。全球卫星定位系统 GPS 由三部分组成,即空间卫星、地面用户接受机部分和地面控制部分(1 个主控站、3 个注入站、5 个监控测站)。由于 GPS 作业不受气候影响,而且解决了传统测量一些困难和问题,因此被广泛地用于测量工作中。根据其定位误差的特点,利用现代通信技术,已经在技术上有了很大的突破而被广泛应用。

广播 GPS 信号

用户部分:
接收设备

监控部分:
时间同步,跟踪定轨
中央控制

图 1-1 GPS 卫星及卫星系统

广义的 GPS,包括美国 GPS、欧洲伽利略、俄罗斯 GLONASS、中国北斗等全球卫星定位系统,也称全球导航卫星系统(Global Navigation Satellite System,GNSS)。

遥感(RS)就是在一定的平台上,利用电磁波对观察对象的信息进行非接触的感知、采集、分析、识别、揭示其几何空间位置形状、物理性质的特征及相互联系,并用定期的遥感获得所采集的信息的变化规律。由于遥感设备都采用飞机、卫星等高速运转的运载工具,在高空进行,视场大,可在大范围观察采集信息,效率非常高,可以说为全面和及时地动态观察地球提供了技术手段。近年来由于技术的进步,遥感的分辨率不断提高,民用的遥感图片几何分辨率已经到米—分米级,因此应用范围在不断的扩大。

地理信息系统(GIS)是在计算机技术支持下,把采集的各种地理空间信息按照空间分布及属性,进行输入、存储、检索、更新、显示、制图,并提供和其他相关专业的专家系统、咨询系统相结合,以便综合应用的技术系统。通过 GIS 系统,利用互联网可将采集的地理信息数据实现共享,为政府、各种社会经济组织,乃至个人的地理信息需求提供服务。从而使采集的地理信息数据得到最大限度的应用。

3S 技术集成是利用 GPS 实时高精度定位,RS 大面积进行遥感,进行处理后产生并提供地理空间信息服务产品,用 GIS 构建地理空间信息服务规范体系,利用 3S 技术集成,利用互联网全面提供地理空间信息服务,推进信息化建设进程中地理空间信息基础数据平台的建设。作为支撑信息化的支柱之一,3S 技术集成是当前国内外的发展趋势,将使测绘工作从地理空间信息数据采集到提供服务的整个流程都发生革命性的变化,使全球性大面积、从静态到动态、快速高效的地理空间信息数据采集、处理、分发和服务得以实现。同时也将使测绘在社会经济发展中的地位得以提高,作用得以发挥,并向地球空间信息科学跨越和融合。

第五节　地球形状与坐标系

一、地球的形状和大小

地球是一个南北稍扁、赤道略鼓(南北略扁于东西)、平均半径约为 6 371 km 的椭球体。测量工作是在地球表面进行的,而地球的自然表面有高山、丘陵、平原、盆地、湖泊、河流和海洋等高低起伏的形态,其中海洋面积约占 71%,陆地面积约占 29%。由于地球的自转,其表面的质点除受万有引力的作用外,还受到离心力的影响。地球表面质点所受的万有引力与离心力的合力称为重力,重力的方向称为铅垂线方向,地球的重力方向线即为铅垂线。测量工作取得重力方向的一般方法是,用细线悬挂一个垂球 G,沿细线向下的方向即为悬挂点 O 的重力方向,通常称它为垂线或铅垂线方向。

如图 1-2 所示,假想静止不动的水面延伸穿过陆地,包围整个地球,形成一个封闭曲面,这个封闭曲面称为水准面。水准面是受地球重力影响形成的,是重力等位面,物体沿该面运动时,重力不做功(如水在这个面上不会流动),其特点是曲面上任意一点的铅垂线垂直于该点的曲面。根据这个特点,水准面也可定义为:处处与铅垂线垂直的连续封闭曲面。由于水准面的高度可

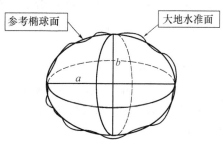

图 1-2　参考椭球体与大地水准面

变,因此,水准面有无数个,其中与平均海水面相吻合的水准面称为大地水准面,大地水准面是唯一的。大地水准面围成的空间形体称为大地体。它可以近似地代表地球的形状。

由于地球内部质量分布不均匀以及地球的自转和公转,使得重力受其影响,致使大地水准面成为一个不规则的、复杂的曲面,因此大地体成为一个无法用数学公式描述的物理体。如果将地球表面上的点位投影到大地水准面上,由于它不是数学体面,在计算上是无法实现的。经过长期测量实践数据表明,大地体很近似于一个以赤道半径为长半轴,以地轴为短轴的椭圆,并用短轴为旋转轴,旋转形成的椭球,所以测绘工作取大小与大地体很接近的旋转椭球作为地球的参考形状和大小,如图1-3所示。旋转椭球又称为参考椭球,其表面称为参考椭球面。

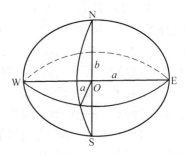

图1-3 参考椭球

我国目前采用的旋转椭球体的参数值为

长半径 $a = 6\ 378\ 140 \pm 5$ m

短半径 $b = 6\ 356\ 755.288\ 2$ m

扁率 $\alpha = (a - b)/a = 1/298.257$

由于旋转椭球的扁率很小,测区面积不大时,可以近似地把旋转椭球当作圆球,其平均半径 R 可按下式计算:

$$R = \frac{1}{3}(2a + b) \quad (1-1)$$

在测量精度要求不高时,其平均半径 R 近似值取 6 371 km。

若对参考椭球面的数学式加入地球重力异常变化参数的改正,便可得到大地水准面的较为近似的数学式。这样从严格意义上讲,测绘工作是取参考椭球面为测量的基准面,但在实际工作中,以大地水准面作为测量工作的基准面。当对测量成果的要求不十分严格时,则不必改正到参考椭球面上。另一方面,实际工作中又十分容易得到水准面和铅垂线,所以用大地水准面作为测量的基准面便大为简化了操作和计算工作。因而大地水准面和铅垂线便成为实际测绘工作的基准面和基准线。

二、测量坐标系统与地面点位的确定

测量工作的基本任务是确定地面点的空间位置,需要用三个量来确定。在测量工作中,这三个量通常用该点在基准面上的投影位置和该点沿投影方向到基准面的距离来表示。测量工作中,通常用下面几种坐标系来确定地面点位。

1. 地理坐标系

按坐标系所依据的基准线和基准面不同以及求坐标的方法不同,地理坐标系又分为天文地理坐标系和大地地理坐标系。

如图1-4所示,N,S分别是地球的北极和南极,NS称为自转轴。包含自转轴的平面称为子午面。子午面与

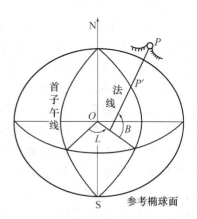

图1-4 大地地理坐标系

地球表面的交线称为子午线。通过格林尼治天文台的子午面称为首子午面。通过地心垂直于地球自转轴的平面称为赤道面，赤道面与椭球面的交线称为赤道。

如图 1-4 所示,曲面上某一点 P 的法线指的是经过这一点并且与该点切平面垂直的那条直线 PP'(即向量)。以通过地面点位的法线为依据,以参考椭球面为基准面的球面坐标系称为大地地理坐标系,地面点的大地地理坐标用大地经度 L 和大地纬度 B 来表示。某点 P 的大地经度为过 P 点的子午面与首子午面的夹角 L;某点 P 的大地纬度为通过 P 点的法线与赤道平面的夹角 B。大地经、纬度是根据起始大地点(又称大地原点,该点的大地经纬度与天文经纬度一致)的大地坐标,按大地测量所得的数据推算而得的。我国于 20 世纪

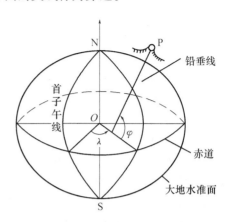

图 1-5 天文地理坐标系

50 年代和 80 年代分别建立了 1954 年北京坐标系(简称"54 坐标系")和 1980 西安坐标系(简称"80 坐标系")。限于当时的技术条件,我国大地坐标系基本上是依赖于传统技术手段实现的。54 坐标系采用的是前苏联克拉索夫斯基椭球体,该椭球在计算和定位的过程中,没有采用中国的数据,参考椭球面在我国境内与大地水准面相差较大,最大为 67 m,该系统在我国范围内符合得不好,不能满足高精度定位以及地球科学、空间科学和战略武器发展的需要。20 世纪 80 年代,我国大地测量工作者经过二十多年的艰苦工作,完成了全国一、二等天文大地网的布测。经过整体平差,采用 1975 年 IUGG(国际大地测量和地球物理学联合会)第十六届大会推荐的参考椭球参数,建立了我国 80 坐标系。54 坐标系和 80 坐标系在我国经济建设、国防建设和科学研究中发挥了巨大作用。但其成果受技术条件制约,精度偏低,无法满足现代技术发展的要求。经国务院批准,根据《中华人民共和国测绘法》,我国自 2008 年 7 月 1 日起启用 2000 国家大地坐标系(简称"2000 坐标系")。2000 坐标系是全球地心坐标系在我国的具体体现,其原点为包括海洋和大气的整个地球的质量中心。2000 坐标系采用的地球椭球参数如下:

长半轴　$a = 6\ 378\ 137$ m

扁率　$f = 1/298.257\ 222\ 101$

地心引力常数　$GM = 3.986\ 004\ 418 \times 10^{14}$ m³/s²

自转角速度　$\omega = 7.292\ 115 \times 10^{-5}$ rad/s

如图 1-5 所示,以通过地面点位的铅垂线为依据,以大地水准面为基准面的球面坐标系称天文地理坐标系。地面点的天文地理坐标用天文经度 λ 和天文纬度 φ 来表示。某点 P 的天文经度为过 P 点的子午面与首子午面的夹角 λ;某点 P 的纬度为通过 P 点的铅垂线与赤道平面的夹角 φ。

大地坐标和天文坐标,自首子午线起,向东 0°~180° 称东经,向西 0°~180° 称西经。自赤道起,向北 0°~90° 称北纬,向南 0°~90° 称南纬。例如,北京某点的大地地理坐标为东经 $L = 116°28'$,北纬 $B = 39°54'$。

2. 高斯投影及平面直角坐标系

高斯投影又称横轴椭圆柱等角投影,它是德国数学家高斯于 1825—1830 年首先提出

的。实际上，直到 1912 年，由德国的另一位测量学家克吕格推导出实用的坐标投影公式后，这种投影才得到推广，所以该投影又称为高斯－克吕格投影。如图 1－6 所示，假想有一个椭圆柱面横套在地球椭球体外面，并与某一条子午线(此子午线称为中央子午线或轴子午线)相切，椭圆柱的中心轴通过椭球体中心，然后用一定投影方法，将中央子午线两侧一定经差范围内的地区投影到椭圆柱面上，再将此柱面展开即成为投影面，如图 1－6 所示，此投影为高斯投影，高斯投影是正形投影的一种。

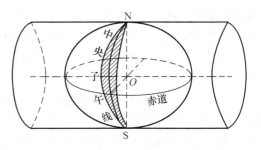

图 1－6　横轴椭圆柱等角投影

投影后建立的坐标系如图 1－7 所示，纵轴为 x 轴，横轴为 y 轴，纵横轴交点 O 为坐标原点，x 轴两侧的弧线为边缘子午线。投影后中央子午线无变形，角度无变形，图形保持相似；投影后离中央子午线越远，投影变形越大。

当测区范围较小，把地球表面的一部分当作平面看待时，所测得地面点的位置或一系列点所构成的图形，可直接用相似而缩小的方法描绘到平面上去。如果测区范围较大，就不能把地球很大一块地表面当作平面看待，必须采

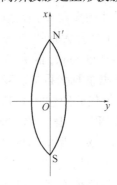

图 1－7　高斯投影

用适当的投影方法来解决这个问题。我国采用的是高斯投影法，并由高斯投影来建立平面直角坐标系。

(1)高斯投影 6°分带

如图 1－8 所示，投影带是从首子午线起，每隔经度 6 划分一带，称为 6 带，将整个地球划分成 60 个带。带号从首子午线起自西向东编，0～6 为第 1 号带，6～12 为第 2 号带……位于各带中央的子午线，称为中央子午线，第 1 号带中央子午线的经度为 3，任意号带中央子午线的经度 λ_0，可按式(1－2)计算。

$$\lambda_0 = 6N - 3 \qquad (1-2)$$

式中　N——6°带的带号。

图 1－8　6°分带

我国 6°带中央子午线的经度，由东经 75°起，每隔 6°至 135°，共计 11 带即从 13 带到 23 带。

(2)高斯投影 3°分带

当要求投影变形更小时，可采用 3°带投影或 1.5°带投影法。也可采用任意分带法。

如图 1－9 所示，3°带是从经度为 1.5°的子午线起，以经差每 3°划分一带，自西向东，将全球分为 120 个投影带，并依次以 1,2,3,…,120 标记带号，以 N_3 表示，我国 3°带共计 22 带 (24～45 带)。各投影带的中央子午线经度以 L_3 表示。中央子午线经度 L_3 与其带号 N_3 有下列关系，即

$$L_3 = N_3 \times 3° \qquad (1-3)$$

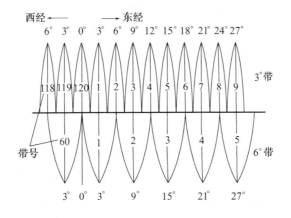

图1－9　6°带投影与3°带投影的关系

（3）高斯平面直角坐标系

如图1－10所示,中央子午线和赤道的投影都是直线,并且以中央子午线和赤道的交点 O 作为坐标原点,以中央子午线的投影为纵坐标 x 轴,向北为正,以赤道的投影为横坐标 y 轴,向东为正,四个象限按顺时针顺序Ⅰ,Ⅱ,Ⅲ,Ⅳ排列。

如图1－11所示,我国地理位置在北半球, x 坐标都是正的, y 坐标则有正有负,为了避免 y 坐标出现负值,规定将 x 坐标轴向西平移500 km,即所有点的 y 坐标均加上500 km。此外,由于每个投影带都有这样一个坐标相同的点,为说明点所在的投影带,在 y 坐标前再冠之以投影带的带号,这种在 y 坐标值上加了500 km和带号后的横坐标称为通用坐标,亦即国家统一坐标。例如,有一点通用坐标 $y = 19\,123\,456.789$ m,该点位于19带内,其相对于中央子午线而言的横坐标则是:首先去掉带号,再减去500 000 m,最后得自然坐标 $y = -376\,543.211$ m。

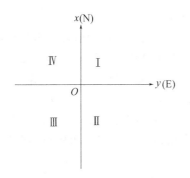

图1－10　高斯平面直角坐标

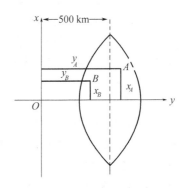

图1－11　坐标原点西移后的高斯平面直角坐标

例1－1　某点在中央子午线的经度为117°的6°投影带内,且位于中央子午线以西 1 006.45 m,求该点横坐标的自然值和通用值。

解　①该6°带的中央子午线的经度为117°,则该带的带号为

$$N = (117 + 3) \div 6 = 20(带)$$

②该点位于中央子午线以西1 006.45 m,所以该点横坐标的自然值为 －1 006.45 m。

③依据通用值＝［带号］＋500 km＋自然值,该点的横坐标通用值为20 498 993.55。

例1－2　已知某点的坐标为(3 325 748.046,37 581 245.498)。求:该点是在几度投影

带;投影带的带号及中央子午线的经度;横坐标的自然值?

解 ①因为横坐标的带号为37,所以是3°投影带。依据 $L_3 = N_3 \times 3°$ 可知:

中央子午线的经度为 $\qquad L_3 = 3 \times 37 = 111$

②横坐标的自然值 = 581 245.498 – 500 000 = 81 245.498。

3.独立平面直角坐标系

在小范围内(一般半径不大于10 km的范围内),把局部地球表面上的点,以正射投影的原理投影到水平面上,在水平面上假定一个直角坐标系,用直角坐标描述点的平面位置。

独立平面直角坐标建立方法,一般是在测区中选一点为坐标原点,以通过原点的真南北方向(子午线方向)为纵坐标 x 轴方向,以通过原点的东西方向(垂直于子午线方向)为横坐标 y 轴方向。为了便于直接引用数学中的有关公式,以右上角为第 Ⅰ 象限,顺时针排列依次为 Ⅱ,Ⅲ,Ⅳ 象限。为了避免测区内出现负坐标值,坐标原点选在测区的西南角。直角坐标系建立以后,地面上各点的位置都可以用坐标 (x,y) 表示。即地面点可用坐标反映在图纸上,图上的点也可用坐标准确地反映在地面上。独立平面坐标施测完毕以后,尽量与国家坐标系联测,以便测量结果通用。

三、高程系统

1.高程

测量工作中,为了确定地面点的空间位置,除了要知道它的平面位置外,还要确定它的高程。地面点到大地水准面的铅垂距离,称为该点的绝对高程,简称高程,又称海拔,用 H 表示。如图 1 – 12 所示,A 点的绝对高程为 H_A,B 点的绝对高程为 H_B。

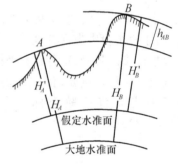

图 1 – 12 绝对高程与相对高

由于高程系统是以大地水准面作为高程的起算面,为了确定大地水准面,我国在青岛设立了验潮站。通过 1953 年至 1979 年验潮资料计算确定的平均海水面,作为基准面的高程基准,叫做 1985 国家高程基准(National Vertical Datum 1985)。并在青岛建立了国家高程控制网的起算点,即水准原点(Leveling origin),用精确的方法联测,求得该原点高程为 72.260 m。全国各地的高程均以它为基准进行测算。而以青岛验潮站根据 1950 年至 1956 年的验潮资料计算确定的平均海面作为基准面的高程基准,叫做 1956 年黄海高程系统(Huanghai Vertical Datum 1956),该高程系统的水准原点的高程为 72.289 m(已由国测 [1987] 198 号文通知废止)。

验潮站是为了解当地海水潮汐变化规律而设置的。为确定平均海面和建立统一的高程基准,需要在验潮站上长期观测潮位的升降,根据验潮记录求出该验潮站海面的平均位置。

验潮站标准设施包括验潮室、验潮井、验潮仪、验潮杆和一系列的水准点,如图 1 – 13 所示。

验潮室通常建在验潮井的上方,以便将系浮筒的钢丝直接引到验潮仪上,验潮仪自动记录水面的涨落。验潮井设置在海岸上,用导管通到开

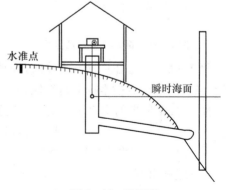

图 1 – 13 验潮站

阔海域。导管保持一定的倾斜,在海水进口处装上金属网。采取这些措施,可以防止泥沙和污物进入验潮井,同时也可抑制波浪的影响。

验潮站上安置的验潮杆,是作为验潮仪记录的参考尺。验潮杆被垂直地安置在码头的柱基上,所在位置需便于精确读数,也要便于与水准点之间的联测。读数每日定时进行,并要立即将此读数连同读取的日期和时刻记在验潮仪纸带上。

为了保持由验潮所确定的潮位面,在验潮站附近设置一个永久性和可靠性方面都是最佳的点作为水准原点。我国的水准原点在青岛市观象山上。

2. 相对高程

根据需要,地面点的高程若以某一假定水准面为起算面,这种高程称为相对高程,如图1-12中的 H'_A,H'_B。在建筑工程中标高通常采用的就是相对高程,一般以通过室内地面 ±0.000 这个面的水准面作为高程起算面。

3. 高差

两点的高程之差,称为高差,用 h 表示。

设 A 点高程为 H_A,B 点高程为 H_B,则由 A 点到 B 点的高差记为 h_{AB},即

$$h_{AB} = H_B - H_A = H'_B - H'_A \qquad (1-4)$$

由 B 点到 A 点的高差为 h_{BA},即

$$h_{BA} = H_A - H_B = H'_A - H'_B \qquad (1-5)$$

显然　　　　　　　　　　　　$$h_{AB} = -h_{BA}$$

说明,A 点至 B 点的高差 h_{AB} 与 B 点至 A 点的高差 h_{BA},大小相等,符号相反。

上述表明:两点间的高差与起算面无关,仅仅体现两点间的高低关系。所以高差总是带有与测量方向相对高低的有关符号。若 h_{AB} 为正,则说明 B 点高于 A 点;若 h_{AB} 为负,则说明 B 点低于 A 点。

第六节　水准面曲率对观测量的影响

水准面是一个曲面,实际测量工作中,当测区范围较小时,可以把水准面看作水平面,以简化测量计算的复杂程度。理解水平面代替水准面后,对距离、角度和高差的影响,以便实际工作中正确应用。

1. 距离的影响

如图1-14所示,地面上 A,B 两点在大地水准面上的投影点是 a,b,用过 a 点的水平面代替大地水准面,则 B 点在水平面上的投影为 b'。

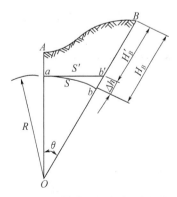

设 ab 的弧长为 S,ab' 的长度为 S',球面半径为 R,S 所对圆心角为 θ,则以水平长度 S' 代替弧长 S 所产生的误差 ΔS 为

$$\Delta S = S' - S = R\tan\theta - R\theta = R(\tan\theta - \theta)$$

将 $\tan\theta$ 用级数展开为

$$\tan\theta = \theta + \frac{1}{3}\theta^3 + \frac{5}{12}\theta^5 + \cdots$$

因为 θ 角很小,所以只取前两项代入上式得

图1-14　用水平面代替水准面对距离和高程的影响

$$\Delta S = R\left(\theta + \frac{1}{3}\theta^3 - \theta\right) = \frac{1}{3}R\theta^3 \qquad (1-6)$$

又因 $\theta = \dfrac{S}{R}$，则

$$\Delta S = \frac{S^3}{3R^2} \qquad (1-7)$$

$$\frac{\Delta S}{S} = \frac{S^2}{3R^2} \qquad (1-8)$$

取地球半径 $R = 6\ 371$ km，并以不同的距离 S 值代入式（1-7）和式（1-8）求出距离误差 ΔS 和相对误差 $\Delta S/S$，如表 1-1 所示。

表 1-1　水平面代替水准面的距离误差和相对误差

距离 S/km	距离误差 ΔS/mm	相对误差 $\Delta S/S$
10	8	1:1 220 000
20	128	1:200 000
50	1 026	1:49 000
100	8 212	1:12 000

结论：在半径 10 km 以内时，进行距离测量，可以用水平面代替水准面，而不必考虑地球曲率对距离的影响。

2.水平角的影响

从球面三角学可知，同一空间多边形在球面上投影的各内角和，比在平面上投影的各内角和大一个球面角超值 ε。

$$\varepsilon = \rho\frac{P}{R^2} \qquad (1-9)$$

式中　ε——球面角超值，（″）；

　　　P——球面多边形的面积，km²；

　　　R——地球半径，km；

　　　ρ——1 弧度对应的秒值，$\rho = 206\ 265$″。

以不同的面积 P 代入式（1-9）求出球面角超值，如表 1-2 所示。

表 1-2　水平面代替水准面的水平角误差

球面多边形面积 P/km²	球面角超值 ε/（″）
10	0.05
50	0.25
100	0.51
300	1.52

结论：当面积 P 为 100 km² 以内时，进行水平角测量时，可以用水平面代替水准面，而不必考虑地球曲率对水平角的影响。

3. 高差的影响

如图 1-14 所示,地面点 B 的绝对高程为 H_B,用水平面代替水准面后,B 点的高程为 H_B',H_B 与 H_B' 的差值,即为水平面代替水准面产生的高程误差,用 Δh 表示,则

$$(R + \Delta h)^2 = R^2 + S'^2$$

$$\Delta h = \frac{S'^2}{2R + \Delta h}$$

上式中,可以用 S 代替 S',Δh 相对于 $2R$ 很小,可略去不计,则

$$\Delta h = \frac{S^2}{2R} \tag{1-10}$$

以不同的距离 S 值代入式(1-10),可求出相应的高程误差 Δh,如表 1-3 所示。

表 1-3 水平面代替水准面的高程误差

距离 S/km	0.1	0.2	0.3	0.4	0.5	1	2	5	10
Δh/mm	0.8	3	7	13	20	78	314	1 962	7 848

结论:用水平面代替水准面,对高差的影响是很大的,因此,在进行高程测量时,即使距离很短,也应顾及地球曲率对高差的影响。

第七节 测量上常用的度量单位

一、长度单位

自 1959 年起,我国规定计量制度统一采用国际单位制。计量制度的改变,需要有一定的适应过程,所以在一定时期内,许可使用我国原有惯用的计量单位,叫做市制,并规定了市制与国际单位制之间的关系。

国际单位制中,常用的长度单位的名称和符号如下:

基本单位为米(m),除此之外还有千米(km),分米(dm),厘米(cm),毫米(mm),微米(μm)。

其关系如下:

1 m = 10 dm = 100 cm = 1 000 mm = 1 000 000 μm

1 km = 1 000 m

长度的市制单位有:里、丈、尺、寸,其关系为

1 里 = 150 丈 = 1 500 尺 = 15 000 寸

1 m = 3 尺

长度的市制单位规定用到 1990 年为止。

二、面积单位

测量中面积的国际制(IS)单位是平方米,符号是 m^2。除此之外还有平方分米(dm^2)、平方厘米(cm^2)、平方毫米(mm^2),以及公顷(ha)和平方公里(km^2)。农业上习惯用市亩、分、厘作面积单位。

$1 \ km^2$（平方公里）$= 10^6 \ m^2$（平方米）$= 100 \ ha$（公顷）

$1 \ km^2$（平方公里）$= 1 \ 500$ 市亩

1 市亩 $= 666.7 \ m^2$（平方米）

三、角度单位

1. 度、分、秒

我国采用的角度单位为 360°制的度（°）、分（′）、秒（″）。即将一圆周角作 360 等分，每一等分为 1°。

$$1° = 60' = 3 \ 600''$$

度、分、秒不是 IS 单位，但属于我国的法定计量单位，它是测量中常用的角度单位。

2. 弧度

表示角度的 IS 单位是弧度，符号为 rad。

如果圆角上一段弧长 L 与该圆半径 R 的长度相等，则此时 L 所对应的圆心角 α 的大小，就叫做 1 弧度。通常以 ρ（rad）表示，即

$$\alpha = \frac{L}{R}$$

3. 度、分、秒与弧度制之间的换算关系是

$$180° = \pi \ 弧度（rad）$$

$$1° = \frac{\pi}{180} \ 弧度 \approx 0.017 \ 453 \ 3 \ 弧度$$

反之

$$1 \ 弧度（\rho）= \frac{180°}{\pi} \approx 57°17'45'' \approx 3 \ 438' \approx 206 \ 265''$$

4. 冈

欧洲一些国家角度采用百进制，单位是冈，符号为 gon。将圆周分成 400 等分，每一等分所对应的圆心角值为一冈，简记为 1 g，也称为新度（g），更小的单位有新分（c）、新秒（cc）。

$$1 \ g = 100 \ c = 10 \ 000 \ cc。$$

$$360° = 400 \ g$$

本 章 小 结

本章着重介绍了测绘科学的发展历程、3S 技术、测绘学的分类、地球形状和大小，还详细介绍了测量坐标系和高程系统，测量工作点线面和测量上常用的度量单位等。

通过本章学习，着重了解测绘科学的发展、3S 技术及其发展，掌握水准面、大地水准面、测量坐标系、高差、高程概念。

习　　题

1. 何谓铅垂线，法线，何谓大地水准面，何谓参考椭球面？

2. 测量学中的平面直角坐标系与数学中的平面直角坐标系有何不同？

3.用水平面代替水准面对水平距离、水平角和高差分别有何影响?

4.何谓绝对高程,何谓相对高程,何谓高差?

5.设有长 500 m、宽 250 m 的矩形场地,其面积有多少公顷,合多少市亩?

6.已知某点 P 的高斯平面直角坐标为 $x_p = 2\ 050\ 442.5$ m,$y_p = 18\ 523\ 775.2$ m,则该点位于 6 度带的第几带内? 位于该 6 度带中央子午线的东侧还是西侧?

7.珠穆朗玛峰的高程是 8 844.43 m,此值是绝对高程还是相对高程?

第二章　水准测量

在测量工作中,要确定地面点的空间位置,经常要确定地面点的高程。我们把确定地面点高程的测量工作称为高程测量。根据测量高程所用仪器和测量原理的不同,高程测量方法有水准测量、三角高程测量、气压高程测量和 GPS 高程测量,另外激光卫星测高的应用也在不断推广。其中几何水准测量的精度最高,使用也最为广泛,是精密高程测量的基本方法。

水准测量分为国家等级水准、等外水准(也称为图根水准测量)。国家水准测量用于建立全国高程控制网,分为一、二、三、四等。一等水准测量精度最高,是国家高程控制网的骨干,同时也是研究地壳垂直位移及有关科学研究的主要依据。二等水准测量精度低于一等水准,是国家高程控制的基础。三、四等水准测量,其精度依次降低,为地形测图和各种工程建设提供高程分级控制服务。等外水准测量精度低于四等水准,直接服务于地形测图高程控制测量和普通工程建设施工。

高程测量是首先在测区内设立一些高程控制点,并精确测出它们的高程,然后根据这些高程控制点,测量附近其他点的高程。这些高程控制点称水准点,工程上常用 BM 来标记,水准点一般用混凝土标石制成,顶部嵌有金属或瓷质的标志(图 2 - 1),注明等级和测绘单位。标石应埋在地下,埋设地点应选在地质稳定、便于使用和便于保存的地方。在城镇居民区,也可以采用把金属标志嵌在墙上的“墙脚水准点”。临时性的水准点则可用更简便的方法来设立,例如,用刻凿在岩石上的或用油漆标记在建筑物上的简易标志。

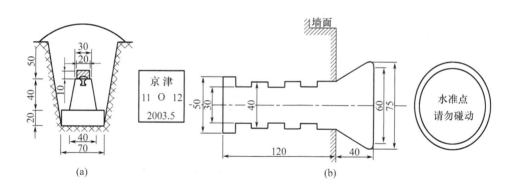

图 2 - 1　水准点标志
(a)混凝土普通水准标石(单位:cm);(b)墙脚水准标志埋设(单位:mm)

第一节　水 准 测 量

一、水准测量原理

水准测量的原理是利用水准仪提供的水平视线观测立在两点上的水准尺以测定两点间的高差,再根据已知点高程计算待定点高程。如图 2 - 2 所示,在地面上有 A,B 两点,设 A 点

的高程为 H_A 已知。为求 B 点的高程 H_B，在 AB 之间安置水准仪，A,B 两点上各竖立一把水准尺，通过水准仪的望远镜读取水平视线分别在 A,B 两点水准尺上的读数为 a 和 b，可求出 A 点至 B 点的高差为

$$h_{AB} = a - b \tag{2-1}$$

水准测量是沿 AB 方向前进，则 A 点称为后视点，其竖立的标尺称为后视标尺，读数值 a 称为后视读数；B 点称为前视点，其竖立的标尺称为前视标尺，读数值 b 称为前视读数；两点间的高差等于后视读数减去前视读数。高差有正、有负，当 B 点高程比 A 点高时，前视读数 b 比后视读数 a 要小，高差为正；当 B 点比 A 点低时，前视读数 b 比后视读数 a 要大，高差为负。因此，水准测量的高差 h 根据正负要冠以"+""-"号。

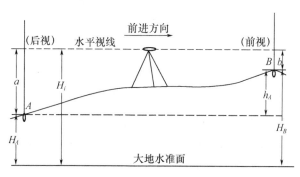

图 2-2　水准测量原理

如果 A,B 两点相距不远，且高差不大，则安置一次水准仪，就可以测得 h_{AB}，此时 B 点高程的计算公式为

$$H_B = H_A + h_{AB} \tag{2-2}$$

$$H_B = H_A + a - b = (H_A + a) - b \tag{2-3}$$

式中，$(H_A + a)$ 称为视线高，视线高通常用 H_i 表示，则有

$$H_B = H_i - b \tag{2-4}$$

在断面水准测量工作中经常用到式（2-4）。

二、连续水准测量

如图 2-3 所示，在测量工作中，当 A,B 两点相距较远，或者高差较大，安置一次仪器不可能测得其间的高差时，必须在两点间分段连续安置仪器和竖立标尺，连续测定两标尺点间的高差，最后取其代数和，求得 A,B 两点间的高差。

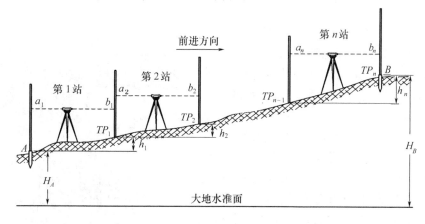

图 2-3　水准测量测段

$$\left.\begin{array}{l} h_1 = a_1 - b_1 \\ h_2 = a_2 - b_2 \\ \cdots \\ h_n = a_n - b_n \end{array}\right\}$$

将以上各段高差相加,则得 A,B 两点间的高差 h_{AB} 为

$$h_{AB} = h_1 + h_2 + \cdots + h_n = \sum_1^n h_i \qquad (2-5)$$

或

$$\begin{aligned} h_{AB} &= (a_1 - b_1) + (a_2 - b_2) + \cdots + (a_n - b_n) \\ &= (a_1 + a_2 + \cdots + a_n) - (b_1 + b_2 + \cdots + b_n) \\ &= \sum_1^n a_i - \sum_1^n b_i \end{aligned} \qquad (2-6)$$

由式(2-5)和式(2-6)可知:相距较长距离的 A,B 两点(或高差较大的两点),其高差等于两点间各段高差之和,也等于所有后视尺读数之和减去所有前视尺读数之和。在实际测量作业中,两种方法计算起到相互检核作用。

如果,A 点高程已知为 H_A,则 B 点高程 H_B 为

$$H_B = H_A + h_{AB} = H_A + \sum_1^n h_i \qquad (2-7)$$

在测量过程中,高程已知的水准点称为已知点,未知的高程点称为待定点。每架设一次仪器称为一个测站。自身高程不需要测定,只是用于传递高程的立尺点称为转点。由若干个连续测站完成两点间高差测定称为一个测段。

第二节　水准测量的仪器和工具

在地形测量中,水准测量常用的仪器和工具有 DS$_3$ 水准仪、水准尺和尺垫等。水准仪按其精度可分为 DS$_{05}$,DS$_1$,DS$_3$ 和 DS$_{10}$ 等四个等级,DS$_{10}$ 精度的水准仪已很少见。字母 D 和 S 分别为大地测量和水准仪汉语拼音的第一个字母,其后面的数字代表仪器的测量精度。地形测量广泛使用 DS$_3$ 水准仪。DS$_3$ 水准仪的角码 3 是指水准仪的精度,即该型号水准仪每千米往返测量高差中数的偶然误差中误差小于 3 mm。

一、水准仪的构造和性能

水准仪主要由照准部、基座和三脚架三部分组成。照准部主要由望远镜和管水准器组成,二者连为一体是水准测量的前提条件;在微倾螺旋作用下,二者可同时作微小倾斜;当管水准器气泡居中时,标志着望远镜视线水平。照准部可绕竖直轴在水平方向上旋转,水平制动和微动螺旋可控制其左右转动,用以精确瞄准目标。使用仪器时,中心螺旋将仪器与三脚架头连接起来,旋转基座上的脚螺旋,使圆水准器气泡居中,则视准轴大致处于水平位置。三脚架可以伸张和收缩,为架设仪器提供方便。图 2-4 为 DS$_3$ 水准仪的外观及部件名称。

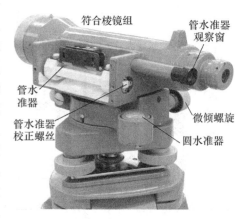

图 2-4　DS$_3$ 水准仪的外观及部件名称

1.望远镜及其性能

望远镜由物镜、目镜、调焦透镜和十字丝分划板组成。望远镜是用来照准远处竖立的水准尺并读取水准尺上的读数,要求望远镜能看清水准尺的分划和注记并有读数标志。根据在目镜端观察到的物体成像情况,望远镜可以分为正像望远镜和倒像望远镜,它由物镜、调焦透镜、十字丝分划板和目镜组成。

①物镜:采用复合透镜组,其作用是将远处的目标在十字丝附近形成缩小而明亮的实像。

②目镜:其作用是将物镜所成的实像与十字丝一起放大成虚像。

③调焦透镜:安装在物镜与十字丝分划板之间的凹透镜,它与物镜组成了复合透镜,当旋转调焦螺旋,前后移动凹透镜时,可以改变等效焦距。从而使目标的影像落在十字丝分划板平面上。再通过目镜的作用,就可以清晰地看到放大的十字丝和目标影像。

④十字丝分划板:一块圆形并刻有分划线的平板玻璃,互相垂直的两条长丝称为十字丝,其中横丝是用于测高差的,而上下两条短丝称为视距丝,用于测量距离。通常简称中间的横丝为中丝,上、下视距丝为上丝和下丝。

⑤视准轴:望远镜的物镜光心与十字丝中心的连线,称为视准轴,又称照准轴。延长视准轴并使之水平,即得水平视线。

(1)放大倍率

望远镜的放大倍率(v),是从望远镜内所看到的物体的视角 β 与未通过望远镜直接观察物体的视角 α 之比。

$$v = \frac{\beta}{\alpha} \tag{2-8}$$

如图 2-5 所示,由于望远镜镜筒的长度相对于望远镜与物体的距离而言是很短的,所以眼睛在目镜处看物体与在物镜处看物体的两处视角可以认为是相等的,即物镜处的 α 为没有通过望远镜直接看到物体的视角。当物体位于无限远时,物体的实像正位于物镜的焦点上。

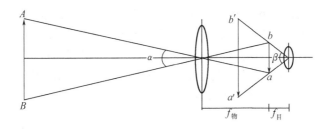

图 2-5　放大率

所以有
$$f_{物} \times \text{tg} \frac{\alpha}{2} = f_{目} \times \text{tg} \frac{\beta}{2}$$

由于视角很小

$$\text{tg} \frac{\alpha}{2} \approx \frac{\alpha}{2} \qquad \text{tg} \frac{\beta}{2} \approx \frac{\beta}{2}$$

$$f_{物} \times \frac{\alpha}{2} = f_{目} \times \frac{\beta}{2} \qquad \frac{\beta}{\alpha} = \frac{f_{物}}{f_{目}}$$

将上述结论代入式(2-8)得

$$v = \frac{f_{物}}{f_{目}} \tag{2-9}$$

由此可见,为了要得到较大的望远镜放大率,必须尽可能用长焦距的物镜与短焦距的目镜。但由于内调焦望远镜的 $f_{物}$ 是一个等效焦距,由式(2-9)可知是一个可变量。通常以物体在无限远处的放大率作为内调焦望远镜的放大率。

(2)视场

望远镜静止不动时,通过望远镜所能看到的空间,称为视场,视场是一个圆锥体。常用圆锥体的顶角 ε 来表示视场的大小。

$$\varepsilon \approx \frac{2\,000}{v} \qquad\qquad (2-10)$$

可见,望远镜的视场与放大率成反比,而与物镜的孔径无关。望远镜的放大率愈大,则愈能看清远处的目标,但视场则愈小,因而寻找目标愈不容易。因此,望远镜的放大率应与仪器的使用目的相适应。

(3)分辨率

图2-6中,A,B 为两个发光点,光线经过光学系统之后,它们的像 a,b 也为两个点。若 A,B 渐渐靠近,则 a,b 也渐渐靠近。当 A,B 靠近至某一距离时,将无法分辨 a,b 为两个点了,此时的 θ 角称为光学系统的分辨率。

由光学理论知 $$\theta = \frac{140''}{D} \qquad\qquad (2-11)$$

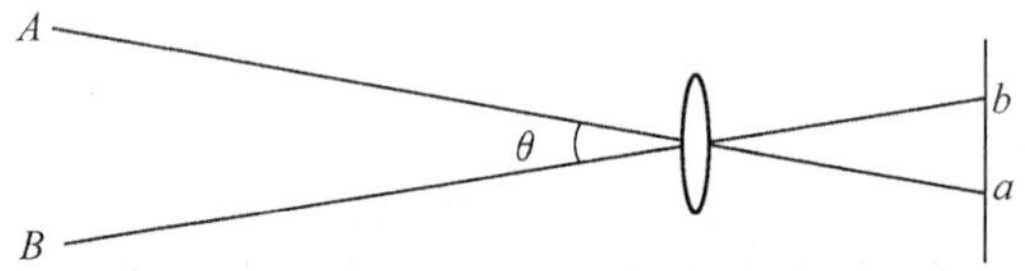

图 2-6 分辨率

式中 D 为望远镜目镜的有效孔径,此 θ 角经目镜放大之后应与人眼的最小分辨率(60″)相适应。若有一望远镜物镜的有效孔径为 50 mm,则 $\theta = 2.8''$,即此时图 2-6 中 A,B 两点的像已不能明显的分离为 a,b 两个点了。此像经目镜放大 40 倍后,对人眼构成 112″的角度,它远远大于 60″,但是人眼仍不能清楚地分辨出 A,B 两点,得到的像只能是一个较大而模糊的斑点。相反,如果目镜的放大倍数过小,那么,本来可以分辨的两点,因人眼分辨率的限制而不能分辨。因此,在制造望远镜时,既要注意放大率,又要注意分辨率。

(4)视差

有时会出现这种情况:当望远镜瞄准目标后,眼睛在目镜处上下左右作少量的移动,发现十字丝和目标有着相对运动,这种现象称为视差。

产生视差的原因是目标通过物镜之后的像没有与十字丝分划板重合,即十字丝分划板没有调清楚。消除视差的方法,首先将望远镜对向明亮的背景,转动目镜进行调焦,使十字丝的分划线能看得十分清楚。

2. 水准器

水准器是水准仪获得水平视线的重要部件。从形式分为两种:管水准器和圆水准器。

(1)管水准器

管水准器是用玻璃制成,其纵剖面方向的内表面为具有一定半径的圆弧。灵敏度高的水准器的圆弧半径约为 80~100 m,最精确的可达 200 m。内表面琢磨后,将一端封闭,由开口的一端注入质轻而易流动的液体如酒精、氯化钾或乙醚等,装满后再加热使液体膨胀而排去一部分,然后将开口端封闭或用玻璃塞塞住,待液体冷却后,管内即形成了一个气体充塞的小空间,这个空间称为水准气泡。

如图2-7所示,分划线与中间的S点成对称状态,S点称为水准管的零点,零点附近无分划,零点与圆弧相切的切线LL称为水准管的水准轴。根据气泡在管内占有最高位置的特性,当气泡中点位于管子的零点位置时,称气泡居中,也就是管子的零点最高时,水准轴成水平位置。气泡中点的精确位置依气泡两端相对称的分划线位置确定。在管水准器上刻有2 mm间隔的分划线(图2-8)。

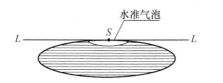

图2-7 管水准器   图2-8 管水准器分划

气泡在水准器内快速移动到最高点的能力称为灵敏度。水准器灵敏度的高低与水准器的分划值有关。

如图2-9所示,水准器的分划值是指水准器上相临两分划线间2 mm弧长所对应的圆心角值的大小,用τ表示。若圆弧的曲率半径为R,则分划值τ为

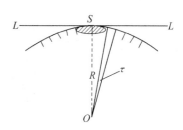

$$\tau = \frac{2}{R} \cdot \rho \qquad (2-12)$$

分划值与灵敏度的关系为:分划值大,灵敏度低;分划值小,灵敏度高。但水准管气泡的灵敏度愈高,气泡愈不稳定,使气泡居中所用的时间愈长。所以水准器的灵敏度应与仪器的性能相适应。

图2-9 水准管格值

(2)圆水准器

如图2-10所示,圆水准器是金属的圆柱形盒子与玻璃圆盖构成的。玻璃圆盖的内表面是圆球面,其半径为0.5~2.0 m,盒内装酒精或乙醚,玻璃盖的中央有一小圆圈,其圆心即为圆水准器的零点,连接零点与球面球心的直线OC称为圆水准轴。当圆水准器气泡的中心与水准器的零点重合时,则圆水准轴即成竖直状态。圆水准器在构造上,使其轴线与外壳下表面正交,所以当圆水准轴竖直时,外壳下表面MN处于水平位置。

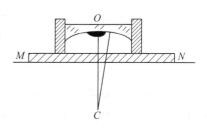

图2-10 圆水准器

由于圆水准器内表面的半径较短,所以用圆水准器来确定水平(或垂直)位置的精度较差。在实际作业中,常将圆水准器作为概略整平之用。精度要求较高的整平,则用管水准器或符合水准器来进行。

(3)符合水准器

当用眼睛直接观察水准管气泡两端相对于分划线的位置以衡量气泡是否居中时,其精度受到眼睛视觉精度的限制。为了提高整平的精度,并便于观察,一般采用符合水准器。

图2-11所示,符合水准器就是在水准管的上方安置一组棱镜,通过光学系统的反射和

折射作用，把管气泡两端各一半的影像传递到望远镜内或目镜旁边的显微镜内，使观测者不移动位置便能看到水准器的符合影像。另外，由于气泡两端影像的偏离是将实际偏移值放大了一倍甚至许多倍，从而提高了水准器居中的精度。若气泡两端的影像完全重合，表示气泡已居中，见图 2－11 中的 1。若呈现图 2－11 中 2 的情况，则气泡尚未居中。

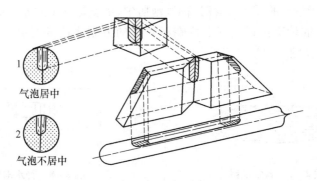

1　气泡居中

2　气泡不居中

图 2－11　符合水准器结构

二、水准尺和尺垫

水准尺一般用优质的木材和玻璃钢制成，长度从 2～5 m 不等。根据构造可以分为直尺、塔尺和折尺。图 2－12 为 3 m 双面分划水准尺。

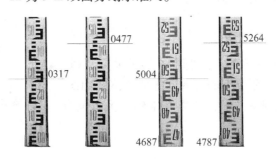

0317　0477　5004　5264

4687　4787

图 2－12　水准尺及其读数

双面水准尺多用于三四等水准测量及其等外水准测量，以两把尺为一对使用。尺的两面均有分划，一面为黑白相间，称黑面尺；另一面为红白相间，称红面尺，两面的最小分划均为 1 cm，只在 dm 处有注记。两把尺的黑面均由零开始分划和注记。而红面，一把尺由 4.687 m 开始分划和注记，另一把尺由 4.787 m 开始分划和注记，两把尺红面注记的零点差为 0.1 m。

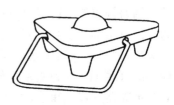

图 2－13　尺垫

如图 2－13 所示，尺垫是在转点处放置水准尺用的，它是由生铁铸成的三角形板座，尺垫中央有一凸起的半球体以便于放置水准尺，下有三个尖足便于将其踩入土中，以固稳防动。

第三节　水准仪的使用

进行水准测量时，首先将仪器紧固于三脚架上，并将仪器安置在前后尺之间等距位置，经过粗略整平、瞄准水准尺、精确整平后，利用望远镜就可以在竖立的水准尺上读数，按照水准测量的原理测定高差,推算高程了。

1. 水准仪的安置

安置水准仪前,首先要按观测者的身高调节好三角架的高度,一般设置三脚架高度到观测者的下巴为宜,为了便于整平仪器,还要求使三角架的架头大致水平,并将三角架的三个脚尖踩入土中,使脚架稳定。然后从仪器箱内取出水准仪,放在三角架的架头面(不放手)并立即用中心螺旋旋入仪器基座的螺孔内,防止仪器从三角架头滑落。

2. 粗平

粗平工作是用脚螺旋将圆水准器的气泡居中,操作方法如下:

①打开制动螺旋,转动仪器,使圆水准器置于1,2两脚螺旋一侧的中间;

②用两手分别以相对方向转动两个脚螺旋,使气泡位于圆水准器零点和垂直于1,2两个脚螺旋连线的方向上,此时气泡移动方向与左手大拇指旋转时的移动方向相同,如图2－14(a)所示;

③再转动第三个脚螺旋使气泡居中,见图2－14(b)。

实际操作时可以不转动第三个脚螺旋,而以相同方向同样速度转动原来的两个脚螺旋1,2使气泡居中,如图2－14(c)所示。在操作熟练以后,不必将气泡的移动分解为两步,而可以转动两个脚螺旋直接使气泡居中。这时,两个脚螺旋各自的转动方向和转动速度都要视气泡的具体位置而定,按照气泡移动的方向及时控制两手的动作。

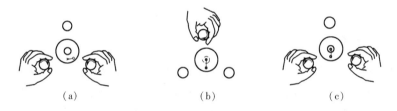

(a)　　　　　　　　(b)　　　　　　　　(c)

图2－14　脚螺旋调整气泡

3. 瞄准

用望远镜十字丝中心对准目标的操作过程称为瞄准,具体操作步骤如下:

①松开望远镜水平制动螺旋,把望远镜对向明亮背景处,进行目镜调焦,使十字丝清晰;

②转动望远镜,利用镜筒上方的缺口和准星照准水准标尺,固定水平制动螺旋;

③旋转水平微动螺旋,使十字丝纵丝精确照准水准标尺的中间即可;

④旋转物镜调焦螺旋,使水准尺成像清晰且无视差现象存在。

4. 精平

读数之前应用微倾螺旋调节水准管使气泡居中,即符号气泡符合,视线水平。由于气泡的移动有一个惯性,所以,转动微倾螺旋的速度要柔和,不能太快,尤其当符合水准器的两端气泡将要对齐时更要注意。

5. 读数

水准测量的读数包括视距读数和中丝读数两步工作。利用上、下丝直接读取仪器至标尺的距离就是视距读数。视距读数的方法是:照准标尺,读出上、下丝读数,减出上、下丝切尺读数的间隔L,将L乘以100即为仪器至水准尺的距离。也可以旋转微倾螺旋,使上、下丝切准某一整分划,读出上、下丝之间的间隔L的厘米数,单位换成米数即为仪器到水准尺的间距。

中丝读数是水准测量的基本功之一,必须熟练掌握。中丝读数是在精平后即刻进行,直接读出米、分米、厘米、毫米。为了防止不必要的误会,习惯上只报读四位数字,不读小数点,如1.608 m读为1608。视距读数时,符合水准器气泡不需符合;而中丝读数是用来测定高差的,因此,进行中丝读数时,必须先使符合水准器气泡符合后再读数。

读数时,要弄清标尺上的数字注记形式。大部分水准标尺的注记形式如图2-15所示,即分米数字注记在整分划线数值增加的一边,这样的注记读数较方便。

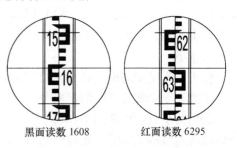

黑面读数 1608　　红面读数 6295

图2-15　望远镜读数窗

如图2-15所示,黑面中丝读数为1608,红面中丝读数为6295。由于水准仪有正像和倒像两种,读数时注意遵循从小向大读数。如不注意,往往容易读错数字,如图2-15黑面尺错误读数1792。

第四节　水准测量的施测

水准测量工作可分成外业和内业两部分。外业工作主要包括选定水准路线、标定水准点、水准测量及计算检核等。

一、选定水准路线

选定水准路线必须根据作业的任务要求,综合考虑测量的精度、工期、测区状况、资金等因素,选择合适的水准路线布设形式和水准线路,同时考虑水准点位置。水准路线分单一水准路线和水准网,普通水准测量常采用单一水准路线,它共有三种形式。

1.附合水准路线

从一个高级水准点出发,沿一条路线进行施测,以测定待定水准点的高程,最后连测到另外一个已知高程点上,这样的观测路线形式称为附合水准路线,见图2-16(a)所示。

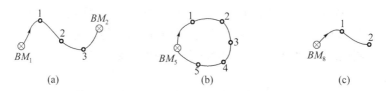

(a)　　　　　　　　　(b)　　　　　　　　　(c)

图2-16　水准路线的布设形式

(a)附合水准路线;(b)闭合水准路线;(c)支水准路线

2.闭合水准路线

从一个高级水准点出发,沿一条路线进行施测,以测定待定水准点的高程,最后仍回到原来的已知点上,从而形成一个闭合环线,这样的观测路线形式称为闭合水准路线,见图2-16(b)。

3.支水准路线

从一个高级水准点出发,沿一条路线进行施测,以测定待定水准点的高程,其路线既不闭合又不附合,见图2-16(c),这样的观测路线形式称为支水准路线。此形式没有检核条件,为了提高观测精度和增加检核条件,支水准路线必须进行往返测量。

水准测量的线路应尽可能沿各类道路选择,使线路通过的地面坚实可靠,保证仪器和标尺稳定,线路的坡度要尽量小,以减少测站数,保证观测精度,选线的同时,可考虑水准点的布设位置。

二、选点、埋石

水准路线选定后,即可根据设计图到实地踏勘,选点和埋石。所谓踏勘就是到实地查看是否图上设计与实地相符;埋石就是水准点的标定工作;选择水准点具体位置的工作称为选点。

水准点选点的要求:交通方便;土质坚实;坡度均匀且小等。

水准点按其性质分为永久性和临时性水准点两大类。便于长期保存的水准点称为永久性水准点,通常是标石。为了工程建设的需要而临时增设的水准点,这种水准点没有长期保存的价值称为临时性水准点(通常以木桩作为临时性水准点)。在城镇和厂矿社区,还可以采用墙角水准标志,选择稳定建筑物墙脚的适当高度埋设墙脚水准标志作为水准点。为便于寻找水准点,在水准点标定后,应绘出水准点与附近固定建筑物或其他地物的点位关系图并编号,称为点之记,如图 2 – 17 所示。

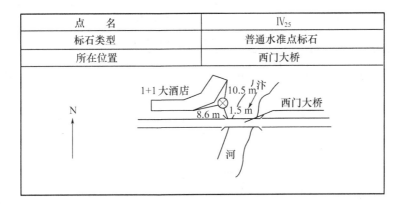

图 2 – 17　点之记

三、水准测量的施测

1. 普通水准测量的外业观测

普通水准测量的外业观测程序如下。在 BM_1 与 TP_1 之间,安置水准仪,目估前、后视的距离大致相等,进行粗略整平和目镜对光。观测者按下列顺序观测:后视立于 BM_1 上的水准尺、瞄准、精平、读后视读数,记入观测手簿;前视立于 TP_1 上的水准尺、瞄准、精平、读前视读数,记入观测手簿;改变水准仪高度 10 cm 以上,重新安置水准仪,粗略整平;前视立于 TP_1 上的水准尺、瞄准、精平、读前视读数,记入观测手簿;后视立于 BM_1 上的水准尺、瞄准、精平、读后视读数,记入观测手簿。当场计算高差,记入相应栏内。两次仪器测得高差之差 h 不超过 ±5 mm,取其平均值作为平均高差。第一站结束之后,记录员招呼后标尺员向前转移,并将仪器迁至第二测站。此时,第一测站的前视点便成为第二测站的后视点。依第一站相同的工作程序进行第二站的工作。依次沿水准路线方向施测直至全部路线观测完为止。

记录、计算见表 2 – 1。

表 2 – 1　水准测量记录表

第　组　　　　　　　　　　　　　　　　　观测员：_____　记录员：_____

仪器编号_____　　　　　　　　　　　　填表日期：_____年_____月_____日

测　站	测点	后视读数 mm	前视读数 mm	高差 m	平均高差 m	高程 m	备注
1	$BM – A$	1134				13.428	
		1011					
	TP_1	1677		– 0.543			
			1554	– 0.543	– 0.543		
2	TP_1	1444					
		1624					
	TP_2		1324	+ 0.120			
			1508	+ 0.116	+ 0.188		
3	TP_2	1822					
			1710				
	TP_3		0876	+ 0.946			
			0764	+ 0.946	+ 0.946		
4	TP_3	1820					
		1923					
	TP_4		1435	+ 0.385			
			1540	+ 0.383	+ 0.384		
5	TP_4	1422					
		1604					
	$BM – D$		1308	+ 0.114			
			1488	+ 0.116	+ 0.115		
检核计算	$\sum$	15.514	13.474	2.040	1.020	14.448	

2. 三、四等水准测量的施测

小地区一般以三等或四等水准网作为首级高程控制，地形测图时，再用图根水准测量或三角高程测量进行加密。三、四等水准点的高程应从附近的一、二等水准点引测，布设成附合或闭合水准路线，其点位应选在土质坚硬、便于长期保存和使用的地方，并应埋设水准标石。也可以利用埋设了标石的平面控制点作为水准点，埋设的水准点应绘制点之记。

（1）三、四等水准测量的技术要求

三、四等水准测量所用仪器及主要技术要求如表2－2，表2－3所示。

表2－2　三、四等水准测量观测的技术要求

等级	水准仪	视线长度/m	前后视距差/m	前后视距累积差/m	视线高度	黑面、红面读数之差/mm	黑面、红面所测高差之差/mm
三	DS_1	100	3	6	三丝能读数	1.0	1.5
三	DS_3	75				2.0	3.0
四	DS_3	100	5	10	三丝能读数	3.0	5.0

表2－3　三、四等水准测量观测的技术要求

等级	路线长度/km	水准仪	水准尺	观测次数 与已知点联测	观测次数 附合或环线	往返较差、附合或环线闭合差 平地/mm	往返较差、附合或环线闭合差 山地/mm
三	≤50	DS_1	铟瓦	往返各一次	往一次	$\pm 12\sqrt{L}$	$\pm 4\sqrt{n}$
三		DS_3	双面		往返各一次		
四	≤16	DS_3	双面	往返各一次	往一次	$\pm 20\sqrt{L}$	$\pm 6\sqrt{n}$

（2）三、四等水准测量的方法

三、四等水准测量观测应在通视良好、望远镜成像清晰及稳定的情况下进行。下面介绍双面尺法的观测程序。

①一站观测顺序

a. 在测站上安置水准仪，使圆水准气泡居中，照准后视水准尺黑面，用上、下视距丝读数，记入表2－4中（1），（2）位置；旋转微倾螺旋，使管水准气泡居中，用中丝读数，记入表2－4中（3）位置；

b. 旋转望远镜，照准前视水准尺黑面，用上、下视距丝读数，记入表2－4中（5），（6）位置，旋转微倾螺旋，使管水准气泡居中，用中丝读数，记入表2－4中（7）位置。

c. 旋转水准尺，照准前视水准尺红面，旋转微倾螺旋，使管水准气泡居中，用中丝读数，记入表2－4中（8）位置。

d. 旋转望远镜，照准后视水准尺红面，旋转微倾螺旋，使管水准气泡居中，用中丝读数，记入表2－4中（4）位置。

以上观测顺序简称为"后、前、前、后"（黑、黑、红、红）。此外，四等水准测量每站观测顺序也可为"后、后、前、前"。

②一站计算与检核

a. 视距计算与检核。根据前、后视的上、下丝读数分别计算前、后视的视距（12）和（13）：

$$后视距离（12）=（1）-（2）$$

前视距离(13) = (5) - (6)

计算前、后视距差(14) = (12) - (13)

对于三等水准,(12),(13)不超过 3 m,对于四等水准,(12),(13)不超过 5 m。

计算前、后视视距累积差(15):

$$(15) = 本站(14) + 上站(15)$$

对于三等水准,(15)不超过 6 m,对于四等水准,(15)不超过 10 m。

b. 水准尺读数检核。同一水准尺黑面与红面读数差的检核:

$$(9) = (3) + K - (4)$$

$$(10) = (7) + K - (8)$$

K 为双面水准尺的红面分划与黑面分划的零点差(本例,106 尺的 $K = 4\ 787$ mm,107 尺的 $K = 4\ 687$ mm)。对于三等水准,(9),(10)不超过 2 mm,对于四等水准,(9),(10)不超过 3 mm。

c. 高差计算与检核。按前、后视水准尺红、黑面中丝读数分别计算一站高差:

$$黑面高差(16) = (3) - (7)$$

$$红面高差(17) = (4) - (8)$$

$$红黑面高差之差(11) = (16) - (17) \pm 100 = (9) - (10)$$

对于三等水准,(11)不超过 3 mm,对于四等水准,(11)不超过 5 mm。

红、黑面高差之差在容许范围以内时,取其平均值作为该站的观测高差。

$$(18) = \frac{1}{2}\left[(16) + (17) \pm 100\right]$$

表 2-4　三(四)等水准观测手簿

测自　　至　　　　　　　　　　　　　　　　　　2011 年 8 月 12 日

时刻始 8 时 05 分　　　　　　　　　　　　　　　　　　天气:晴

1 末 0 时 20 分　　　　　　　　　　　　　　　　成像:清晰测站

测站编号	后尺 下丝 上丝	前尺 下丝 上丝	方向及尺号	标尺读数		$K+$ 黑减红	高差中数	备注
	后距	前距		黑面	红面			
	视距差 d	$\sum d$						
	(1)	(5)	后	(3)	(4)	(9)		
	(2)	(6)	前	(7)	(8)	(10)		
	(12)	(13)	后—前	(16)	(17)	(11)	(18)	
	(14)	(15)						
1	1536	1030	后 5	1242	6030	-1		
	0947	0442	前 6	0736	5442	+1		
	58.9	58.8	后—前	+0.506	+0.608	-2	+0.507	
	+0.1	+0.1						

表 2 - 4 （续）

测站编号	后尺	下丝 上丝	前尺	下丝 上丝	方向及尺号	标尺读数		$K+$ 黑减红	高差中数	备注
	后距		前距			黑面	红面			
	视距差 d		$\sum d$							
2	1954		1276		后 6	1664	6350	+1		
	1373		0694		前 5	0985	5733	-1		
	58.1		58.3		后—前	+0.679	+0.577	-2	+0.678	
	-0.2		-0.1							
3	1146		1744		后 5	1024	5811	0		
	0903		1449		前 6	1622	6308	+1		
	48.6		49.0		后—前	-0.598	-0.497	-1	-0.598	
	+0.4		-0.5							
4	1479		0982		后 6	1171	5859	-1		
	0864		0373		前 5	0678	5465	0		
	61.5		60.9		后—前	+0.493	+0.394	-1	+0.494	
	+0.6		+0.1							

四、水准测量记录、资料整理的注意事项

①在水准点(已知点或待定点)上立尺时,不得放尺垫。

②水准尺应立直,不能左右倾斜,更不能前后俯仰。

③在观测员未迁站之前,后视点尺垫不能提动。

④前后视距离应大致相等,立尺时可用步丈量。

⑤外业观测记录必须在编号、装订成册的手簿上进行。已编号的各页不得任意撕去,记录中间不得留下空页或空格。

⑥一切外业原始观测值和记事项目,必须在现场用铅笔直接记录在手簿中,记录的文字和数字应端正、整洁、清晰,杜绝潦草模糊。

⑦外业手簿中的记录和计算的修改以及观测结果的作废,禁止擦拭、涂抹与刮补,而应以横线或斜线正规划去,并在本格内的上方写出正确数字和文字。除计算数据外,所有观测数据的修改和作废,必须在备注栏内注明原因及重测结果。重测记录前需加"重测"二字。

在同一测站内不得有两个相关数字"连环更改"。例如,更改了标尺的黑面前两位读数后,就不能再改同一标尺的红面前两位读数,否则就叫连环更改。有连环更改记录应立即废去重测。

对于尾数读数有错误(厘米和毫米读数)的记录,不论什么原因都不允许更改,而应将该测站的观测结果废去重测。

⑧有正、负意义的量,在记录计算值时,都应带上" + "" - "号,正号不能省略。对于中

丝读数,要求读记四位数,前后的 0 都要读记。

⑨作业人员应在手簿的相应栏内签名,并填注作业日期、开始及结束时刻、天气及观测情况和使用仪器型号等。

⑩作业手簿必须经过小组认真检查(即记录员和观测员各检查一遍),确认合格后,方可提交上一级检查验收。

第五节　水准测量的内业计算

一、检查外业观测手簿、绘制线路略图

高程计算之前,应首先进行外业手簿的检查。检查内容包括记录是否有违规现象、注记是否齐全、计算是否有错误等。经检查无误后,便可着手计算水准点的高程。

计算前应作如下准备工作:先确定水准路线的推算方向;再从观测手簿中逐一摘录各测段的观测高差 h_i,其中凡观测方向与推算方向相同的,其观测高差的符号不变,凡方向不同的,观测高差的符号则应变号;同时还摘录各测段的距离 S_i 或测站数 n_i,并抄录起终水准点的已知高程 $H_起$,$H_终$,绘制水准路线略图(如图 2 – 18 所示)。

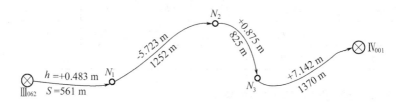

图 2 – 18　水准路线略图

二、高差闭合差的计算及调整

观测值与重复观测值之差,或与已知点的已知数据的不符值,统称为闭合差。高差闭合差通常用 f_h 表示。

1. 水准路线高差闭合差的计算

(1)附和水准路线高差闭合差

$$f_h = \sum h - (H_终 - H_起)$$

$$\sum h = h_1 + h_2 + h_3 + \cdots \tag{2 – 13}$$

式中,$H_起$,$H_终$分别为附和水准路线起点高程和终点高程;$\sum h$ 表示为附和水准路线高差之和。

(2)闭合水准路线

因闭合水准路线的起点和终点为同一个高程点,所以闭合差 f_h 为

$$f_h = \sum h \tag{2 – 14}$$

(3)支水准路线

$$f_h = \sum h_往 + \sum h_返 \tag{2 – 15}$$

式中，$\sum h_{往}$ 为往测高差之和；$\sum h_{返}$ 为返测高差之和。

2. 高差闭合差允许值的计算

高差闭合差是衡量观测值质量的一个精度指标。高差闭合差是否合乎要求，必须有一个限度规定，如果超过了这个限度则应查明原因，返工重测。

三、四等及普通水准测量的高差闭合差的允许值计算如下。

(1)三等水准测量

$$f_{h允许} = \pm 4\sqrt{n} \text{ 或 } f_{h允许} = \pm 12\sqrt{L} \qquad (2-16)$$

(2)四等水准测量

$$f_{h允许} = \pm 6\sqrt{n} \text{ 或 } f_{h允许} = \pm 20\sqrt{L} \qquad (2-17)$$

(3)普通水准测量

$$f_{h允许} = \pm 40\sqrt{L} \qquad (2-18)$$

式中，n 为测站数；L 为以千米为单位的水准路线的长度。

3. 高差闭合差的调整

如果高差闭合差在允许范围内，可将闭合差按与各测段的距离(l_i)成正比反号调整于各测段高差之中，设各测段的高差改正数为 v_i，则

$$v_i = \frac{-f_h}{\sum l} \cdot l_i \qquad (2-19)$$

式中，$\sum l$ 为各测段的距离和。改正数凑整至毫米，余数强制分配到长测段中。

如果，在山区测量，可按测段的测站数分配闭合差，则各测段的高差改正数为 v_i

$$v_i = \frac{-f_h}{\sum n} \cdot n_i \qquad (2-20)$$

式中，$\sum n$ 为水准路线的总测站数，i 为测段编号。

4. 计算待定点的高程

(1)改正后高差的计算

各测段观测高差值加上相应的改正数，即可得改正后高差

$$\hat{h}_i = h_i + v_i \qquad (2-21)$$

式中，$\hat{h}_i$ 为改正后高差。

(2)待定点高程的计算

由起始点的已知高程 H_0 开始，逐个加上相应测段改正后的高差 $\hat{h}_i$，即得下一点的高程 H_i，即

$$H_i = H_{i-1} + \hat{h}_i \qquad (2-22)$$

三、算例

图 2-19 为依据图根水准测量精度要求施测的某附合水准路线观测成果略图。$BM-A$ 和 $BM-B$ 为已知高程水准点，图中箭头表示水准测量前进方向，路线上方的数字为测得的两点间的高差，路线下方数字为该段路线的长度。试计算待定点 1，2，3 点的高程。

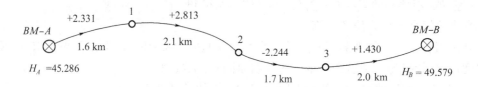

图 2 - 19　附和水准路线略图

解法一　利用计算器计算

解　(1)闭合差及允许值的计算

$$f_h = \sum h - (H_B - H_A) = 4.330 - (49.579 - 45.286) = 37 \text{ mm}$$

$$f_{h允许} = \pm 40\sqrt{L} = \pm 40\sqrt{7.4} = \pm 109 \text{ mm}$$

因 $f_h < f_{h允许}$ 限差要求,可以进行闭合差分配。

(2)高差闭合差的调整和改正后高差的计算

改正数

$$\nu_i = \frac{-f_h}{\sum L} \cdot L_i$$

通过上式计算得各段高差改正数为

$$\nu_1 = -8 \text{ mm}$$
$$\nu_2 = -11 \text{ mm}$$
$$\nu_3 = -8 \text{ mm}$$
$$\nu_4 = -10 \text{ mm}$$

改正后高差　　　　　　　　　　$\hat{h}_i = h_i + \nu_i$

通过上式计算得

$$\hat{h}_1 = +2.331 + (-0.008) = +2.323 \text{ m}$$

$$\hat{h}_2 = +2.813 + (-0.011) = +2.802 \text{ m}$$

$$\hat{h}_3 = -2.244 + (-0.008) = -2.252 \text{ m}$$

$$\hat{h}_4 = +1.430 + (-0.01) = +1.420 \text{ m}$$

(3)高程计算

$$H_i = H_{i-1} + \hat{h}_i$$

根据上式计算,则

$$H_1 = 45.286 + 2.323 = 47.609 \text{ m}$$

$$H_2 = 47.609 + 2.802 = 50.411 \text{ m}$$

$$H_3 = 50.411 + (-2.252) = 48.159 \text{ m}$$

$$H_B = 48.159 + 1.420 = 49.579 \text{ m}$$

由以上计算可知:H_B 计算所得高程与已知值一致,所以,可以检核以上计算过程正确。

解法二　通过表格进行计算。

表 2－5　水准测量计算表

点　　号	距离/km	观测高差/m	改正数/m	改正后高差/m	高程/m	备　　注
$BM-A$					**45.286**	
	1.6	+2.331	0.008	+2.323		
1					47.609	
	2.1	+2.813	−0.011	+2.802		
2					50.411	
	1.7	−2.244	−0.008	−2.252		
3					48.159	
	2.0	+1.430	−0.010	+1.420		
$BM-B$					**49.579**	
$\sum$	7.4	+4.330	−0.037	+4.293		

解法三　利用计算机软件 Excel 计算。

打开 Excel，新建一个工作文件，第一行用作表题，第二行用作标记栏，在 A 列输入点名，B 列输入路线长，C 列输入观测高差；D 列为改正数计算，E 列为改正后高差计算，F 列为高程计算，在其中的 F3 单元输入 $BM-A$ 点的高程，在 F8 单元输入 $BM-B$ 点的高程，如图 2－20 所示。

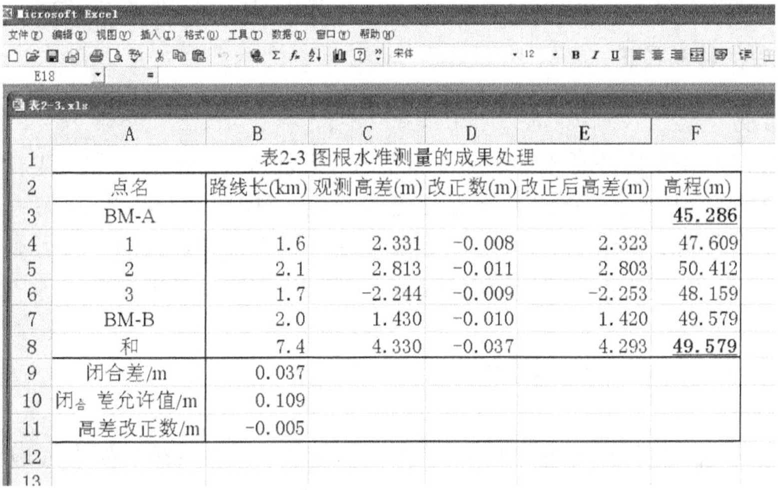

	A	B	C	D	E	F
1	表2-3 图根水准测量的成果处理					
2	点名	路线长(km)	观测高差(m)	改正数(m)	改正后高差(m)	高程(m)
3	BM-A					45.286
4	1	1.6	2.331	-0.008	2.323	47.609
5	2	2.1	2.813	-0.011	2.803	50.412
6	3	1.7	-2.244	-0.009	-2.253	48.159
7	BM-B	2.0	1.430	-0.010	1.420	49.579
8	和	7.4	4.330	-0.037	4.293	49.579
9	闭合差/m	0.037				
10	闭合差允许值/m	0.109				
11	高差改正数/m	-0.005				
12						
13						

图 2－20　Excel 水准测量计算表

计算操作步骤如下：

①“和”计算：在 B8 单元键入公式“＝SUM(B4:B7)”计算路线总长 L，将 B8 单元的公式复制到 C8 计算高差之和 $\sum h$；

②闭合差及其容许值计算：在 B9 单元键入公式“＝C8－(F8－F3)”计算 f_h，在 B10 单元键入“＝40＊SQRT(B8)/1 000”计算 f_h 容许值；

③高差改正数的计算：在 B11 单元键入公式“＝－B9/B8”计算出每千米高差改正数，在 D4 单元键入公式“＝B4＊MYMBMYM11”计算高差改正数 $V1$，将 D4 单元的公式复制到D5～D7 计算高差改正数 $V2$～$V4$；在 D8 单元键入公式“＝SUM(D4:D7)”计算 $\sum V$ 进行和检核计算，如计算无误，则 D8 的结果应等于 B9 结果的反号；

④改正后高差的计算：在 E4 单元键入公式“＝C4＋D4”计算改正后的高差 $\hat{h}_1$，将 E4 单元的公式复制到 E5～E7 单元；在 E8 单元键入公式“＝SUM(E4:E7)”计算 $\sum \hat{h}_i$ 进行和检核计算。

⑤最后高程的计算:在 F4 单元键入公式"＝F3＋E4"计算 1 点高程 H_1,将 F4 单元复制到 F5～F7;如果计算无误,则 F7 的计算结果应等于 F8 的值。

第六节　水准仪的检验与校正

一、水准仪轴线应满足的条件

微倾式水准仪的主要轴线如图 2 –21 所示,它们之间应满足的几何条件是:

①圆水准器轴应平行于仪器的竖轴;

②十字丝的横丝应垂直于仪器的竖轴;

③水准管轴应平行于视准轴。

图 2 –21　水准仪的主要轴线

二、水准仪的检验校正

1. 一般检视

检视水准仪时,主要应注意光学零部件的表面有无油迹、擦痕、霉点和灰尘;胶合面有无脱胶,镀膜面有无脱膜现象;仪器的外表面是否光洁;望远镜视场是否明亮、均匀;符合水准器成像是否良好;各部件有无松动现象;仪器转动部分是否灵活、稳当,制动是否可靠;调焦时成像有无晃动现象。此外,还应检查仪器箱内配备的附件及备用零件是否齐全;三脚架是否稳固。

2. 圆水准器的检验与校正

目的:使圆水准器轴平行于水准仪的竖轴且处于铅垂位置。

(1)检验方法

旋转脚螺旋使圆水准器气泡居中,然后将仪器绕竖轴旋转 180°,如果气泡仍居中,则表示该几何条件满足;如果气泡偏出分划圈外,则需要校正。

(2)校正方法

校正时,先调整脚螺旋,使气泡向零点方向移动偏离值的一半,此时竖轴处于铅垂位置。然后,稍旋松圆水准器底部的固定螺钉,用校正针拨动三个校正螺钉,使气泡居中,这时圆水准器轴平行于仪器竖轴且处于铅垂位置。

圆水准器校正螺钉的结构如图 2 – 22 所示。此项校正,需反复进行,直至仪器旋转到任何位置时,圆水准器气泡皆居中为止。最后旋紧固定螺钉。

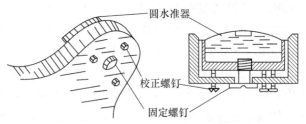

图 2 – 22　圆水准器校正螺钉

3. 十字丝中丝垂直于仪器的竖轴的检验与校正

(1)检验方法

安置水准仪,使圆水准器的气泡严格居中后,先用十字丝交点瞄准某一明显的点状目标

M,如图 2 - 23(a)所示,然后旋紧制动螺旋,转动微动螺旋,如果目标点 M 不离开中丝,如图 2 - 23(b)所示,则表示中丝垂直于仪器的竖轴;如果目标点 M 离开中丝,如图 2 - 23(c)所示,则需要校正。

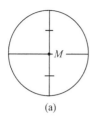 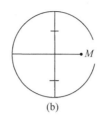 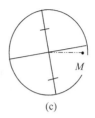

(a)   (b)   (c)

图 2 - 23　十字丝中丝垂直于仪器的竖轴的检验

(2)校正方法

松开十字丝分划板座的固定螺钉转动十字丝分划板座,使中丝一端对准目标点 M,再将固定螺钉拧紧。此项校正也需反复进行。

4.水准管轴平行于视准轴的检验与校正

(1)检验方法

如图 2 - 24 所示,在较平坦的地面上选择相距约 80 m 的 A,B 两点,打下木桩或放置尺垫。用皮尺丈量,定出 AB 的中间点 C。

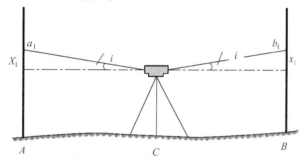

图 2 - 24　水准管轴平行于视准轴的检验

①在 C 点处安置水准仪,用变动仪器高法,连续两次测出 A,B 两点的高差,若两次测定的高差之差不超过 3 mm,则取两次高差的平均值 h_{AB} 作为最后结果。由于距离相等,视准轴与水准管轴不平行所产生的前、后视读数误差 x_1 相等,故高差 h_{AB} 不受视准轴误差的影响。

②如图 2 - 25 在离 B 点大约 3 m 左右的 D 点处安置水准仪,精平后读得 B 点尺上的读数为 b_2,因水准仪离 B 点很近,两轴不平行引起的读数误差 x_2 可忽略不计。根据 b_2 和高差

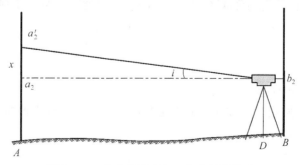

图 2 - 25　水准管轴平行于视准轴的检验

h_{AB}算出 A 点尺上视线水平时的应读读数为

$$a_2' = b_2 + h_{AB}$$

然后,瞄准 A 点水准尺,读出中丝的读数 a_2,如果 a_2' 与 a_2 相等,表示两轴平行。否则存在 i 角,其角值为

$$i = \frac{a_2' - a_2}{D_{AB}}\rho \qquad (2-23)$$

式中　D_{AB}——A,B 两点间的水平距离,m;

　　　i——视准轴与水准管轴的夹角,($''$);

　　　ρ——1 弧度对应的秒值,$\rho = 206\,265''$。

对于 DS_3 型水准仪来说,i 角值不得大于 $20''$,如果超限,则需要校正。

（2）校正方法

转动微倾螺旋,使十字丝的中丝对准 A 点尺上应读读数 a_2',用校正针先拨松水准管一端左、右校正螺钉,如图 2-26 所示,再拨动上、下两个校正螺钉,使偏离的气泡重新居中,最后要将校正螺钉旋紧。此项校正工作需反复进行,直至达到要求为止。

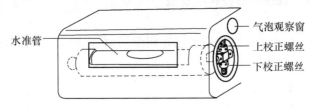

图 2-26　水准管校正螺丝

第七节　水准测量的主要误差来源

一、仪器误差

1. 仪器校正后的残余误差

主要是水准管轴与视准轴不平行,虽经校正但仍然残存少量的误差,而且由于望远镜调焦或仪器温度变化都可引起 i 角发生变化,使水准测量产生误差。所以在观测时,要注意使前、后视距相等,打伞避免仪器在日光下曝晒,便可消除或减弱此项误差的影响。

2. 水准尺误差

由于水准尺刻划不准确,尺长变化、尺弯曲等因素,会影响水准测量的精度。因此,水准标尺需经过检验才能用。至于标尺的零点不等差,可以在一个测段中使测站数为偶数的方法予以消除。

二、观测误差

1. 水准管气泡居中误差

设水准管分划值为 τ,居中误差一般为 $\pm 0.15\tau$,采用符合水准器时,气泡居中精度可以提高一倍,故居中误差为

$$m_\tau = \pm \frac{0.15\tau}{2\rho} \times D \qquad (2-24)$$

式中，D 为水准仪到水准尺的距离。

若 $D = 75$ m，$\tau = 20''$，则 $m_\tau = \pm 0.4$ mm，因此，为消除此项误差，每次读数前，应严格使气泡居中。

2. 读数误差

在水准尺上估读毫米数的误差，与人眼的分辨能力、望远镜的放大倍率以及视线长度有关，通常按下式计算。

$$m_v = \frac{60''}{\nu} \times \frac{D}{\rho} \qquad (2-25)$$

式中，ν 为望远镜的放大倍率，$60''$ 为人眼的极限分辨能力。

设望远镜的放大倍率 $\nu = 30$ 倍，视线长为 100 m，则 $m_v = \pm 1$ mm。

3. 水准尺倾斜影响

水准尺倾斜将使尺上读数增大，这是因为正确的读数为：$a = a'\cos\gamma$。式中 γ 为倾斜的角度，所以有

$$\Delta a = a' - a = a' \times (1 - \cos\gamma)$$

可见 Δa 的大小既与尺子的倾斜角度 γ 有关，也和在尺上的读数 a' 有关。如水准尺倾斜读数为 1.5 m，倾斜 $2°$ 时，将会产生 1 mm 误差。倾斜 $4°$ 时，将会产生 4 mm 误差。同时，无论标尺往前倾，还是往后倾，读数都会增大。因此，在高精度水准测量中，水准尺上要安置圆水准器，读数时一定要严格居中。

三、外界条件的影响

1. 仪器下沉和尺垫下沉

由于仪器下沉或尺垫下沉，使视线降低，从而引起高差误差。这类误差会随着测站数的增加而积累，因此，观测时要选择土质坚硬的地方安置仪器和设置转点，且要注意踩紧脚架，踏实尺垫。若采用"后、前、前、后"的观测程序或采用往返观测的方法，取成果的中数，可以减弱其影响。

2. 地球曲率及大气折光影响

如图 $2-27$ 所示，用水平视线代替大地水准面在尺上读数产生的误差为 Δh，此处用 c 代替 Δh。则有

$$c = \frac{D^2}{2R}$$

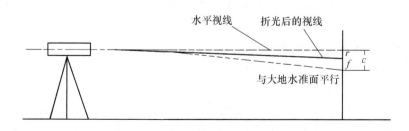

图 2 - 27 地球曲率及大气折光影响

式中，D 为仪器到水准标尺的距离；R 为地球的平均半径 $6\,371$ km。

实际上，由于大气折光的作用，视线并非是水平的，而是一条曲线，曲线的曲率半径为地

球半径的 7 倍,其折光量的大小对水准标尺读数产生的影响为

$$r = \frac{D^2}{2 \times 7R} = \frac{D^2}{14R}$$

二者影响之和为

$$f = c - r = 0.43\frac{D^2}{R} \qquad (2-26)$$

大气折光的原因主要是由于空气密度的不均匀。太阳出来的时候,地面温度比空气低,因此空气密度下大上小,视线往上弯曲;太阳下山时,情况正好相反。同时,视线离地面近折射也就愈大,所以一般规定视线必须高出地面一定高度(如 0.3 m),就是为了减少此项影响。如果使前后视距相等,那么上述的影响将得到消除或大大减弱。

3. 温度的影响

温度的变化不仅引起大气折光的变化,而且当烈日照射水准管时,由于水准管本身和管内液体温度的升高,气泡向着温度高的方向移动,而影响仪器水平,产生气泡居中误差,观测时应注意撑伞遮阳。

此外,大气的透视度、地形条件及观测者的视觉能力等,都会影响测量精度,由于这些因素而产生的误差与视线长度有关,因此通常规定高精度水准测量的视线长度为 40~50 m,三、四等水准测量的视线长为 70~120 m。

以上所述各项误差来源,都是采用单独影响的原则进行分析的,而实际情况则是综合性的影响。只要作业中注意上述措施,特别是操作熟练后观测速度提高的情况下,各项外界影响的误差都将大为减少,完全能达到施测精度要求。

四、测量仪器的使用和维护

测量仪器是精密仪器。测量成果的精度很大程度上决定于仪器性能是否完备优良。测量仪器维护和使用得当,就能够保证作业的质量和工作速度。爱护测量仪器,不仅是测量人员的职责,也是职业道德品质的一种体现。要维护好测量仪器,既需要提高认识,从思想上重视,也应具有正常使用和维护测量仪器的知识并在工作中严格执行各种使用规则。

测量仪器要经常进行检视,发现问题要及时维修。检视的内容一般有:光学部件特别是透镜表面是否清洁,有无油迹、灰尘、擦痕、霉点和斑点;胶粘透镜有无脱胶现象,镀膜表面有无脱膜现象;望远镜视场是否明亮、望远镜与符合水准器成像是否清晰;十字丝是否清楚明显;仪器的机械结构部分有无松动现象;机械的转动部分(如旋转轴、脚螺旋、调焦螺旋、制动及微动螺旋等)的转动是否灵活、稳当可靠;调焦透镜及目镜对光时,有无晃动现象、位置是否改变,等等。

各种测量仪器在使用时,应遵守以下规则。

①从箱中取出仪器之前,应先将三脚架安放好,脚尖牢固地踩入土中。若是可伸缩的脚架,应将架腿抽出后拧紧固定螺旋。

②使用不太熟悉的仪器时,打开仪器箱后,应先仔细地观察仪器在箱内的安放位置,以及各主要部件的相互位置关系。在松开仪器各部分的制动螺旋及箱中固定仪器的螺旋以后,再取出仪器。

③取出仪器时,不可用手拿仪器望远镜或竖盘,应一手持仪器基座或支架等坚实部位,一手托住仪器,并注意到轻取轻放。

④操作时,在转动有制动螺旋的部件(如望远镜、度盘等)前,必须首先放松相应的制动螺旋。无论何时、何种情况下都不能用强力转动仪器的任何部分。当转动遇到阻碍时,应停止转动并查找出原因。加以消除后才能继续操作。各部分的制动螺旋,只能转动到适当程度,不可用力过度以致损伤仪器。

⑤操作及观测时,不能用手指(特别是有汗的手指)触摸透镜。要注意避免眼皮或睫毛与目镜表面接触,以防止产生斑点。如透镜上有灰尘,可用软毛刷轻轻拂去;如有轻微水气,可用洁净的丝绸或专门的擦镜纸,轻轻揩抹。

⑥仪器的各种零件和附件用毕后,必须放回仪器箱中的固定位置上,不要随意放在衣袋里或其他地方,以免丢失和损坏。

⑦在野外使用仪器时,不能让仪器曝晒或雨淋,要用伞或特制布幕遮住阳光和雨水。工作间歇时,仪器应装箱或用特制的套子罩上(下部留有空隙,使罩内、外空气流通)。

⑧仪器不能受撞击或震动。在施测过程中,当仪器安放在三脚架上时,作业员无论如何不得离开仪器。特别是仪器在街道、工地和畜牧场等处工作时,更须防止意外事故的发生。

仪器若需短距离搬动时,应按下述方法进行:a. 小型仪器可连同三脚架一起搬移,但应把各部分的制动螺旋固紧,收拢三脚架,一手持脚架,另一手托住整个仪器。b. 普通仪器搬移时,可将三脚架腿张开,用肩托住三脚架,使仪器保持垂直。c. 大型和精密仪器应装箱搬移。普通仪器在路程较长或较难行走时,也必须装箱搬运。

⑨仪器装箱前,应首先用软毛刷刷去仪器外部的灰尘。微动螺旋、倾斜螺旋及脚螺旋等应旋到螺纹的中部位置,并放松制动螺旋。然后,仔细地一手抓住仪器,一手松开中心螺旋,平稳地从架头拿下仪器,按原来的位置放入箱内,再紧固各部制动螺旋和箱中固定螺旋。关箱前应清点零件及附件是否齐全。装箱和关箱时,如发生仪器安放不好或盖不上的情况,切勿硬挤硬压,应认真查清原因后重新装箱。盖好箱盖后,必须将搭扣扣好或加锁。只有在确认装箱已妥善后,才可搬动。

⑩仪器应放在干燥通风的地方保存,不能靠近发热的物体(如火炉、电炉等)。当仪器由寒冷的地方搬至暖和的地方,或相反情况时,应等待3~4小时后,待箱内温度与外界温度大致相同时,才可开箱。此时,还应随时检查仪器箱是否牢固,有无裂痕。搭扣、提环、皮带等是否牢固。如发现有不完善的地方,应及时修理。

第八节　精密水准仪、自动安平水准仪和电子水准仪

一、精密水准仪简介

1. 精密水准仪

精密水准仪与一般水准仪比较,其特点是能够精密地整平视线和精确地读取读数。为此,在结构上应满足以下条件:

①水准器具有较高的灵敏度。如 DS_1 水准仪的管水准器 τ 值为 $10''/2\ mm$。

②望远镜具有良好的光学性能。如 DS_1 水准仪望远镜的放大倍数为 38 倍,望远镜的有效孔径 47 mm,视场亮度较高。十字丝的中丝刻成楔形,能较精确地瞄准水准尺的分划。

③具有光学测微器装置。可直接读取水准尺一个分格(1 cm 或 0.5 cm)的 1/100 单位(0.1 mm 或 0.05 mm),提高读数精度。

④视准轴与水准轴之间的联系相对稳定。精密水准仪均采用钢构件,并且密封起来,受温度变化影响小。

2.精密水准尺

精密水准仪必须配有精密水准尺。这种尺一般是在木质尺身的槽内,安有一根因瓦合金带。带上标有刻划,数字注在木尺上。精密水准尺须与精密水准仪配套使用。

精密水准尺上的分划注记形式一般有两种。

一种是尺身上刻有左右两排分划,右边为基本分划,左边为辅助分划。基本分划的注记从零开始,辅助分划的注记从某一常数 K 开始,K 称为基辅差。

另一种是尺身上两排均为基本划分,其最小分划为 10 mm,但彼此错开 5 mm。尺身一侧注记米数,另一侧注记分米数。尺身标有大、小三角形,小三角形表示半分米处,大三角形表示分米的起始线。这种水准尺上的注记数字比实际长度增大了一倍,即 5 cm 注记为 1 dm。因此使用这种水准尺进行测量时,要将观测高差除以 2 才是实际高差。

3.电子水准仪测量原理简述

与电子水准仪配套使用的水准尺为条形编码尺,通常由玻璃纤维或铟钢制成。在电子水准仪中装置有行阵传感器,它可识别水准标尺上的条形编码。电子水准仪摄入条形编码后,经处理器转变为相应的数字,在通过信号转换和数据化,在显示屏上直接显示中丝读数和视距,如图 2-28 所示。

图 2-28　电子水准仪与水准尺

4.电子水准仪的使用

NA2000 电子水准仪用 15 个键的键盘和安装在侧面的测量键来操作。有两行 LCD 显示器显示给使用者,并显示测量结果和系统的状态。

观测时,电子水准仪在人工完成安置与粗平、瞄准目标(条形编码水准尺)后,按下测量键后约 3~4 秒既显示出测量结果。其测量结果可储存在电子水准仪内或通过电缆连接存入机内记录器中。

另外,观测中如水准标尺条形编码被局部遮挡 <30%,仍可进行观测。

本 章 小 结

水准测量是测定地面点高程的常用方法。本章主要从以下几个方面对水准测量进行介绍。水准仪及其使用,普通水准测量的施测与内业计算,三、四等水准测量的实测与内业计算,水准仪的检验与校正,水准测量的误差与注意事项。

通过本章学习应理解水准测量原理和水准仪基本构造;掌握水准仪的使用方法、水准测量的施测方法和内业计算;能够进行 DS3 水准仪的基本检验校正;了解水准测量的误差影响和其他水准仪的基本特点。

习　　题

1.水准仪是根据什么原理来测定两点之间的高差的?

2.水准仪的望远镜主要由哪几部分组成,各部分有什么功能?

3.简述用望远镜瞄准水准尺的步骤?

4.何谓视差? 发生视差的原因是什么? 如何消除视差?

5.何谓水准管分划值? 其与水准管的灵敏度有何关系?

6.圆水准器和水准管各有何作用?

7.水准仪有哪些轴线,它们之间应满足哪些条件,哪个是主要条件,为什么?

8.结合水准测量的主要误差来源,说明在观测过程中要注意哪些事项?

9.后视点 A 的高程为 55.318 m,读得其水准尺的读数为 2.212 m,在前视点 B 尺上读数为 2.522 m,问高差 h_{AB} 是多少? B 点比 A 点高,还是比 A 点低? B 点高程是多少? 试绘图说明。

10.为了测得图根控制点 A,B 的高程,由四等水准点 BM_1(高程为 29.826 m)以附合水准路线测量至另一个四等水准点 BM_5(高程为 30.386 m),观测数据及部分成果如图 2-29 所示。试列表进行记录,并计算。

(1)将第一段观测数据填入记录手簿,求出该段高差 h_1。

(2)根据观测成果算出 A,B 点的高程。

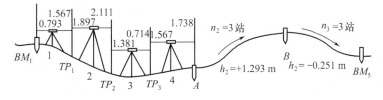

图 2-29　附合水准路线测量示意图

11.如图 2-30 所示,为一闭合水准路线等外水准测量示意图,水准点 BM_2 的高程为45.515 m,1,2,3,4 点为待定高程点,各测段高差及测站数均标注在图中,试计算各待定点的高程。

12.已知 A,B 两水准点的高程分别为 $H_A = 44.286$ m,$H_B = 44.175$ m。水准仪安置在 A 点附近,测得 A 尺上读数 $a = 1.845$ m,B 尺上读数 $b = 1.966$ m。问这台仪器的水准管轴是否

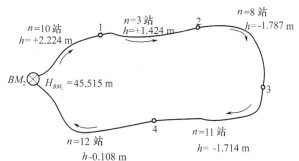

图 2-30　闭合水准路线示意图

平行于视准轴? 若不平行,当水准管的气泡居中时,视准轴是向上倾斜,还是向下倾斜,如何校正?

第三章　角　度　测　量

第一节　角度测量原理

角度测量主要是指测量水平角和竖直角的测量。水平角是指地面上一点到两个目标的方向线在水平面上投影的夹角，或是过两条方向线的竖直面所夹二面角。如图 3 - 1 所示，由地面点 A 到两个目标的方向线 AB,AC,在水平面上投影为 ab 和 ac,其夹角∠bac 即为水平角，它等于通过 AB 和 AC 的两个竖直面的二面角。

竖直角是指在竖直平面内，倾斜视线与水平线之间的夹角。以 α 表示，如图 3 - 2 所示，视线在水平线以上为仰角，此时竖直角为"＋"，视线在水平线以下为俯角，此时竖直角为"－"。竖直角的范围是 -90°~+90°。视线与铅垂线天顶方向之间的夹角，称为天顶距，以 Z 表示，如图 3 - 2 所示，天顶距的范围是 0°~180°。

显然，竖直角与天顶距间的关系为

$$\alpha = 90° - Z \tag{3-1}$$

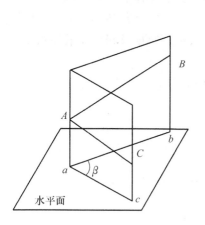

图 3 - 1　水平角

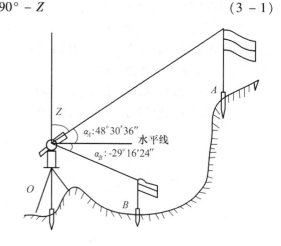

图 3 - 2　竖直角

竖直角和天顶距只需测得其中一个即可，测量工作中一般观测竖直角。为了测得竖直角，必须安置一个竖直度盘，分别以水平线和望远镜照准目标时的方向线在竖盘上所得读数，两读数之差即为观测的竖直角。

第二节　光学经纬仪的结构及读数方法

本节将介绍两种经纬仪的结构与读数方法，一种是普通光学经纬仪，一种是精密光学经纬仪。

1. 普通光学经纬仪

图 3 - 3 是南京华东光学仪器厂生产的 DJ₆ 型光学经纬仪，它由照准部、水平度盘和基座 3 个主要部分组成，各部件名称如图 3 - 3 所示。

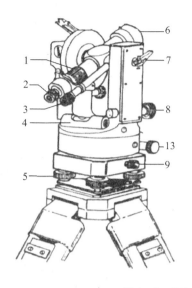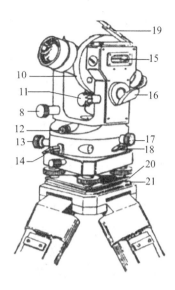

图 3-3 DJ₆型光学经纬仪

1—对光螺旋;2—目镜;3—读数显微镜;4—照准部水准管;5—螺旋管;6—望远镜物镜;7—望远镜制动螺旋;
8—望远镜微动螺旋;9—中心锁紧螺旋;10—竖直度盘;11—竖盘指标水准管微动螺旋;12—光学对中器目镜;
13—水平微动螺旋;14—水平制动螺旋;15—竖盘指标水准管;16—反光镜;17—度盘变换手轮;
18—保险手柄;19—竖盘指标水准管反光镜;20—托板;21—底板

（1）照准部

照准部是指水平度盘以上能绕竖轴旋转的部分,包括望远镜、竖直度盘、光学对中器、水准管、光路系统、读数显微镜等,都安装在底部带竖轴(内轴)的 U 形支架上。其中望远镜、竖盘和水平轴(横轴)固连一体,组装于支架上。望远镜绕横轴上下旋转时,竖盘随着转动,并由望远镜制动螺旋和微动螺旋控制。竖盘是一个圆周上刻有度数分划线的光学玻璃圆盘,用来量度竖直角。紧挨竖盘有一个指标水准管和指标水准管微动螺旋,在观测竖直角时用来保证读数指标的正确位置。望远镜旁有一个读数显微镜,用来读取竖盘和水平度盘读数。望远镜绕竖轴左右转动时,由水平制动螺旋和水平微动螺旋控制。照准部的光学对中器和水准管用来安置仪器,以使水平度盘中心位于测站铅垂线上并使度盘平面处于水平位置。

（2）水平度盘

水平度盘是一个由光学玻璃制成的刻有度数分划线的圆盘,按顺时针方向由 0°注记至360°,用以量度水平角。水平度盘有一个空心轴,空心轴插入度盘的外轴中,外轴再插入基座的套轴内。在空心轴容纳内轴的插口上有许多细小滚珠,以保证照准部能灵活转动而不致影响水平度盘。水平度盘本身可以根据测角需要,用度盘变换手轮改变读数位置。

（3）基座

基座起支撑仪器上部以及使仪器与三脚架连接的作用,主要由轴座、脚螺旋和底板组成。仪器的照准部连同水平度盘一起插入轴座后,用轴座固定螺旋(又称中心锁紧螺旋)固紧;轴座固定螺旋切勿松动,以免仪器上部与基座脱离而摔坏。

仪器装到三脚架上时,需将三脚架头上的中心连接螺旋旋入基座底板,使之紧固。采用光学对中器的经纬仪,其连接螺旋是空心的;连接螺旋下端大都具有挂钩或像灯头一样的插口,以备悬挂垂球之用。

基座脚螺旋用来整平仪器。但对于采用光学对中器的经纬仪来说,脚螺旋整平作用范围很小,主要用它将基座平面整成与三脚架架头大致平行。

DJ$_6$型经纬仪水平度盘如图3-4所示:度盘上相差1°的两条分划线之间分为60小格,所以每一小格代表1′,则估读一格为0.1′即6″,实际读数时,只需要注意哪根度盘分划线位于0与6之间,读取这根分划线的度数和它所指的分微尺上的读数即得应有的读数。在图3-4中,水平读数为215°07.5′=215°07′30″。竖直度盘为78°48.3′=78°48′18″。在读数显微镜内看到的水平度盘和竖盘影像一般注有汉字加以区别,也有的注以"H"或"-"表示水平度盘,注"V"或"⊥"符号表示竖盘。

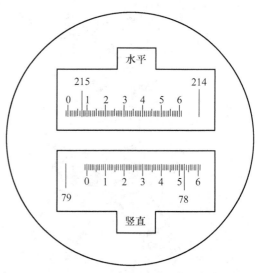

图3-4 经纬仪水平度盘

2.精密光学经纬仪

DJ$_2$型经纬仪是一种精度较高的经纬仪,常用于精密工程测量和控制测量中。其外貌和基本结构与DJ$_6$经纬仪基本相同,区别主要表现在读数装置和读数方法上。DJ$_2$型光学经纬仪是利用度盘180°对径分划线影像的重合法(相对于对径方向两个指标读数取平均值),来确定一个方向的正确读数。它可以消除度盘偏心差的影响。该类型仪器采用移动光楔作为测微装置。移动光楔测微器的原理是光线通过光楔时,光线会产生偏转,而在光楔移动后,光线的偏转点改变而偏转角不变,因此,通过光楔的光线就产生了平行位移,以实现其测微的目的。

DJ$_2$型光学经纬仪是在光路上设置了两个光楔组(每组包括一个固定光楔和一个活动光楔),入射光线通过一系列的光学零件,将度盘对径两端的度盘分划影像通过各自的光楔组同时反映在读数显微镜中,形成被一横线隔开的正字像(简称正像)和倒字像(简称倒像),如图3-5所示,大窗为读数的影像,每隔1°注一数字,度盘分划值为20′。小窗为测微尺的影像,左边注记数字从0到10以分为单位,右边注记数字以10″为单位,最小分划值为1″,估读到0.1″。当转动测微轮使测微尺,由0′移动到10′时,度盘正倒像的分划线向相反的方向各移动半格(相当于10′)。

 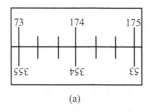

(a)

 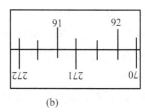

(b)

图3-5 DJ$_2$经纬仪

读数时,先转动测微轮,使正、倒像的度盘分划线精确重合,然后找出邻近的正、倒像180°的两条整度分划线,并注意正像应在左侧,倒像在右侧,正像整度数分划线的数字就是度盘的度数;再数出整度正像分划线与对径的整度倒像分划线间的格数,乘以度盘分划值的一半(因正、倒像相对移动),即得度盘数10′数;不足10′的分数和秒数,应从左边小窗中的测微尺上读取。三个读数相加,即为度盘上的完整读数。如图 3 - 5(a)所示度盘读数为 174°02′00″,图 3 - 5(b)所示度盘读数为 91°17′16″。

苏州光学仪器厂生产的新型 DJ₂ 光学经纬仪读数原理与上述相同,不同者为采用了数字化读数形式,如图 3 - 6 所示,右下侧的小窗为度盘对径分划线重合后的影像,没有注记,上面小窗为度盘读数和整 10′的注记(图 3 - 6 所示为 74°40′,左下侧的小窗为分和秒数(图 3 - 6 为 7′16.0″)。则度盘的整个读数为 74°47′16.0″。

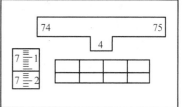

图 3 - 6 DJ₂读数视窗

第三节 经纬仪的使用

经纬仪的使用包括对中、整平、调焦和照准、读数及置数等基本操作。现将操作方法介绍如下。

1. 对中

对中的目的是使仪器中心与测站点标志中心位于同一铅垂线上。具体做法是:首先将三脚架安置在测站上,使架头大致水平且高度适中,再挂上垂球初步对中。如果相差太大,可平移三角架,使垂球尖大致对准测站点标志,将三脚架的脚尖踩入土中。然后将仪器从仪器箱中取出,用连接螺旋将仪器装在三脚架上。此时若垂球尖偏离测站点标志中心,可稍旋松连接螺旋,两手扶住仪器基座,在架头上平移仪器,使垂球尖精确对准标志中心,最后旋紧连接螺旋。对中误差一般不应大于 3 mm。对中亦可采用光学对中器进行。由于光学对中器的视轴与仪器竖轴平行,因此,只有在仪器整平后视轴才处于铅垂位置。对中时,可先用垂球大致对中,概略整平仪器后取下垂球,再调节对中器的目镜,松开仪器与三脚架间的连接螺旋,两手扶住仪器基座,在架头上平移仪器,使分划板上小圆圈中心与测站点重合,固定中心连接螺旋。平移仪器,整平可能受到影响,需要重新整平,整平后光学对中器的分划圆中心可能会偏离测站点,需要重新对中。因此,这两项工作需要反复进行,直到对中和整平都满足要求为止。

2. 整平

整平的目的是使仪器竖轴竖直以及使水平度盘处于水平位置。整平时,先转动仪器的照准部,使照准部水准管平行于任意一对脚螺旋的连线(如图 3 - 7(a)),然后两手同时以相反方向转动该两脚螺旋,使水准管气泡居中,注意气泡移动方向与左手大拇指移动方向一致。

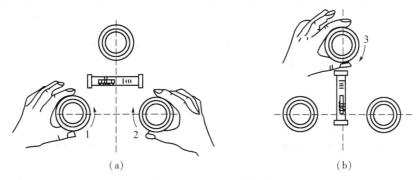

(a)   (b)

图 3 - 7 经纬仪的整平

再将照准部转动90°使水准管垂直于原两脚的连线。转动另一脚螺旋,使水准管气泡居中。如此重复进行,直到在这两个方向气泡都居中为止。居中误差一般不得大于一格。如图3-7(b)所示。

3. 调焦和照准

照准就是使望远镜十字丝交点精确照准目标。照准前先松开望远镜制动螺旋与照准部制动螺旋,将望远镜朝向天空或明亮背景,进行目镜对光,使十字丝清晰;然后利用望远镜上的照门和准星粗略照准目标,使在望远镜内能够看到物像,再拧紧照准部及望远镜制动螺旋;转动物镜对光螺旋,使目标清晰,并消除视差;转动照准部和望远镜微动螺旋,精确照准目标;测水平角时,应使十字丝竖丝精确地照准目标,并尽量照准目标的底部,如图3-8(a)所示;测竖直角时,应使十字丝的横丝(中丝)精确照准目标,如图3-8(b)所示。

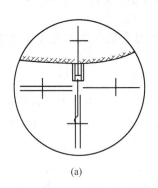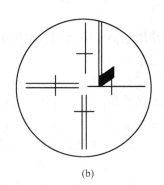

(a)   (b)

图3-8　经纬仪照准方法

4. 读数

调节反光镜及读数显微镜目镜,使度盘与测微尺影像清晰,亮度适中,然后按前述的读数方法读数。

5. 置数

置数是指照准某一方向的目标后,使水平度盘的读数等于给定或需要的值。在观测水平角时,常使起始方向的水平度盘读数为零或其他数值。如果使其为零时,就称为置零或对零。置数方法在角度测量和施工放样中应用广泛。

由于度盘变换方式的不同,置数方法也不相同。对于采用度盘变换手轮的仪器,应先照准目标,然后打开变换手轮护盖,转动变换手轮进行置数,最后关闭护盖。对于采用复测扳手进行度盘离合的仪器,应先置好数,再去照准目标。例如,要使照准目标时的水平度盘读数置为90°01′30″,应先松开离合器(即将复测扳手向上扳到位)和水平度盘制动螺旋,一边转动照准部,一边观察水平度盘读数,当读数接近90°时,固紧水平制动螺旋,利用水平微动螺旋使度盘的读数为90°01′30″时,然后扣紧离合器(即复测扳手向下扳到位),松开水平制动螺旋,旋转照准部照准目标后再松开离合器即可。

第四节　水平角测量

在角度观测中,为了消除仪器的某些误差,需要用盘左和盘右两个位置进行观测。盘左又称正镜,是指观测者对着望远镜的目镜时,竖盘在望远镜的左边;盘右又称倒镜,是指观测者对着望远镜的目镜时,竖盘在望远镜的右边。

常用的角度观测方法是测回法,测回法适用于观测两个方向形成的单角。

1. 测回法测水平角

如图 3-9 所示,在测站点 O,需要测出 OA,OB 两方向间的水平角 β,则操作步骤如下。

①安置经纬仪于角度顶点 O,进行对中、整平,并在 A, B 两点立上照准标志。

②将仪器置为盘左位置。转动照准部,利用望远镜准星初步瞄准 A 点,调节目镜和望远镜调焦螺旋,使十字丝和目标像均清晰,以消除视差。再用水平微动螺旋和竖直微动螺旋进行微调,直至十字丝中点照准目标。此时,打开换盘手轮进行度盘配置,将水平度盘的方向读数配置为 $0°0'0''$ 或稍大一点,读数 a_L,并记入记录手簿,见表 3-1。松开制动扳手,顺时针转动照准部,同上操作,照准目标 B 点,读数 b_L 并记入手簿。则盘左所测水平角 β_L 为

图 3-9 测回法测水平角

$$\beta_L = b_L - a_L \tag{3-2}$$

表 3-1 测回法测水平角记录手簿

测回	测站	竖盘位置	目标	水平度盘读数 /(° ′ ″)	半测回角值 /(° ′ ″)	一测回角值 /(° ′ ″)	各测回平均角值/(° ′ ″)	备注
I	B	左	A	0 01 24	61 11 12	61 11 09	61 11 10	
			C	61 12 36				
		右	C	241 12 42	61 11 06			
			A	180 01 36				
II	B	左	A	90 01 12	61 11 06	61 11 12		
			C	151 12 18				
		右	C	331 12 24	61 11 18			
			A	270 01 06				

③松开制动扳手将仪器置为盘右位置。先照准 B 目标,读数 b_R;再逆时针转动照准部,直至照准目标 A,读数 a_R,计算盘右水平角 β_R 为

$$\beta_R = b_R - a_R \tag{3-3}$$

④计算一测回角度值。上下半测回合称一测回。当上下半测回值之差在 $\pm 40''$ 内时,一测回水平角值为 $\beta = \dfrac{\beta_L + \beta_R}{2}$,若超过此限差值应重新观测。

当测角精度要求较高时,可以观测多个测回,取其平均值作为水平角测量的最后结果。为了减少度盘刻划不均匀误差,各测回应利用仪器上控制水平度盘的装置换盘手轮来配置度盘起始读数,DJ6 型仪器每个测回间应按 $\dfrac{180°}{n}$ 的角度间隔变换水平度盘位置。如测四个测回,则应分别设置成略大于 $0°$,$45°$,$90°$ 和 $135°$ 的角度。

第五节　竖直角测量

1. 竖盘结构

光学经纬仪竖盘包括竖直度盘、竖盘指标水准管和竖盘指标水准管微动螺旋（或竖盘指标自动补偿器）。竖直度盘固定在横轴一端，可随望远镜在竖直面内转动。分微尺的零刻划线是竖盘读数的指标线，其与竖盘指标水准管固联在一起，指标水准管气泡居中时，竖盘指标就处于正确位置。一般我国生产的 DJ$_6$ 光学经纬仪，在望远镜视线水平时，其竖盘读数设计为 90°或 270°。当望远镜上、下转动照准不同高度的目标时，竖盘随着转动，而读数指标线不动，因而可读得不同位置目标的竖盘读数，用以计算各自目标的竖直角。竖盘是由光学玻璃制成，其刻划有顺时针方向和逆时针方向两种，不同刻划的经纬仪其竖直角计算公式不同。我们规定仰角为正，俯角为负，通用式表达如下。

①盘左位置当望远镜物镜抬高时，若竖盘读数增加，则其竖直角为 a = 目标方向竖盘读数 – 水平方向的竖盘读数，即 $\alpha_L = L - 90°$；仪器在盘右时，$\alpha_R = 270° - R$。

②反之，盘左位置当望远镜物镜抬高时，若竖盘读数减小，其竖直角为 a = 水平方向竖盘读数 – 目标方向竖盘读数，即 $\alpha_L = 90° - L$；仪器在盘右时，$\alpha_R = R - 270°$。

2. 测回法观测竖直角

地面目标直线的竖直角一般用测回法观测，操作步骤如下：

①将仪器安置于测站点上，对中、整平。

②仪器置为盘左位，瞄准目标点，使十字丝中丝精确横切照准目标，调节竖盘指标水准管微动螺旋，使竖盘指标水准管气泡居中（或旋转竖盘指标自动补偿器锁紧螺旋至"ON"位置），读取竖盘读数 L，若属于上述①的情形，则盘左竖直角 $\alpha_L = L - 90°$。

③将仪器调为盘右，再瞄准目标，十字丝中丝精确横切照准，同上操作，读取盘右时的竖盘读数 R，则盘右竖直角为 $\alpha_R = 270° - R$，

即

$$\begin{cases} \alpha_L = L - 90° \\ \alpha_R = 270° - R \end{cases} \tag{3-4}$$

上述竖直角的计算是一种理想的情况，即当视线水平，竖盘指标水准管气泡居中时，竖盘读数为 90°或 270°。但实际上这种情况往往无法实现，而是当竖盘指标水准管气泡居中时，竖盘读数不是正好在 90°或 270°这个整数上，而是与这个整数相差一个 x 角。这个 x 角就称为竖盘指标差。如图 3 - 10 所示，竖盘指标的偏移方向与竖盘注记增加方向一致时，x 为正值，反之为负值。

由于指标差的存在，则计算竖直角 $\alpha_L = L - 90°$ 应改为：$\alpha_L = L - 90° - x$ 和 $\alpha_R = 270° - R + x$，将上述两式相加可消去指标差的值，即将盘左盘右取平均值时可消除指标差的影响。此时可得

$$\alpha = \frac{\alpha_L + \alpha_R}{2} \tag{3-5}$$

将上述两式相减可得指标差的表达式为

$$x = \frac{1}{2}(L + R - 360°) \tag{3-6}$$

④计算一测回竖直角值为　　　　$\alpha = \frac{\alpha_L + \alpha_R}{2} = \frac{1}{2}(R - L - 180°)$

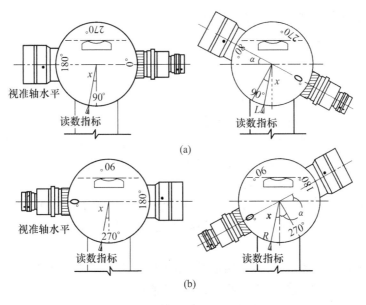

图 3 – 10

(a)盘左;(b)盘右

西光 DJ$_6$ 经纬仪观测结果与计算数据如表 3 – 2 所示。

表 3 – 2   竖直角观测手簿

测站	目标	竖盘位置		指标差 /(″)	竖直角 /(° ′ ″)	备 注
		盘 左(L) /(° ′ ″)	盘 右(R) /(° ′ ″)			
0	A	88 24 36	271 35 30	+3	+1 35 27	仰角读
	B	93 28 54	266 30 36	−15	−3 29 09	数减小

第六节　经纬仪的检验与校正

　　想要测得正确可靠的水平角和竖直角,经纬仪各部件之间必须满足一定的几何条件。仪器各部件间的正确关系,在制造时虽已在一定程度上满足要求,但由于运输和长期使用,各部件间的关系必然会发生一些变化,故在作业前应针对经纬仪必须满足的条件进行认真的检验校正。

　　如图 3 – 11 所示,经纬仪的主要轴线有:竖轴 VV、横轴 HH、望远镜视准轴 CC 和照准部水准管轴 LL。由测角原理知,观测角度时,经纬仪的水平度盘必须水平,竖盘必须铅直,望远镜上下转动的视准面(视准轴绕横轴的旋转面)必须为铅垂面。观测竖直角时,竖盘指标还应处于其正确位置。为此,经纬仪应满足下列条件:

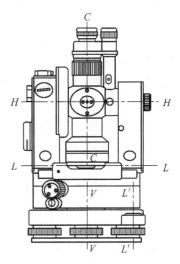

图 3 – 11   经纬仪的轴线

①照准部水准管轴垂直于竖轴（$LL \perp VV$）；

②十字丝竖丝垂直于横轴；

③视准轴垂直于横轴（$CC \perp HH$）；

④横轴垂直于竖轴（$HH \perp VV$）；

⑤竖盘指标处于正确位置（$x = 0$）；

⑥光学对中器的视准轴经棱镜折射后，应与仪器的竖轴重合。

在经纬仪使用前，必须对以上各项条件按下列顺序进行检验，如不满足，应进行校正。

对校正后的残余误差，还应采用正确观测方法消除其影响。

1. 照准部水准管的检验与校正

检校目的：使照准部水准管轴垂直于仪器的竖轴，这样才能利用调整照准部水准管气泡居中的方法使竖轴铅垂，从而整平仪器，否则，将无法整平仪器。

（1）检验方法

架设仪器并将其大致整平，转动照准部，使水准管平行于任意两个脚螺旋的连线，旋转这两个脚螺旋，使水准管气泡居中。此时，水准管轴水平。

将照准部旋转180°，若气泡仍然居中，表明条件满足，不用校正；若气泡偏离中心，表明两轴不垂直，需要校正。

（2）校正方法

首先转动脚螺旋使气泡向中央移动到偏离值的一半，此时竖轴处于垂直位置，而水准管轴倾斜。然后用校正针拨动水准管一端的校正螺丝，使气泡居中，此时，水准管轴水平，竖轴垂直，即水准管轴垂直于竖轴的条件满足。

校正后，应再将照准部旋转180°，若气泡仍不居中，应按上述方法再行校正。如此反复进行，直至再次检验时条件满足为止。

有的经纬仪照准部上装有圆水准器，它可用已校正的水准管将仪器严格整平后观察圆水准气泡是否居中，若不居中，可直接调圆水准器校正螺丝将气泡调至居中。

2. 十字丝的检验与校正

检校目的：使竖丝垂直于横轴。这样，观测水平角时，可用竖丝的任何部位代替十字丝交点照准目标；观测竖直角时，可用横丝的任何部位代替交点照准目标。显然，这将给观测带来方便。

（1）检验方法

整平仪器后用十字丝交点照准一固定的、明显的点状目标，固定照准部和望远镜，旋转望远镜微动螺旋使望远镜上下微动，若从望远镜内观察到该点始终沿竖丝移动，则条件满足，不用校正。否则，如图 3 - 12（a）所示，目标点偏离十字丝竖丝移动，说明十字丝竖丝不垂直于横轴，应进行校正。

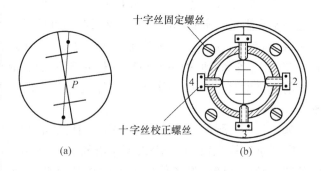

图 3 - 12　十字丝的检验与校正

（2）校正方法

卸下十字丝护盖，松开四个固定螺丝，如图 3 - 12（b）所示，微微转动十字丝环，使条件满足，然后拧紧固定螺丝，装上十字丝护盖。

（3）误差消除方法

每次观测时,都用十字丝的交点照准目标,可消除此项误差的影响。

3. 视准轴的检验与校正

检校目的:使视准轴垂直于横轴,这样才能使视准面成为平面,为使其成为铅垂平面奠定基础。否则,视准面将成为锥面。

（1）检验方法

视准轴是物镜光心与十字丝交点的连线,仪器的物镜光心是固定的,而十字丝交点的位置是可以变动的。所以,视准轴是否垂直于横轴,取决于十字丝交点是否处于正确位置。当十字丝交点偏向一边时,视准轴与横轴不垂直,形成"视准轴误差"。即视准轴与横轴间的交角与90°的差值,通常用 c 表示。

检验时,先整平仪器,以盘左状态精确照准一与仪器高度大致相同的远处明显目标 P,读取水平盘读数,设为 a_L,然后将仪器换为盘右状态,仍精确照准目标 P,读取水平盘读数,设为 a_R。若 $a_L = a_R \pm 180°$,说明视准轴垂直于横轴;否则,说明视准轴不垂直于横轴,需要校正。其差值为两倍视准误差,即 $2c = a_L - a_R \pm 180°$。一般情况下,J_1 经纬仪 $2c$ 不超过20″,J_2 经纬仪 $2c$ 不超过30″时,不用校正。

如图 3 – 13 所示,视准轴不垂直于横轴,盘左时如图 3 – 13（a）,因视准轴偏于正确位置的左侧,瞄准 P 点时必然比正确视准轴多转 c 角,因而使 a_L 比正确读数大了 c 值;盘右时如图 3 – 13（b）所示,因视准轴偏于正确位置的右侧,瞄准 P 点时必然比正确视准轴少转了 c 角,因而使 a_R 比正确读数小了 c 值。设盘左的正确读数为 a ,则

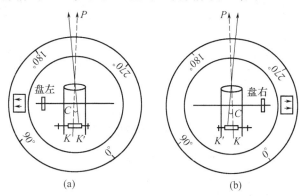

图 3 – 13　视准轴的检验与校正原理图

$$a_L = a + c \tag{3 - 7}$$
$$a_R = a \pm 180° - c \tag{3 - 8}$$

由以上两式可以得出

$$a = \frac{a_L + a_R \pm 180°}{2} \tag{3 - 9}$$

$$c = \frac{a_L - a_R \pm 180°}{2} \tag{3 - 10}$$

（2）校正方法

按式（3 – 9）求得正确读数 a,在检验结束时经纬仪处于盘右状态,转动照准部水平微动,使度盘读数为 $a \pm 180°$,此时,十字丝交点必偏离目标 P,因为 $a \pm 180°$ 是盘右状态,$c = 0$ 时,瞄准 P 点水平度盘的正确读数,所以只要调节十字丝环左右两校正螺丝,如图 3 – 13 所示,使十字丝交点对准目标,视准轴即处于与横轴垂直的位置。

此项检验校正,需反复进行,才能达到目的。

（3）误差消除方法

由式(3-9)可知,只要用盘左、盘右进行观测,取观测结果的平均值,即可求得消除视准误差影响的正确结果。

4. 横轴的检验校正

检校目的:使横轴垂直于竖轴,这样,当仪器整平后竖轴铅直、横轴水平,视准面为一个铅垂面,否则,视准面将成为倾斜面。

（1）检验方法

在离高墙 20～30 m 左右处安置仪器,用盘左照准高处一点 M(仰角宜在30°左右),固定照准部,然后将望远镜大致放平,指挥另一人在墙上标出十字丝交点的位置,设为 m_1 如图3-14(a)所示。

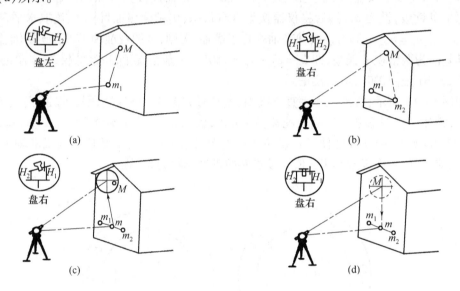

图3-14 横轴的检验与校正

将仪器变成盘右,再次照准点 M,大致放平望远镜后,用同法在墙上又可标出十字丝交点的位置,设为 m_2,如图3-14(b)所示。

如果点 m_1 与 m_2 不重合,说明横轴不垂直于竖轴,需要进行校正,即存在横轴误差。当仪器的竖轴铅垂时,而横轴不水平,则此时横轴与水平线的交角 i 称为横轴误差。

（2）校正方法

由图3-14可见,当横轴不垂直于竖轴时,仪器整平后,竖轴铅直而横轴倾斜,且盘左、盘右的横轴倾斜方向相反。望远镜绕倾斜的横轴旋转,导致高点 M 盘左、盘右的水平投影分别等量地偏于其正确位置的两侧。显然,其平均位置即为正确位置。

校正时,取 m_1 与 m_2 的中点 m,以盘右状态(或盘左状态)瞄准 m 点,固定照准部,抬高望远镜物镜,使其照准 M 点,从望远镜内可观察到,此时的视线偏离了目标点 M,即十字丝交点与 M 点发生了偏移。如图3-14(c),调节横轴偏心板,使其一端抬高或降低,则十字丝交点与 M 点即可重合,如图3-14(d)所示,此时横轴误差 i 被消除,横轴水平。

光学经纬仪的横轴是密封的,一般仪器均能保证横轴垂直于竖轴的正确关系。若发现较大的横轴误差,一般应送仪器检修部门校正。

（3）误差消除方法

用盘左、盘右进行观测，取观测结果的平均值，即可获得消除了横轴倾斜误差影响的正确结果。

5. 竖盘指标差的检验与校正

检校目的：使竖盘指标处于正确位置，即使 $x = 0$。

（1）检验方法

以盘左、盘右对明显目标仔细观测竖直角，即可按指标差计算式（3-6）检验出指标差的大小。为准确起见，检验时，应选择若干个明显目标观测，若各目标检验所得的 x 值间相差不超过 $\pm 30''$，可取其平均值作为最后结果；当指标差超过 $\pm 30''$ 时，仪器需要校正。

（2）校正方法

因指标差是由于指标水准管位置不正确造成的，而指标水准管的位置可以用指标水准管校正螺旋来调整。为此，在检验的基础上，先用式（3-5）求得所测目标的正确竖直角，并按竖直角计算公式反求正确竖直角的竖盘读数。在保持仪器检验时精确照准的状态下，转动竖盘指标水准管微动螺旋，使竖盘读数等于上述计算值，此时，竖盘指标已处于正确位置，但指标水准管气泡偏离了中心，为了在保持指标正确位置不变的情况下将指标水准管气泡调居中，可打开竖盘指标水准管一端的校正螺丝护盖，判定校正方向后，用校正针拨动校正螺丝，使气泡居中。校正后，应再次进行检验。若条件尚未满足，应再次校正。如此反复进行，直至条件满足为止。例如，对一台 DJ$_6$ 级光学经纬仪进行该项检校时，用望远镜精确瞄准一高处目标，并使竖盘指标水准管气泡居中，盘左时竖盘读数为 $L = 110°22'12''$，盘右时竖盘读数为 $R = 249°44'00''$，则由前述内容可求得竖盘指标差为

$$x = (L + R - 360°)/2 = (110°22'12'' + 249°44'00'' - 360°)/2$$
$$= +3'06''$$

故，需要校正。

由 L 和 R 计算出正确的竖直角为

$$\alpha = \frac{\alpha_L + \alpha_R}{2} = \frac{1}{2}(R - L - 180°) = +20°19'06''$$

根据正确的竖直角值 α，按式（3-4）反求出盘左（或盘右）竖盘应有的正确读数为

$$L' = \alpha + 90° = 110°19'06''$$

$$R' = 270° - R = 249°40'54''$$

校正时，盘右（或盘左）状态瞄准原目标，转动竖盘指标水准管的调整螺旋，使竖盘读数为 R'（或 L'）；此时，竖盘指标水准管的气泡不再居中，拨动竖盘指标水准管的校正螺丝，使气泡居中即可，此项需要反复进行。

自动归零型仪器的竖盘指标差的检验方法与上述相同，但校正应送检修部门进行。

6. 光学对中器的检验校正

检校目的：使光学对中器的视准轴经棱镜折射后与仪器竖轴重合，否则产生对中误差。如图 3-15 所示，光学对中器由

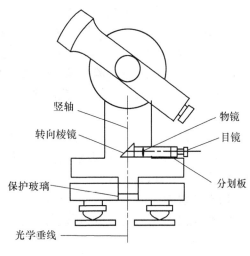

图 3-15　光学对中器结构

目镜、分划板、物镜及转向棱镜组成,分划板圆圈的中心与物镜光心的连线,为光学对中器的视准轴。经纬仪上光学对中器的安装部位有两种情形:一种安装在照准部上,另一种安装在基座上。其检验校正方法亦有所不同,在此只介绍安装在照准部上的光学对中器的检校。

(1)检验方法

将仪器架于一般工作高度,严格整平,在光学对中器下方的地面上放一张白纸,将对中器的刻划圈中心投绘在白纸上,设为 a_1 点。然后,将照准部旋转180°,再将对中器的刻划圈中心投绘于纸板,设为 a_2 点,若 a_1 与 a_2 不重合,则需要进行校正。

(2)校正方法

在白纸上定出 a_1 和 a_2 连线的中心 a,打开两支架间的圆形护盖,转动光学对中器的校正螺丝,使刻划圈中心左右、前后移动,直至刻划圈中心与 a 点重合为止。此项校正亦需要反复进行。

第七节　角度观测的误差

与水准测量类似,角度测量误差亦来自仪器误差、观测误差和外界条件影响三个方面。

1. 仪器误差

仪器误差的主要来源有两个方面。

其一,仪器制造、加工不完善所引起的误差。如照准部偏心差和度盘刻划误差属于仪器制造误差。照准部偏心差是指照准部旋转中心与水平度盘中心不重合,导致指标在刻度盘上读数时产生误差,这种误差均可采取盘左、盘右取平均值的方法来消除。度盘刻划误差是指度盘分划不均匀所造成的误差,就现代光学经纬仪而言,此项误差一般都很小,可在水平角观测中,采用测回之间变换度盘位置的方法来进一步减小其影响。

其二,仪器检校不完善的残余误差。经纬仪各部件(轴线)之间,如果不满足应有的几何条件,就会产生仪器误差,即使经过校正,也难免存在残余误差。例如,视准轴不垂直于横轴,横轴不垂直于竖轴的残余误差对水平角观测的影响,以及竖盘指标差的残余误差对竖直角观测的影响等。通过大量的分析研究可知,这些误差均可采用盘左、盘右两次观测,然后取两次结果平均值的方法来消除。而十字丝竖丝不垂直于横轴的误差影响,可在每次观测时均采用十字丝交点照准目标的观测方法予以消除。

对于无法用观测方法消除的照准部水准管轴不垂直于竖轴的误差影响,可在观测前进行严格的校正,来尽量减弱其对观测的影响。由于采取这些措施,仪器误差对观测结果的影响实际是很小的。

2. 观测误差

观测误差是指观测者在观测操作过程中产生的误差,如对中误差、整平误差、标杆倾斜误差、照准误差和读数误差等。

(1)对中误差

在测站点上安置经纬仪,必须进行对中。仪器安置完毕后,仪器的中心未位于测站点铅垂线上的误差,称为对中误差,又称对中偏心差。对中误差对水平角观测的影响与待测水平角边长成反比。所以,当要测水平角的边长较短时,应注意仔细对中。对中误差对竖直角观测的影响较小,只要按规定要求对中,此项误差的影响即可忽略不计。

(2)整平误差

仪器安置未严格水平而产生的误差叫做整平误差。整平误差导致水平度盘不能严格水平,竖盘及视准面不能严格竖直。它对测角的影响与目标的高度有关,若目标与仪器同高,其影响很小;若目标与仪器高度不同,其影响将随高差的增大而增大。因此,在丘陵、山区观测时,必须精确整平仪器。

(3)标杆倾斜误差(又称目标偏心误差)

该误差是指在观测中,实际瞄准的目标位置偏离地面标志点而产生的误差。如图 3 - 16 所示:O 为测站,A 为目标点(地面标志点),边长为 d,在目标点 A 处竖立标杆作为照准标志。若标杆倾斜且应照准标杆部 A 点而照准了 B 点,设 B 点至标杆底端 A 点的长度为 l,则照准点偏离目标而引起目标偏心差 $e = l\sin\alpha$,它对观测方向的影响为

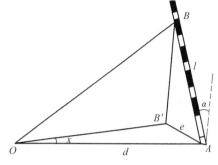

图 3 - 16　标杆倾斜误差

$$x = \frac{e}{d} = \frac{l\sin\alpha}{d} \qquad (3-11)$$

由上式可知:x 与 l 成正比,与边长 d 成反比。所以,为了减小该项误差对水平角观测影响,应尽量照准标杆的根部,标杆应尽量竖直,边长较短时,宜采用垂球对点,照准垂球线以代替标杆。

(4)照准误差

影响照准精度的因素很多,如人眼的分辨角、望远镜的放大率、十字丝的粗细、目标的形状及大小、目标影像的亮度、清晰度以及稳定性和大气条件等。所以尽管观测者已经尽力照准目标,但仍不可避免地存在程度不同的照准误差。此项误差无法消除,只能选择适宜的照准目标,在其形状、大小、颜色和亮度的选择上多下工夫,改进照准方法,仔细完成照准操作。这样,方可减少此项误差的影响。

(5)读数误差

读数误差是指对测微装置最小格以内估读的误差,它主要取决于仪器的读数设备,它与照明情况和观测者的技术熟练程度有一定关系,一般误差值为测微器最小格值的 $\frac{1}{10}$,例如,DJ$_6$ 级光学经纬仪读数误差不超过 $\pm 0.1'$,即 $\pm 6''$。为使读数误差控制在上述范围内。观测时必须仔细操作,准确估读,否则,误差值将会远远超过此值。

3. 外界条件的影响

外界条件的影响很多,也比较复杂。如大风会影响仪器和标杆的稳定,温度变化会影响仪器的正常状态,大气折光会导致光线改变方向,地面辐射又会加剧大气折光的影响,雾气使目标成像模糊,烈日暴晒会使仪器轴系关系发生变化,地面土质松软会影响仪器的稳定等,都会给测量带来误差。要想完全避免这些因素的影响是不可能的,为了削弱此类误差的影响,应选择有利的观测时间和设法避开不利的因素。例如,选择雨后多云的微风天气下观测最为适宜,在晴天观测时,要撑伞遮住阳光,防止暴晒仪器。

第八节　电子经纬仪简介

一、电子经纬仪

电子经纬仪是一种运用光电原件实现测角自动化、数字化的新一代电子测角仪器,由于它是在光学经纬仪的基础上发展起来的,所以整体结构与光学经纬仪有许多相似的地方。最主要的区别在于读数系统,光学经纬仪是在360°的全圆上均匀地刻上度(分)的刻化并注有标记,利用光学测微器读出分、秒值,电子经纬仪则采用光电扫描度盘和自动显示系统,先从度盘上取得电信号,再把电信号转换成角度,以数字方式显示在显示器上,并记入存储器。电子经纬仪具有以下特点:

①实现了测量的读数、记录、计算、显示自动一体化,避免了人为的影响;

②仪器的中央处理器配有专用软件,可自动对仪器几何条件进行检校和各种归算改正;

③储存的数据可通过I/O接口输入计算机作相应的数据处理。

1. 电子经纬仪的测角原理

电子经纬仪获取电信号形式与度盘有关。根据度盘的不同,电子测角又可分为编码测角、光栅度盘测角和动态测角。本节只介绍光栅度盘测角。

在光学玻璃圆盘上(全圆360°)均匀而密集地刻划出许多径向刻线,构成等间隔的明暗条纹——光栅,称为光栅度盘,如图3－17(a)所示。通常光栅的刻线宽度与缝隙宽度相同,二者之和称为光栅的栅距。栅距所对应的圆心角即为栅距的分划值。如在光栅度盘上、下对应位置安装照明器和光电接收管,光栅的刻线不透光,缝隙透光,即可把光信号转换成电信号。当照明器和接收管随照准部相对于光栅度盘转动,由计数器计出转动所累计的栅距数,就可得到转动的角度值。因为光栅度盘是累计计数的,所以通常这种系统为增量式读数系统。

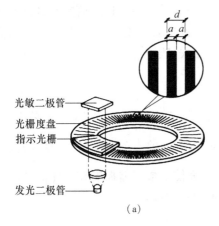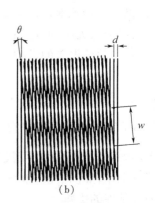

图3－17　光栅度盘测角原理

(a)光栅度盘;(b)莫尔条纹

仪器在操作中会顺时针转动和逆时针转动,因此计数器在累计栅距数时也有增有减。例如,在瞄准目标时,如果转动过了目标,当反向回到目标时,计数器就会减去多转的栅距数。所以这种读数系统具有方向判别的能力,顺时针转动时就进行加法计数,而逆时针转动时就进行减法计数,最后结果为顺时针转动时相应的角值。

在80 mm直径的度盘上刻线密度已达到50线/mm,如此之密,而栅距的分划值仍很大,为1°43″。所以为了提高测角精度,还必须用电子方法对栅距进行细分,分成几十至上千等份。由于栅距太小,细分和计数都不易准确,所以在光栅测角系统中都采用了莫尔条纹技术,借以将栅距放大,再细分和计数。莫尔条纹如图3-17(b)所示,是用与光栅度盘相同密度和栅距的一段光栅(称为指示光栅),与光栅度盘以微小的间距重叠起来,并使两光栅刻线互成一微小夹角,这时就会出现放大的明暗交替的条纹,这些条纹就是莫尔条纹。通过莫尔条纹,即可使栅距 d 放大至 w。这样,就可以对纹距进一步细分,以达到提高测角精度的目的。

2.电子经纬仪使用

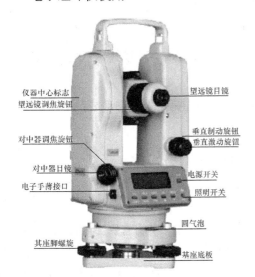
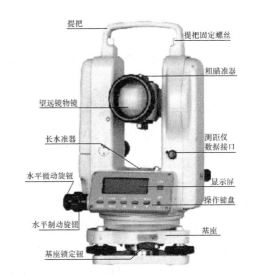

图3-18　电子经纬仪

(1)开机

仪器面板如图3-19所示,按住右上角 $\boxed{PWR}$ 键至显示屏显示全部符号,电源打开。2秒后显示出水平角值,即可开始角度测量。按 $\boxed{PWR}$ 键大于2秒至显示屏显示"OFF"符号后松开,显示内容消失,电源关闭。注意:①开启电源后显示的水平角为仪器内存的原角值,若不需要此值时,可用

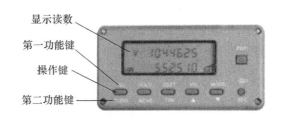

图3-19　科力达电子经纬仪的操作面板

"水平角置零";②若设置了"自动断电"功能,30或10分钟内不进行任何操作,仪器会自动关闭电源并将水平角自动存储起来。

(2)键盘功能

本仪器键盘具有一键双重功能,一般情况下仪器执行键上方所标示的第一(测角)功能,当按下 $\boxed{MODE}$ 键后再按其余各键则执行按键下方所标示的第二(测距)功能。

$\boxed{R/L}$ 显示右旋/左旋水平角选择键。连续按此键,两种角值交替显示。

$\boxed{CONS}$ 专项特种功能模式键。

$\boxed{HOLD}$ 水平角锁定键。按此键两次,水平角锁定;再按一次则解除。

MEAS 测距键。按此键连续精确测距(连接测距仪有效)。

在特种功能模式中按此键,显示屏中的光标左移。

0 SET 水平角置零键。按此键两次,水平角置零。

TRK 跟踪测距键。按此键每秒跟踪测距一次,精度至 0.01 m(连接测距仪有效)。

在特种功能模式中按此键,显示屏中的光标右移。

V% 竖直角和斜率百分比显示转换键。连续按此键交替显示。

在测距模式状态时,连续按此键则交替显示斜距、平距、高差。

△ 增量键。在特种功能模式中按此键,显示屏中的光标可上下移动或数字向上增加。

MODE 测角、测距模式转换键。连续按键,仪器交替进入一种模式,分别执行键上或键下标示的功能。

▽ 减量键。在特种功能模式中按此键,显示屏中的光标可上下移动或数字向下减少。

REC 记录键。令电子手簿执行记录。

PWR 电源开关键。按键开机;按键大于 2 秒则关机。

望远镜十字丝和显示屏照明键。按键一次开灯照明;再按则关(若不按键,10 秒后自动熄灭)。

(3)初始设置

仪器具有多种功能项目供选择,以适应不同作业性质对成果的需要。因此,在仪器使用前,应按不同作业需要,对仪器采用的功能项目进行初始设置,具体包括以下项目:①角度测量单位,360°,400 gon,6 400 mil(出厂设为360°);②竖直角 0 方向的位置,水平为 0°或天顶为 0°(出厂设天顶为 0°);③自动断电关机时间为,30 min(分钟)或 10 min(分钟)(出厂设30 min);④角度最小显示单位,1″或 5″(出厂设为 1″);⑤竖盘指标零点补偿选择,自动补偿或不补偿(出厂设为自动补偿),但无自动补偿的仪器此项无效;⑥水平角读数经过 0°,90°,180°,270°象限时蜂鸣或不蜂鸣(出厂设为蜂鸣);⑦选择不同类型的测距仪连接(出厂设为与科力达 ND 系列连接)。

设置方法:①按住 CONS 键打开电源开关,至三声蜂鸣后松开 CONS 键,仪器进入初始设置模式状态,显示屏显示内容如图 3 - 20 所示;②按 MEAS 或 TRK 键使闪烁的光标向左或向右移动到要改变的数字位;③按 △ 或 ▽ 键改变数字,该数字所代表的设置内容在显示器上行以字符代码的形式予以提示;④重复②和③操作进行其他项目的初始设置直至全部完成;⑤设置完成后按 CONS 键予以确认,仪器返回测量模式。设置完成后,一定要按 CONS 键予以确认,把设置存入仪器内,否则仪器仍保持原来的设置。

```
ND 3000
11011111
```

图 3 - 20　科力达电子经纬仪初始设置显示屏

(4)角度测量

由于科力达电子经纬仪采用光栅度盘测角系统,当分别转动仪器照准部和望远镜时,即自动开始水平角和垂直角的测量。所以,观测员精确照准目标时,显示屏将自动显示当前视线方向的水平度盘读数和竖盘读数,仪器操作非常简单,故不再详述。

(5)电子仪器使用注意事项

①阳光下测量应避免将物镜直接瞄准太阳;若在太阳下作业应安装滤光器。

②避免在高温和低温下存放和使用仪器,同时避免温度骤变(使用时气温变化除外)。

③仪器不使用时,应将其装入箱内,置于干燥处,注意防震、防尘和防潮。

④若仪器工作处的温度与存放处的温度差异太大,应先将仪器留在箱内,直到它适应环境温度后再使用仪器。

⑤仪器长期不使用时,应将仪器上的电池卸下分开存放。电池应每月充电一次。

⑥仪器运输应将仪器装于箱内进行,运输时应小心避免挤压、碰撞和剧烈震动,长途运输最好在箱子周围使用软垫。

⑦仪器安装至三脚架或拆卸时,要一只手先握住仪器,以防仪器跌落。

⑧外露光学件需要清洁时,应用脱脂棉或镜头纸轻轻擦净,切不可用其他物品擦拭。

⑨不可用化学试剂擦拭塑料部件及有机玻璃表面,可用浸水的软布擦拭。

⑩仪器使用完毕后,用绒布或毛刷清除仪器表面灰尘,仪器被雨水淋湿后,切勿通电开机,应及时用干净软布擦干并在通风处放一段时间。

⑪ 作业前应仔细全面检查仪器,确信仪器各项指标、功能、电源、初始设置和改正参数均符合要求时再进行作业。

⑫ 即使发现仪器功能异常,非专业维修人员不可擅自拆开仪器,以免发生不必要的损坏。

本 章 小 结

本章首先介绍了角度测量的基本原理,经纬仪的结构、使用方法以及测角误差的来源。并对常用的仪器检验项目作了介绍。最后介绍了电子经纬仪的基本原理和使用。

角度测量主要分为水平角测量和竖直角测量,水平角是指地面上一点到两个目标的方向线在同一水平面上的垂直投影间的夹角。竖直角是指在竖直平面内,倾斜视线与水平线之间的夹角。经纬仪的基本结构由照准部、水平度盘和基座3个主要部分组成。经纬仪的使用主要由对中、整平、调焦和找准、置数和读数。测角的误差来源主要有仪器误差、观测误差和外界环境误差三方面。对仪器的常见检验项目主要有照准部水准管的检验与校正、十字丝的检验与校正、视准轴的检验与校正、横轴的检验校正、竖盘指标差的检验与校正、光学对中器的检验校正。

电子经纬仪的基本结构、使用方法与光学经纬仪基本相似。

习　　题

1.什么是水平角,什么是竖直角?

2.普通光学经纬仪的基本结构是什么,有哪些轴线,各轴线之间满足怎样的位置关系?

3.如何操作、使用经纬仪?

4.经纬仪的检验项目有哪些,如何校正?

5.如何进行水平角的测量,如何观测竖直角?

6.角度观测时有哪些误差,在测角时应注意哪些问题?

第四章　测量误差的基本知识

第一节　测量误差

在测量工作中,无论使用的仪器多么精良,观测者如何仔细地操作,最后仍不可能得到绝对正确的测量结果。也就是说,在测量结果中,总是不可避免地存在误差。例如,往、返丈量某段距离若干次,观测结果总不一致;再如,测量某一平面三角形的三个内角,其观测值之和常常不等于180°,等等。观测值与其客观真值之差就是误差。用重复观测的方法可以发现误差的存在。但发现测量误差的存在并不是目的,研究测量误差产生的原因和变化规律、找出减弱误差的对策、保证测量结果达到必需的精度,才是研究测量误差的根本目的。

1. 测量误差的来源

测量工作是在一定条件下进行的,外界环境、观测者的技术水平和仪器本身构造的不完善等原因,都可能导致测量误差的产生。通常把测量仪器、观测者的技术水平和外界环境三个方面综合起来,称为观测条件。观测条件不理想和不断变化是产生测量误差的根本原因。通常把观测条件相同的各次观测称为等精度观测;观测条件不同的各次观测称为不等精度观测。具体来说,测量误差主要来自以下三个方面:

①外界条件,主要指观测环境中气温、气压、空气湿度和清晰度、风力以及大气折光等因素的不断变化,导致测量结果中带有误差;

②仪器条件,仪器在加工和装配等工艺过程中,不能保证仪器的结构能满足各种几何关系,这样的仪器必然会给测量带来误差;

③观测者的自身条件,由于观测者感官鉴别能力所限以及技术熟练程度不同,也会在仪器对中、整平和瞄准等方面产生误差。

测量误差按其对测量结果影响的性质,可分为系统误差和偶然误差。

2. 系统误差

在相同的观测条件下,对某个量进行了多次观测,如果误差出现的大小和符号均相同或按一定的规律变化,这种误差称为系统误差。系统误差一般具有累积性。

系统误差产生的主要原因之一,是由于仪器设备制造不完善。例如,用一把名义长度为 50 m 的钢尺去量距,经鉴定钢尺的实际距离为 50.005 m,则每量一尺,就带有 +0.005 m 的误差。丈量的尺段越多,所产生的误差越大。所以这种误差与所丈量的距离成正比。再如,在水准测量时,当视准轴与水准管轴不平行而产生夹角 i 时,对水准尺的读数所产生的误差为 $l\dfrac{i}{\rho}(\rho = 206\,265'')$,它与水准仪与水准尺的距离成正比,所以这种误差与水准尺之间的距离按某种规律变化。

系统误差具有明显的规律性和累积性,对测量结果的影响很大。但是由于系统误差的大小和符号有一定的规律,所以可以采取措施加以消除或减少其影响。例如,在距离测量中,可对测量成果进行尺长改正;在经纬仪测角时,用盘左和盘右取中数的方法,可以消除视准轴不垂直于水平轴的误差和竖盘指标差等对测角的影响;在水准测量中,用前、后视距尽量相等的方法来消除水准管轴与视准轴不平行的误差对高差的影响;对于一些不便于计算改正或可采用一定的观测方法加以消除的系统误差,事前可对仪器进行严格的检校,以减少系统误差的影响。总之,通过采取各种措施,可将系统误差减少到可以忽略不计的程度。

3. 偶然误差

在相同的观测条件下,对某个量进行了多次观测,如果误差出现的大小和符号均不一定,则这种误差称为偶然误差,又称随机误差。例如,用经纬仪测角时的照准误差,钢尺量距时的读数误差等,都属于偶然误差。

偶然误差,就其个别值而言,在观测前我们确实不能预知其出现的大小和符号。但若在一定的观测条件下,对某量进行多次观测,误差却呈现出一定的规律性,称为统计规律。而且,随着观测次数的增加,偶然误差的规律性表现得更加明显。偶然误差不能像系统误差那样可加以消除,而只能通过改善观测条件对其加以控制。

对一个三角形的三个内角进行观测,由于观测误差的存在,三角形各内角的观测值之和不等于 $180°$。用 l 表示观测值,用 X 表示真值,并用 Δ 表示真误差(偶然误差),则真误差定义为:观测值与真值之差,即

$$\Delta = [l] - X = [l] - 180° \tag{4-1}$$

式中,$[l] = l_1 + l_2 + l_3$,表示三角形内角之和。"[ ]"为求和符号。$180°$ 是三角形三内角和之真值。现观测了 162 个三角形,按上式(4-1)算得 162 个真误差,先按其大小和一定区间列于表 4-1 中。

表 4-1　真值差分布情况

误差的区间(0.2″)	Δ 为正的个数	Δ 为负的个数	总数
0.0 ~ 0.2	21	21	42
0.2 ~ 0.4	19	19	38
0.4 ~ 0.6	15	12	27
0.6 ~ 0.8	9	11	20
0.8 ~ 1.0	9	8	17
1.0 ~ 1.2	5	6	11
1.2 ~ 1.4	1	3	4
1.4 ~ 1.6	1	2	3
1.6 以上	0	0	0
累计	80	82	162

从上表中可以看出,偶然误差具有如下四个特征:

①在一定的观测条件下,偶然误差的绝对值不会超过一定的限值(本例为 1.6″);

②绝对值小的误差比绝对值大的误差出现的机会多(或概率大);

③绝对值相等的正、负误差出现的机会相等；

④在相同条件下，同一量的等精度观测，其偶然误差的算术平均值，随着观测次数的无限增大而趋于零，即

$$\lim_{n \to \infty} \frac{[\Delta]}{n} = 0 \qquad (4-2)$$

式中，$[\Delta] = \Delta_1 + \Delta_2 + \cdots + \Delta_n$。

第一个特性说明偶然误差的"有界性"。它说明偶然误差的绝对值有个限值，若超过这个限值，说明观测条件不正常或有粗差存在；第二个特性反映了偶然误差的"密集性"，即越是靠近 $0''$，误差分布越密集；第三个特性反映了偶然误差的对称性，即在各个区间内，正负误差个数相等或极为接近；第四个特性反映了偶然误差的"抵偿性"，它可由第三特性导出，即在大量的偶然误差中，正负误差有相互抵消的特征。因此，当 n 无限增大时，偶然误差的算术平均值应趋于零。

上述偶然误差的四个特性具有普遍性，对误差理论的研究和测量实践都有重要的指导意义。表 4-1 所列的数据还可以用比较直观的直方图（图 4-1）来表示。图中的偶然误差的大小为横坐标，以各区间内偶然误差出现的相对个数 $\frac{n_i}{n}$（称为频率）除以区间间隔（称为组距）为纵坐标，n 为总误差个数，n_i 是出现在该区间的误差个数。

如果将区间缩小，测量次数无限增加，就可绘成实线表示的曲线。这条曲线称为误差概率分布曲线。从这条曲线可以更清楚地看出偶然误差的特性。

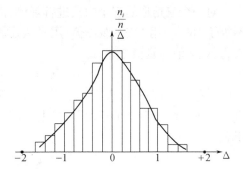

图 4-1　偶然误差统计直方图

第二节　评定精度的指标

1. 中误差

在一定的观测条件下进行一组观测，它对应着一定的误差分布。如果该组误差值总体说来偏小些，即误差分布比较密集，则表示该组观测质量好些，这时标准差的值也较小；反之，如果该组误差值偏大，即误差分布比较分散，则表示该组观测质量差些，这时标准差的值也就较大。因此，一组观测误差所对应的标准差值的大小，反映了该组观测结果的精度。

通常用一个数值就能反映该组观测的质量情况，这个数值就是评定精度的指标。一般常用标准差 σ 作为评定精度的指标。

由概率论的知识得到

$$\sigma^2 = D(\Delta) = E(\Delta^2) - [E(\Delta)]^2 = E(\Delta^2) = \lim_{n \to \infty} \frac{\Delta_1^2 + \Delta_2^2 + \cdots + \Delta_n^2}{n} \qquad (4-3)$$

其中 n 为样本个数，在实际的测量工作中，样本次数 n 亦即实际测量次数总是有限的。我们将下式求得 m 称为中误差，即

$m = \pm \sqrt{\dfrac{\Delta_1^2 + \Delta_2^2 + \cdots + \Delta_n^2}{n}}$，用 [ ] 来代替求和符号则可得中误差计算公式：

$$m = \pm \sqrt{\frac{[\Delta\Delta]}{n}} \qquad (4-4)$$

例 4-1　甲、乙两组在等精度的观测条件下观测了 6 个三角形的内角,得三角形的闭合差(即三角形内角和的真误差)分别为

(甲) $+3''$, $+1''$, $-2''$, $-1''$, $0''$, $-3''$;

(乙) $+6''$, $-5''$, $+1''$, $-4''$, $-3''$, $+5''$;

试分析两组数据的精度。

解　由中误差公式得

$$m_{甲} = \pm \sqrt{\frac{[\Delta\Delta]}{n}} = \pm \sqrt{\frac{3^2 + 1^2 + (-2)^2 + (-1)^2 + 0^2 + (-3)^2}{6}} = \pm 2.0''$$

$$m_{乙} = \pm \sqrt{\frac{[\Delta\Delta]}{n}} = \pm \sqrt{\frac{6^2 + (-5)^2 + 1^2 + (-4)^2 + (-3)^2 + 5^2}{6}} = \pm 4.3''$$

从上述两组结果中可以看出,甲组的中误差较小,所以观测精度高于乙组,而直接从误差的分布来看,也可看出甲组观测的误差比较集中,离散度较小,因而观测精度高于乙组。所以在测量工作中,普遍采用中误差来评定测量成果的精度。测量学中,评定精度的指标除了中误差外,还有相对误差。

真误差有符号,并且有与观测值相同的单位,它们被称为"绝对误差"。绝对误差可用于衡量那些误差与观测值大小无关的观测值的精度,比如角度、方向等。但在某些测量工作中,绝对误差不能完全反映观测的质量。例如,用钢尺丈量长度分别为 100 m 和 200 m 的两段距离,若观测值的中误差都是 -2 cm,不能认为两者的精度相等,显然后者要比前者的精度高,这时采用相对误差就比较合理。相对误差 k 等于误差的绝对值与相应观测位的比值。即

$$相对误差 = \frac{误差的绝对值}{观测值}$$

2. 极限误差和容许误差

(1)极限误差

在测量工作中,要求对观测误差有一定的限值。若以 σ 作为观测误差的限值,则将有近 32% 的观测会超过限值而被认为不合格,显然这样要求过分苛刻。而大于 3σ 的误差出现的机会只有 3‰,在有限的观测次数中,实际上不大可能出现。所以可取 3σ 作为偶然误差的极限值,称为极限误差。

$$\Delta_{限} = 3\sigma$$

(2)容许误差

在实际工作中,测量规范要求观测中不允许存在较大的误差,可由极限误差来确定测量误差的容许值,称为容许误差,并以 m 代替 σ。即

$$\Delta_{容} = 3m$$

也可取 2 倍的中误差作为容许误差,即

$$\Delta_{容} = 2m$$

第三节　误差传播定律

在上节中我们知道了如何根据等精度观测值的真误差来评定观测值精度的问题(计算中误差的问题)。但是,在实际工作中有许多未知量不能通过直接观测而求其值,而是由观测值间接计算出来。例如,某未知点 B 的高程 H_B 是由起始点 A 点的高程 H_A 加上从 A 点到 B 点间的若干段观测高差 $h_1, h_2, \cdots, h_n$ 得出的,即

$$H_B = H_A + h_1 + h_2 + \cdots + h_n$$

此时未知点 B 的高程 H_B 是各段独立观测值(高差 $h_1, h_2, \cdots, h_n$)的函数,如何根据观测值的中误差去求观测值函数的中误差呢? 这就是误差传播定律所要解决的问题,即阐述观测值中误差与观测值函数中误差之间关系的定律,称为误差传播定律。

设线性函数 $y = k_1 x_1 + k_2 x_2 + k_0$,式中 k_1, k_2, k_0 为常数,x_1, x_2 为独立观测值,其中误差分别为 m_1, m_2,现推求 m_y。

由中误差的定义知 $m_1 = \pm \sqrt{\dfrac{[\Delta_1 \Delta_1]}{n}}$,$m_2 = \pm \sqrt{\dfrac{[\Delta_2 \Delta_2]}{n}}$,$m_y = \pm \sqrt{\dfrac{[\Delta_y \Delta_y]}{n}}$。

式中,$\Delta_{1i} = x_{1i} - \tilde{x}_1, \Delta_{2i} = x_{2i} - \tilde{x}_2, \Delta_{yi} = y_i - \tilde{y}, i = 1, 2, \cdots, n$。

由 $\tilde{y} = k_1 \tilde{x}_1 + k_2 \tilde{x}_2 + k_0$,得 $y - \tilde{y} = k_1(x_1 - \tilde{x}_1) + k_2(x_2 - \tilde{x}_2)$

$\therefore \Delta_{yi} = k_1 \Delta_{1i} + k_2 \Delta_{2i}, i = 1, 2, \cdots, n$

$\Delta_{yi}^2 = (k_1 \Delta_{1i} + k_2 \Delta_{2i})^2 = k_1^2 \Delta_{1i}^2 + 2 k_1 k_2 \Delta_{1i} \Delta_{2i} + k_2^2 \Delta_{2i}^2$

$\Rightarrow \sum_{i=1}^{n} \Delta_{yi}^2 = k_1^2 \sum_{i=1}^{n} \Delta_{1i}^2 + 2 k_1 k_2 \sum_{i=1}^{n} \Delta_{1i} \Delta_{2i} + k_2^2 \sum_{i=1}^{n} \Delta_{2i}^2$

用 [ ] 代替求和符号得 $[\Delta_y \Delta_y] = k_1^2 [\Delta_1 \Delta_1] + 2 k_1 k_2 [\Delta_1 \Delta_2] + k_2^2 [\Delta_2 \Delta_2]$

$$\Rightarrow \frac{[\Delta_y \Delta_y]}{n} = \frac{k_1^2 [\Delta_1 \Delta_1]}{n} + 2 k_1 k_2 \frac{[\Delta_1 \Delta_2]}{n} + \frac{k_2^2 [\Delta_2 \Delta_2]}{n}$$

$$\Rightarrow m_y^2 = k_1^2 m_1^2 + 2 k_1 k_2 \frac{[\Delta_1 \Delta_2]}{n} + k_2^2 m_2^2$$

由于 x_1, x_2 相互独立,所以偶然误差 Δ_{1i}, Δ_{2i} 的乘积 $\Delta_{1i} \Delta_{2i}$ 也是偶然误差,由偶然误差的特性 $\lim\limits_{n \to \infty} \dfrac{[\Delta_1 \Delta_2]}{n} = 0$ 可知 $m_y^2 = k_1^2 m_1^2 + k_2^2 m_2^2$

以此类推,对于问题 $y = k_1 x_1 + k_2 x_2 + \cdots + k_n x_n + k_0$,只要 $x_1, x_2, \cdots, x_n$ 相互独立,则有

$$m_y^2 = k_1^2 m_1^2 + k_2^2 m_2^2 + \cdots + k_n^2 m_n^2 \tag{4-5}$$

对于非线性函数 $y = f(x_1, x_2, \cdots, x_n)$,将其在观测点 $(x_1^0, x_2^0, \cdots, x_n^0)$ 处线性化得

$$m_y = \pm \sqrt{\left(\frac{\partial f}{\partial x_1}\right)_0^2 m_1^0 + \left(\frac{\partial f}{\partial x_2}\right)_0^2 m_2^0 + \cdots + \left(\frac{\partial f}{\partial x_n}\right)_0^2 m_n^0} \tag{4-6}$$

式(4-6)就是误差传播定律(简称误差传播律),它解决了由独立观测值中误差计算其函数中误差的问题。

第四节　平差计算及其精度评定

在本节将讨论等精度观测条件下观测值的平差计算及精度评定。

1. 平差计算

设对某未知量 X 进行一组(n 次)等精度观测,其真值为 X,观测值分别为 $l_1, l_2, \cdots, l_n$,相应的真误差分别为 $\Delta_1, \Delta_2, \cdots, \Delta_n$,则可得一组真误差

$$\Delta_1 = l_1 - x_1$$
$$\Delta_2 = l_2 - x_2$$
$$\cdots$$
$$\Delta_n = l_n - x_n$$

将等号两边相加后同时除以观测次数 n 得

$$\frac{[\Delta]}{n} = \frac{[l]}{n} - X = L - X$$

由偶然误差特性

$\lim\limits_{n \to \infty} \dfrac{[\Delta]}{n} = 0$ 知,当 $n \to \infty$ 时,$X = \dfrac{[l]}{n} = L$(算术平均值)有

$$L = \frac{[l]}{n} = \frac{[\Delta]}{n} + X$$
$$\lim_{n \to \infty} L = \lim_{n \to \infty} \frac{[\Delta]}{n} + X = X$$

也就是说当 $n \to \infty$ 时,算术平均值就等于未知量的真值。

2. 精度评定

等精度观测值中误差计算公式为

$$m = \pm \sqrt{\frac{[\Delta\Delta]}{n}}$$
$$\Delta_i = l_i - X \qquad i = 1, 2, \cdots, n \tag{4-7}$$

实际工作中,由于真值往往无法求得,因而真误差也就无法求得,所以常用改正数 V 来代替中误差,即

$$V_i = L - l_i \quad i = 1, 2, \cdots, n \tag{4-8}$$
$$V_1 = l_1 - x_1$$
$$V_2 = l_2 - x_2$$
$$\cdots$$
$$V_n = l_n - x_n$$
$$[V] = nL - [l] = 0$$

为了评定精度,可以导出由改正数 V 来计算中误差的公式,由式(4-7)及式(4-8)可得

$$\Delta_1 = l_1 - X \qquad V_1 = L - l_1$$
$$\Delta_2 = l_2 - X \qquad V_2 = L - l_2$$
$$\cdots \qquad\qquad \cdots$$
$$\Delta_n = l_n - X \qquad V_n = L - l_n$$

联解上述方程组可得

$$m = \pm \sqrt{\frac{[VV]}{n-1}} \tag{4-9}$$

例 4-2 用经纬仪观测某角 6 次,观测值如表 4-2 所示,求观测值的中误差。

表 4 - 2　角度观测值

观测次数	观测值	V	VV	计算
1	36°50′30″	−4″	16	
2	36°50′26″	0″	0	$m = \pm \sqrt{\dfrac{[VV]}{n-1}}$
3	36°50′28″	−2″	4	
4	36°50′24″	+2″	4	$= \pm \sqrt{\dfrac{[34]}{6-1}}$
5	36°50′25″	+1″	1	
6	36°50′23″	+3″	9	$= \pm 2.6″$
	$L = 36°50′26″$	0	34	

解　由观测值中误差计算式(4 - 9)得

$$m = \pm \sqrt{\frac{[VV]}{n-1}} = \pm \sqrt{\frac{34}{6-1}} = \pm 2.6″$$

本 章 小 结

　　本章首先对测量误差进行了概述,然后介绍了评定精度的指标、误差传播定律以及平差计算与精度评定。

　　测量误差按其对测量结果影响的性质,可分为系统误差和偶然误差。评定精度的指标主要有中误差、极限误差和容许误差。误差传播定律是阐述观测值误差与观测值函数误差之间关系的定律。在测量中,很多未知量通常是由多个观测值间接计算出来,因此其误差一般是各个独立观测值的函数。根据误差传播定律可以利用观测值的中误差去求观测值函数的中误差。

习　　　题

　　1. 测量误差的来源有哪些?

　　2. 什么是系统误差,什么是偶然误差?

　　3. 偶然误差有哪些特点?

　　4. 什么是中误差,什么是极限误差?

　　5. 衡量精度的标准有几类,如何定义的?

　　6. 什么是误差传播定律?

　　7. 设在相同的观测条件下,对一距离进行了 6 次观测,其结果为 341.752 m,341.784 m,341.766 m,341.773 m,341.795 m 和 341.774 m。试求观测值的中误差。

第五章　控　制　测　量

第一节　控制测量概述

在工程规划设计中,需要一定比例尺的地形图和其他测绘资料。工程施工中也需要进行施工测量。为了保证测图和施工测量的精度与速度,必须遵循"先整体后局部"的原则,采用"先控制后碎部"的测量步骤,即在测量区域内先进行控制测量,然后再进行碎部测量。在测区内选择若干个控制点,构成一定的几何图形,测定控制点的平面位置和高程,这种测量工作就称为控制测量。

控制测量在实施过程中又分为平面控制测量和高程控制测量两大部分。平面控制测量是测定控制点的平面坐标,高程控制测量是测定控制点的高程。

我国地大物博,幅员辽阔,根据国家经济建设的需要,国家测绘部门在全国范围采用"分级布网、逐级控制"的原则,建立国家级的平面和高程控制网,作为科学研究、地形测量和施工测量的依据。

一、国家平面控制网

建立国家平面控制网的常规方法如下。

1. 三角测量

三角测量是在地面上选择若干控制点组成一系列三角形(三角形的顶点称为三角点),观测三角形中的内角,并精密测定起始边(基线)的边长和方位角,应用三角学中正弦定理解算出各个三角形的边长,再根据起始点坐标、起始方位角和各边边长,采用一定的方法推算出各三角点的平面坐标。

三角形向某一方向推进而连成锁状的控制网称为三角锁,如图5-1(a);三角形向四周扩展而连成网状的控制网称为三角网,如图5-1(b)所示。

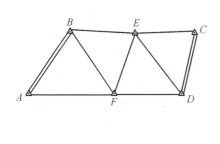

（a）

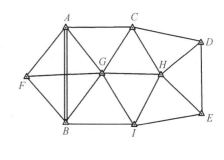

（b）

图5-1　三角锁和三角网
（a）三角锁;（b）三角网

国家平面控制网按其精度的高低,分为一、二、三、四等四个等级,一等精度最高,四等精度最低,采用逐级控制,低一级控制网是在高一级控制网的基础上建立的(如图5-2)。

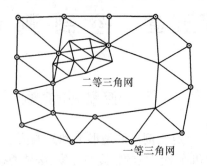

二等三角网

一等三角网

图5-2 国家控制网

2. 精密导线测量

在通视困难的地区,采用精密导线测量来代替相应等级的三角测量是非常方便的。特别是近代电磁波测距仪和全站仪的出现,为精密导线测量创造了便利条件。

导线测量是将一系列地面点组成折线形状,如图5-3所示,观测各转折角,测量出各边边长后,根据起始坐标和起始方位角来推算各导线点的平面坐标。精密导线测量也相应分为四个等级,即一、二、三、四等。

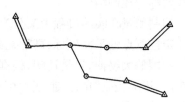

图5-3 导线示意图

二、国家高程控制网

国家高程控制网也是遵循“由高级到低级,逐级控制”的原则来布设的,在全国范围内布设一、二、三、四等水准。等级愈高,其布设方法、路线选择和精度要求也相应愈高。一、二等水准测量一般沿铁路、公路等坡度平缓的线路布设,点的密度较稀,为科学研究提供精密可靠的高程数据,同时作为三、四等水准测量的高级控制。三、四等水准测量是对一、二等水准测量的加密,为国家经济建设提供高程依据。各等水准测量的技术指标如表5-1所示。

表5-1 水准测量技术指标

等级	水准环线周长 F/km	附合路线长度 /km	每公里高差中数		线路闭合差/mm
			偶然中误差 M_Δ/mm	权中误差 M_ω/mm	
一	1 000 ~ 2 000		±0.5	±1.0	$\pm 2\sqrt{L}$
二	500 ~ 700		±1.0	±2.0	$\pm 4\sqrt{L}$
三	200	150	±3.0	±6.0	$\pm 12\sqrt{L}$
四	100	80	±5.0	±10.0	$\pm 20\sqrt{L}$

注:①表中 L 为水准路线长度,以 km 为单位。

②$M_\Delta = \sqrt{\dfrac{1}{4n}\left[\dfrac{\Delta\Delta}{L}\right]}$,式中 n 为测段数,Δ 为测段往返测高差之差;

$M_\omega = \sqrt{\dfrac{1}{N}\left[\dfrac{\omega\omega}{F}\right]}$,式中 N 为水准环数,ω 为环闭合差,以 mm 计。

三、城市控制网

在城市地区,为测绘大比例尺地形图、进行市政工程和建筑工程放样,在国家控制网的控制下而建立的控制网,称为城市控制网。

城市平面控制网分为二、三、四等和一、二级小三角网,或一、二、三级导线网。最后,再布设直接为测绘大比例尺地形图所用的图根小三角和图根导线。

城市高程控制网分为二、三、四等,在四等以下再布设直接为测绘大比例尺地形图用的图根水准测量。

直接供地形测图使用的控制点,称为图根控制点,简称图根点。测定图根点位置的工作,称为图根控制测量。图根控制点的密度(包括高级控制点),取决于测图比例尺和地形的复杂程度。在地形复杂地区、城市建筑密集区和山区,适当加大图根点的密度。

四、小地区控制测量

在面积小于 15 km² 范围内建立的控制网,称为小地区控制网。

建立小地区控制网时,应尽量与国家(或城市)已建立的高级控制网连测,将高级控制点的坐标和高程,作为小地区控制网的起算和校核数据。如果周围没有国家(或城市)控制点,或附近有这种国家控制点而不便连测时,可以建立独立控制网。此时,控制网的起算坐标和高程可自行假定,坐标方位角可用测区中央的磁方位角代替。

小地区平面控制网,应根据测区面积的大小按精度要求分级建立。在全测区范围内建立的精度最高的控制网,称为首级控制网;直接为测图而建立的控制网,称为图根控制网。小地区高程控制网,也应根据测区面积大小和工程要求采用分级的方法建立。在全测区范围内建立三、四等水准路线和水准网,再以三、四等水准点为基础,测定图根点的高程。

第二节 平面控制测量的外业工作

平面控制测量的外业工作包括踏勘选点、建立标志、采集控制点数据。

1. 点位的选择

点位的选择以小比例尺地形图为依据,结合现场踏勘,确定好点位,具体的做法如下。

在踏勘选点之前,应到有关部门收集下列资料:测区原有的地形图、高级控制点的所在位置、已知数据(点的坐标与高程)等。在图上规划好导线的布设路线,然后按照规划路线到实地去踏勘选点,现场踏勘选点时,应注意下列各点:

①点位应选在地质坚实、易于保存并且便于观测之处;

②控制点要选择视野开阔,交通方便且有利于提高观测精度的地方;

③控制点的边长、角度及图形结构应结合具体的等级严格执行相应规范的要求;

④控制点应选在便于安置仪器且安全的地方。

2. 在现场建立测量标志

控制测量是为了求得点的坐标,那么这些点需在现场有标记(又称为测量标志),以便后期地形图的测绘、工程施工放线等使用,这些点就称为测量的工作点。现场点位确定好后,应马上进行测量标志的埋设,测量标志种类较多,按照测量等级、测量方法的不同,测量标志各异。下面仅以一、二级导线测量介绍测量标志的建立方法。

一般来说,导线点需要长期保存,则在选定的点位上埋设混凝土导线点标石,标石的埋设尺寸,不同的等级有不同的要求,图5-4所示为一、二级导线标石的埋设尺寸,其顶面中心注入短钢筋,顶上凿文字,作为导线点点位中心的标志。

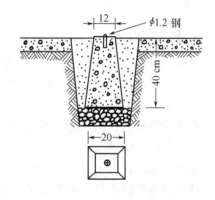

图5-4 一、二级导线标石的埋设尺寸

有时为了临时测量的需要,也可建立临时导线点标志,在地面选定的点位上打一木桩,桩顶上钉一小钉,作为临时性标志。或是在水泥地和基岩裸露的地方,可以用钢凿凿一十字,再涂上红漆使标志明显。

导线点应分等级统一编号,以便于测量资料的管理,对于闭合导线,一般按逆时针方向编号,这样使多边形的内角自然成为导线的左角。导线点埋设以后,为了便于在观测和使用时寻找,可以在点位附近的房角或电线杆等明显的地物上用红油漆标明指示导线点的位置。对于每一导线点的位置,还应画一草图,并量出导线点与邻近明显地物的相对位置关系,并在图上注明,写上该导线点的点号、地名、路名、单位名称等,便于日后寻找。该图称为控制点的"点之记",如图5-5所示。

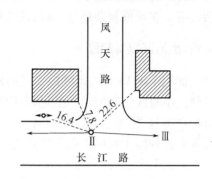

图5-5 点之记

3. 控制点数据的采集

控制点数据的采集即测量的外业观测工作,测量外业观测工作是整个测量工作中最为重要的工作之一,整个测量质量的好坏取决于外业观测的精度。在此强调外业观测需要注意的事项。

①应选择对观测有利的条件进行观测。操作和记录需严格遵守相应规范中的各项规定。

②完成某一测站或一个区域的观测工作后,需要进行相应的计算和检核,确认结果合乎限差要求。才能迁站或收测。若有超限,应分析原因并进行重测处理。

③观测结束后要立即整理外业观测手簿,检查手簿中所有计算。确认观测没有遗漏,计算没有错误,结果合理,观测结果合乎限差,手簿上的项目填写齐全。注记清楚,整饰美观,格式规范。

第三节 直线定向

要确定地面上直线的方向,必须有一个统一的起始方向作为直线定向的依据。在测量工作中,通常以真子午线或磁子午线作为起始方向。通过地面上一点并指向地球南北极的方向线称为该点的真子午线,真子午线的方向是通过天文观测的方法测定的。将装置有磁针的仪器安置在地面的一个点上,当磁针自由静止时,针尖两端各指向地球的磁南极和磁北极,两端连成的方向线称为该点的磁子午线,磁子午线的方向可用罗盘仪测定。由于地磁两极和地球两极并不重合,所以同一地点的磁子午线和真子午线的方向并不一致,它们之间的夹角称为磁偏角,以 δ 表示(图 5-6)。磁针指北端偏向真子午线以东,称为东偏,偏向真子午线以西,称为西偏。在独立的小区域内进行测量,可用磁子午线作为定向的依据,不必考虑磁偏角的影响。

地面上直线的方向有下述两种表示方法。

1. 方位角

从子午线的北端起顺时针方向量至某一直线的水平角,称为该直线的方位角。图 5-7 中 A 角表示直线 OB 的方位角可以从 0°到 360°。

以真子午线作为起始方向的方位角称为真方位角,以磁子午线作为起始方向的方位角称为磁方位角。如果已知当地的磁偏角,则磁方位角可以换算成真方位角。

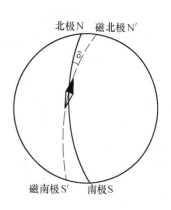

图 5-6 磁偏角

图 5-8 中 A 为直线 OB 的真方位角,$A_{磁}$ 为该直线的磁方位角,δ 磁偏角。其关系为

$$A = A_{磁} \pm \delta \tag{5-1}$$

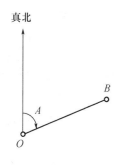

图 5-7 方位角

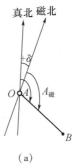

图 5-8 磁方位角

上式中的 δ 偏东时取正号,如图 5-8(a),偏西时取负号,如图 5-8(b)。

由于地球上各点的子午线都是指向南北极而不是相互平行的,所以在同一直线的各个不同点上的方位角是不同的。如图 5-9(a)所示,在直线 O_1O_2 上,O_1 点的方位角为 A_{12},O_2 点的方位角为 A_{21},它们的关系为

$$A_{21} = A_{12} + 180° + \gamma$$

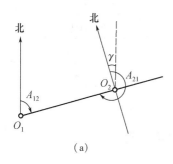

(a)

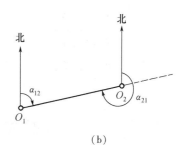

(b)

图 5-9 正、反方位角

式中,γ 为两点的子午线与正北方向所夹角度,称为子午线收敛角。

如果地面上两点间的距离不大时,则收敛角甚小,可略去不计。此时各点的子午线可认为是相互平行的。

在测量工作中主要是采用平面直角坐标来确定点的位置,并以纵坐标轴(x 轴)作为定向的起始方向,此时,测区内任何地点的起始方向都是平行的。根据这种起始方向所确定的方位角,称为坐标方位角(以后简称方位角)。若以直线的某一方向为正方向,如图 5-9(b)中的 O_1O_2,它的坐标方位角称为正方位角时,则它的相反方向 O_2O_1 的坐标方位角则称为反方位角,很明显正、反方位角的关系为

$$\alpha_{21} = \alpha_{12} + 180°$$

2. 象限角

用子午线(南北线)与东西线将平面分成四个象限,从指北或指南方向线开始量到某一直线之间的夹角,称为该直线的象限角。图 5-10 中的 R_1,R_2,R_3,R_4,分别是直线 OA,OB,OC,OD 的象限角,它们的角值都在 0°~90°范围内,因此用象限角来表示地面上一直线的方向,除角值外,还必须注明在哪个象限,例如,在图 5-10 中设 $R_1 = 45°$,称北东 45°;设 $R_2 = 30°$,称南东 30°;设 $R_3 = 30°$,称南西 30°;设 $R_4 = 35°$,称北西 35°。

象限角与方位角的关系,对照图 5-11,可得表 5-2 所示的相互换算关系。

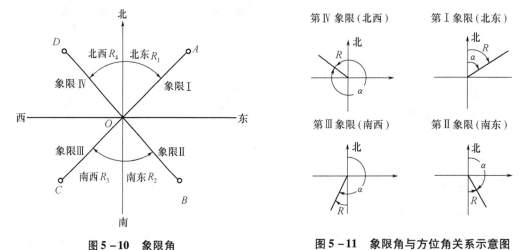

图 5-10　象限角　　　　　图 5-11　象限角与方位角关系示意图

表 5-2　象限角与方位角的关系

直线所在象限	方位角 α 与象限角 R 的换算
第 I 象限(北东)	$R = \alpha$
第 II 象限(南东)	$R = 180° - \alpha$
第 III 象限(南西)	$R = \alpha - 180°$
第 IV 象限(北西)	$R = 360° - \alpha$

第四节　坐标计算原理

地面上两点之间存在着坐标增量、边长和方向的关系。图 5-12 中 1,2 两点的平面直

角坐标为 x_1,y_1 以及 x_2,y_2，1—2 边的坐标方位角为 α_{12}，边长为 D_{12}，则两点坐标值之差为坐标增量，即

$$\left.\begin{array}{l}\Delta x_{12} = x_2 - x_1\\\Delta y_{12} = y_2 - y_1\end{array}\right\}\qquad(5-2)$$

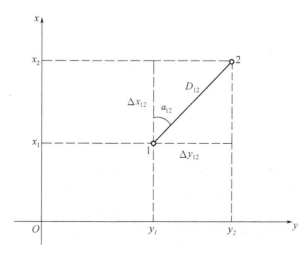

图 5 – 12　坐标计算原理

坐标增量也可用三角关系写出

$$\left.\begin{array}{l}\Delta x_{12} = D_{12}\cos\alpha_{12}\\\Delta y_{12} = D_{12}\sin\alpha_{12}\end{array}\right\}\qquad(5-3)$$

如果 1 点的坐标 x_1,y_1，1,2 点间的长度为 D_{12} 以及 1—2 边的坐标方位角为 α_{12} 为已知数据，则 2 点坐标可由下式可得

$$\left.\begin{array}{l}x_2 = x_1 + \Delta x_{12} = x_1 + D_{12}\cos\alpha_{12}\\y_2 = y_1 + \Delta y_{12} = y_1 + D_{12}\sin\alpha_{12}\end{array}\right\}\qquad(5-4)$$

由此可以看出，要得到某点的坐标，可由已知起始边坐标方位角依次推导出各导线边的坐标方位角，由测得的导线边长计算出各相邻导线点的坐标增量，从而由已知点坐标推算出待定点的坐标。

第五节　导线测量和导线计算

一、导线的种类

随着光电技术的不断发展，电子速测仪(简称全站仪)在测绘领域得到了广泛应用，导线测量已作为建立平面控制网的主要方法。导线图只需要相邻导线点间互相通视，布设形式灵活，故特别适用于建筑物密集的城镇、工厂和森林隐蔽地区，以及狭长地带(如公路、铁路、隧道等)的控制测量。导线布设的形式有导线网和单一导线，下面主要介绍单一导线(如图 5 – 13 所示)。

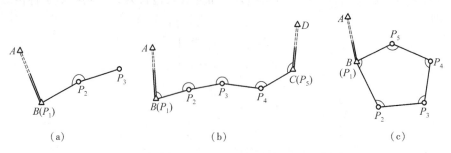

图 5 – 13　单一导线的布设形式

(a)支导线；(b)附合导线；(c)闭合导线

单一导线布设的形式如下。

1. 支导线

从一个高级点 B 和 AB 边的已知方位角出发，依次在各待定点设站测角测距，并用直线依次连接各待定点，形成自由伸展的折线形状，这种导线形式称为支导线，如图 5 – 13(a)所示。一个已知点的坐标 (x_B, y_B) 和已知方位角 (α_{AB}) 是导线计算必需的三个起算元素，转角 β 和两点间连线的长度 S 为观测元素，待定点坐标为推算元素。

由于支导线只有必要的起算数据，另一端自由伸展，缺少对观测数据的检核，故在生产中应尽量少用，因此，只限于在图根导线和地下工程导线中使用。对于图根导线，支导线未知点的点数一般不超过 2 个，还应限制支导线长度，并进行往返观测，以资检核。

2. 附合导线

在高等级点 A, B, C, D 之间布设 P_2, P_3, P_4 点，以 AB 边的坐标方位角 α_{AB} 为起始方位角，以 CD 边的坐标方位角 α_{CD} 为终点边方位角，起始边的坐标方位角和终点边的坐标方位角均为已知，即两端均附合在已知点和已知方向的导线称为附合导线，如图 5 – 13(b)所示。这种导线，不仅有检核条件(坐标条件和方位角条件)，而且最弱点位于导线中部，这样附合导线在与支导线同等精度的条件下可以增加长度，故附合导线在生产中得到广泛的应用。

3. 闭合导线

以 AB 边的坐标方位角 α_{AB} 为起始边方位角，以 B 点为起点，布设 P_2, P_3, P_4, P_5 点，仍回到 B 点形成一闭合多边形，称为闭合导线，如图 5 – 13(c)所示。闭合导线与附合导线相比，有同样的检核条件，也广泛应用在生产实践中。

二、导线转折角的测量

导线转折角是在导线点上由相邻两条边构成的水平角。导线的转折角分为左角和右角，在导线前进方向左侧的水平角称为左角，右侧的称为右角。在导线转折角测量时，左角和右角是相对于导线前进的方向来讲的，仅仅是计算上的差别，这是因为

$$\begin{cases} 左角 + 右角 = 360° \\ 左角 = 360° - 右角 \\ 右角 = 360° - 左角 \end{cases} \quad (5-5)$$

在进行导线测量时，按导线的推进方向，左角的计算方法为(水平度盘按顺时针方向刻划)

左角 = 前视的水平度盘读数 – 后视的水平度盘读数

注:若算得的左角为负值,则应加上360°,因为水平角没有负值。

转角用经检验校正过的 DJ_6 经纬仪观测。当测站上只有两个方向时,采用测回法观测,当测站上有三个以上方向时,采用方向法观测。对于不同等级导线,测回数不同,测回间需改变水平度盘位置,以减少度盘刻划误差的影响。对于四等以下的导线,第一测回水平度盘位置习惯置于大于0°(如0°03′00″)附近,从第二测回起,每次增加 $\frac{180°}{n}$,n 为测回数。

观测前应严格对中整平,观测过程中应注意照准部管水准器气泡的偏移情况,当气泡偏离中心超过一格时,表示仪器垂直轴倾斜,这时应停止观测,重新整置仪器,重新观测该测回。观测时,尽量照准标志,若看不见标志,则应在标志上竖立觇标(如花杆),应仔细瞄准觇标底部的几何中心线,以减少照准误差和觇标对中误差的影响,读数时要仔细果断,记录时要回报(又叫唱记),以防读错、听错和记错。记录时一定要在现场进行,并记在手簿上,严禁追记、补记和涂改记录,以保证记录的真实性和可靠性。

城市各级导线测量的技术要求见表5-3至表5-8,测量超限应重测。表5-9为导线转折角(水平角)观测及距离丈量记录的示例。

表5-3 导线测量的技术要求

等级	附合导线长度/km	平均边长/m	每边测距中误差/mm	水平角测回数(DJ_2)	测角中误差/(″)	方位角闭合差/(″)	导线全长相对闭合差
四等	10	1 600	±18	6	±2.5	$±5\sqrt{n}$	1/40 000
一级	3.6	300	±15	2	±5	$±10\sqrt{n}$	1/14 000
二级	2.4	200	±15	1	±8	$±16\sqrt{n}$	1/10 000
三级	1.5	120	±15	1	±12	$±24\sqrt{n}$	1/6 000

表5-4 图根导线测量技术要求

测图比例尺	附合导线长度/m	平均边长/m	测回数(DJ_6)	方位角闭合差/(″)	导线全长相对闭合差
1:500	900	80	1	$±40\sqrt{n}$	1/4 000
1:1 000	1 800	150			
1:2 000	3 000	250			

注:表中 n 为测站数。

三、导线边长测量

导线边长应采用光电测距仪进行测量,在没有测距仪的情况下才使用钢尺量距。测距前,测距仪应进行检测,钢尺应进行比长鉴定。下面主要介绍光电测距导线边长的测量与计算。

一、二、三级导线和图根导线边长测量的技术要求见表5-5和表5-6。

表5-5　测距仪测距的技术要求

控制网等级	测距仪等级	观测次数		总测回数	备　　注
		往	返		
四等	Ⅰ	1	1	2	1. 测回数指照准目标一次读数4次；
一级	Ⅱ	1	-	2	2. 根据具体情况,可采用不同时段观测代替往返观测,时段是指上、下午或不同的白天
二、三级	Ⅱ	1	-	1	
图根导线	Ⅱ	1	-	1	

测距仪的等级划分:以每千米测距中误差 m_D ($m_D = a + b \times D$) 划分为两级,Ⅰ级 $m_D \leqslant$ 5 mm,Ⅱ级 5 mm < $m_D \leqslant$ 10 mm。

式中　　a——仪器标称精度中的固定误差,mm;

　　　　b——仪器标称精度中的比例误差,mm/km;

　　　　D——测距边边长,km。

表5-6　光电测距各项较差的限值

仪器等级 \ 项目	一测回读数较差/mm	单程测回间较差/mm	往返或不同时段的较差
Ⅰ级	5	7	$2(a + bD)$
Ⅱ级	10	15	

注:往返较差为斜距化算到同一水平面上后的平距后进行的比较。

测距边的选择应符合下列规定:

①测距边的长度宜在各等级控制网平均边长(1±30%)的范围内选择,并顾及所测测距仪的最佳测程;

②测线宜高出地面和离开障碍物1 m以上;

③测线应避免通过发热体(如烟囱等)的上空及附近;

④安置测距仪的测站应避开受电磁场干扰的地方,离开叉转台、高压线宜大于5 m;

⑤应避免测距时的视线背景部分有反光物体。

光电测距时,气象数据的测定应符合表5-7的规定。

表5-7　气象数据的测定要求

导线等级	最小读数		测定的时间间隔	气象数据的取用
	温度/℃	气压/Pa		
一级起算边和边长	0.5	100(或 1 mmHg)	每边测定一次	观测一端的数据
二级起算边和边长,三级边长	0.5	100(或 1 mmHg)	一时段始末各测定一次	取平均值作为各边测量的气象数据

注:上午、下午和晚间各为一时段。

气象数据的测定应符合以下要求。

①气象仪表宜选用通风干湿温度表和空盒气压表。在测距时使用的温度表及气压表宜

和测距仪检定时一致。

②到达测站后,应立刻打开装气压表的盒子,置平气压表,避免受日光曝晒。温度表应悬挂在与测距视线同高、不受日光辐射影响和通风良好的地方,待气压表和温度表与周围温度一致后,才能正式测记气象数据。

四、导线边长计算

在进行导线坐标计算之前,还应将测得的边长进行仪器常数改正、气象改正和倾斜改正后,得到两点间的水平距离,方可进行坐标的计算。

1. 测距边常数改正

在测距仪使用前应在标准基线场上进行鉴定,从而得到测距仪的加常数 C 和乘常数 R。

(1)加常数改正

测距仪的加常数改正与测距仪所测边的长度无关,即加常数改正值为

$$\Delta V_C = C \tag{5-6}$$

(2)乘常数改正

测距仪的乘常数改正与测距仪所测边的长度成比例,乘常数的单位为 mm/km(又称为 ppm,即百万分之一),乘常数 R 的改正值为

$$\Delta V_R = RS \tag{5-7}$$

式中,S 为两点间的倾斜长度。

2. 气象改正

光电测距仪所采用的光(红外光或激光)或电磁波在空中传播会发生折射,折射率是波长、气压、温度的函数。当测距仪生产出厂后,波长已确定,因此,只需在进行距离测量时测定温度和气压就可以进行气象改正。气象改正 A 与所测的长度成比例,A 也相当于一个乘常数,其单位也为 mm/km,不同型号的测距仪,A 计算公式不一样,在测距仪的说明书中给出计算公式。

例如,REDmin2 测距仪 A 的计算公式为

$$A = \left(278.96 - \frac{2.904P}{1 + 0.003\,661t}\right) \tag{5-8}$$

上式中温度 t 的单位为℃,气压 P 的单位为千帕(kPa)。当气压的单位为 mmHg 时,由于 1 大气压 = 760 mmHg = 101.3 kPa,式(5-8)变为

$$A = \left(278.96 - \frac{0.387\,2P}{1 + 0.003\,661t}\right) \tag{5-9}$$

边长的气象改正值为

$$\Delta V_A = AS \tag{5-10}$$

例 5-1 已鉴定 REDmin2 测距仪的加常数 $C = -2$ mm,$R = +2.7$ ppm,$t = 30$ ℃,$P = 100.88$ kPa,测得两点间的倾斜距离为 547.587 m,求改正后的倾斜距离?

解
$$\Delta V_C = C = -2 \text{ mm}$$
$$\Delta V_R = RS = 2.7 \text{ mm/km} \times 0.547\,587 \text{ km} = 1.5 \text{ mm}$$
$$A = \left(278.96 - \frac{2.904P}{1 + 0.003\,661t}\right)$$

$$= \left(278.96 - \frac{2.904 \times 100.88}{1 + 0.003\ 661 \times 30} \right) = 15.0$$

$$\Delta V_A = AS = 15 \times 0.547\ 587 = 8.2 \text{ mm}$$

则改正后的倾斜距离为

$$S = 547.587 + (-0.002) + 0.002 + 0.008 = 547.595 \text{ m}$$

3. 测距边的倾斜改正

测距边的倾斜改正可用两端点的高差(用水准测量或用三角高程测定),也可用观测的倾角进行倾斜改正。

(1)用测定两点间的高差计算

$$D = \sqrt{S^2 - h^2} \tag{5-11}$$

(2)用观测垂直角计算

$$D = S \cdot \cos(\alpha + f) \tag{5-12}$$

$$f_\alpha = (1-k)\rho'' \frac{S \cdot \cos\alpha}{2R_m} \tag{5-13}$$

式中　D——测距边两端点仪器与棱镜平均高程面上的水平距离,m;

S——经气象、加常数与乘常数等改正后的斜距;

α——垂直角观测值;

f_α——地球曲率与大气折光对垂直角的改正值,f_α 恒为正,(");

k——大气折光系数;

R_m——地球平均曲率半径,m。

垂直角观测应符合表 5-8 的规定。

表 5-8　垂直角观测

测　回　数　　精度 方　法	5″~10″(DJ$_2$)	10″~30″	
		DJ$_2$	DJ$_6$
对向观测　中丝法	2	1	2
单向观测　中丝法	3	2	3

五、导线测量的内业计算

导线测量的内业计算主要是计算导线点的坐标和高程。在计算之前,应对导线测量的外业记录手簿进行检查,检查各计算是否正确,各项限差是否超限。检查完后,检查者应在记录本上签名,并注明检查日期,以此保证原始数据的准确性。然后绘制导线略图,在图上注明已知点(高级点)及导线点的点号、已知点坐标、已知边坐标方位角及导线边长和角度观测值。

进行导线计算时,若用计算器进行计算,应两人独立进行计算(又称为对算),并在规定的表格中进行;若用程序进行计算,应独立进行两次计算,以此保证计算准确无误。

计算时,角度值取至秒,长度和坐标值取至毫米。

1. 附合导线的近似平差计算方法和步骤

（1）计算前的准备工作

绘制计算略图,抄录起算资料,整理好外业观测数据,以备计算。

（2）坐标方位角的推算

在图 5 – 14 中,AB 为已知边,其方位角为 α_{AB},β 为水平角（导线推进方向左侧的转角为左角,右侧的转角为右角）,现在来看如何用已知边的方位角和水平角来求未知边的方位角。

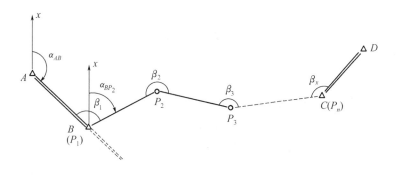

图 5 – 14 附合导线

根据方位角的定义,并将 AB 延长,由图 5 – 14 可得

$$\beta_1 + \alpha_{AB} - \alpha_{BP_2} = 180°$$

则

$$\alpha_{BP_2} = \alpha_{AB} + \beta_1 - 180°$$

即推算边的方位角等于推算边后一条边的方位角加上转折角左角再减去 $180°$,用公式表示为

$$\alpha_{前} = \alpha_{后} + \beta_{左} - 180° \tag{5 – 14}$$

式（5 – 14）为推算方位角的通用公式,根据方位角的值域,当 $\alpha_{前}$ 大于 $360°$ 时,应减去 $360°$,当 $\alpha_{前}$ 为负时,则应加上 $360°$。

同理可得

$$\begin{aligned}\alpha_{P_2P_3} &= \alpha_{BP_2} + \beta_2 - 180° \\ &= (\alpha_{AB} + \beta_1 - 180°) + \beta_2 - 180° \\ &= \alpha_{AB} + \beta_1 + \beta_2 - 2 \times 180°\end{aligned}$$

假定最末边 CD（已知边）的推算方位角为 α_{CD},由上推导可得

$$\begin{aligned}\alpha_{CD} &= \alpha_{AB} + \beta_1 + \beta_2 + \cdots + \beta_n - n \times 180° \\ &= \alpha_{AB} + \sum \beta_{左} - n \times 180°\end{aligned} \tag{5 – 15}$$

若为右角,根据左右角的关系式（5 –5）有

$$\alpha_{CD} = \alpha_{AB} - \sum \beta_{右} + n \times 180° \tag{5 – 16}$$

式中,n 为测站数。

特别提醒:无论是用左角还是用右角进行方位角的推算,方位角的值都应在其值域范围内（$0° \sim 360°$）,否则应加 $360°$ 或减 $360°$ 的整数倍。

（3）角度闭合差的计算及平差

①角度闭合差的计算。由于导线水平角观测不可避免地含有观测误差,从导线起始边

的已知方位角开始,以观测角经导线各边推算至最末边,则最末边方位角的推算值与已知值不相等,其差值就称为方位角闭合差,用 f_β 表示。

$$f_\beta = \alpha_{CD推算值} - \alpha_{CD已知值} \tag{5-17}$$

方位角闭合差必须有一定的限度,称为限差,一般以 2 倍中误差作为限差。若超限,表示观测值误差太大,观测成果不能采用,必须进行重测。按照误差传播定律,方位角闭合差的限差为

$$f_{\beta限} = \pm 2m_\beta \sqrt{n} \tag{5-18}$$

则方位角闭合差应满足

$$f_\beta \leqslant f_{\beta限} = \pm 2m_\beta \sqrt{n} \tag{5-19}$$

例如,四等导线的测角中误差 $m_\beta = \pm 2.5''$,则

$$f_\beta \leqslant \pm 5'' \sqrt{n}$$

图根导线的测角中误差 $m_\beta = \pm 20''$,则

$$f_\beta \leqslant \pm 40'' \sqrt{n}$$

导线计算完后可按多条导线的方位角闭合差计算测角中误差,即

$$m_\beta = \pm \sqrt{\frac{1}{N}\left[\frac{f_\beta f_\beta}{n}\right]} \tag{5-20}$$

式中　　f_β——导线的方位角闭合差,秒;

　　　　n——各导线的测站数;

　　　　N——导线条数。

②角度闭合差的平差。角度闭合差平差的目的是消除水平角观测所引起的方位角闭合差,求得各转角的平差值。方法是将方位角闭合差反号平均加到(左角加,右角减)各水平角中去,即

$$\nu_i = -\frac{f_\beta}{n} \tag{5-21}$$

$$\beta_{i平差值(左)} = \beta_{i观测值(左)} + \nu_i \quad (i = 1,2,\cdots,n) \tag{5-22}$$

$$\beta_{i平差值(右)} = \beta_{i观测值(右)} - \nu_i \quad (i = 1,2,\cdots,n) \tag{5-23}$$

式中,n 为转折角个数(与测站数一致);ν_i 为水平角改正数,是经改正后的角度值。

(4)坐标闭合差的计算及其平差

①坐标增量的计算。方法是:用经改正后的水平角 $\beta_{i平差值}$ 和水平距离 D_i 计算各点间的坐标增量,即各边方位角为

$$\alpha_{ij} = \alpha_{i-1,j-1} + \beta_{i平差值} \pm 180°$$

点间的坐标增量为

$$\begin{cases} \Delta x_{ij} = D_{ij}\cos\alpha_{ij} \\ \Delta y_{ij} = D_{ij}\sin\alpha_{ij} \end{cases} \tag{5-24}$$

②坐标闭合差的计算及平差。由于水平角、边长的观测值中都存在观测误差,使得从一个已知点推算至另一个已知点的推算值与已知值不相等,其差值称为坐标闭合差,分别用 f_x 和 f_y 表示。进而求得导线全长闭合差 f_S 和导线全长相对闭合差 k。当 k 小于限差时,将坐标闭合差按与边长成比例反号分配给坐标增量,求得坐标增量的平差值和各点坐标的平差值,即坐标闭合差

$$\begin{cases} f_x = \sum \Delta x - (x_c - x_B) \\ f_y = \sum \Delta y - (y_c - y_B) \end{cases} \qquad (5-25)$$

导线全长闭合差和导线全长相对闭合差为

$$f_S = \sqrt{f_x^2 + f_y^2}$$

$$k = \frac{f_S}{\sum D} = \frac{1}{\dfrac{\sum D}{f_s}} \qquad (5-26)$$

当 k 不大于 $k_{限}$ (如一级导线为 1/14 000,图根导线为 1/4 000)时,方可进行坐标闭合差的平差,坐标增量的改正数为

$$\begin{cases} \nu_{\Delta x_{ij}} = -\dfrac{f_x}{\sum D} \times D_{ij} \\ \nu_{\Delta y_{ij}} = -\dfrac{f_y}{\sum D} \times D_{ij} \end{cases} \qquad (5-27)$$

坐标增量的平差值为

$$\begin{cases} \Delta' x_{ij} = \Delta x_{ij} + \nu_{\Delta x_{ij}} \\ \Delta' y_{ij} = \Delta y_{ij} + \nu_{\Delta y_{ij}} \end{cases} \qquad (5-28)$$

(5)最后坐标的计算

利用坐标增量的平差值从一个已知点推算至另一已知点,得到所求待定点的坐标,经平差后附合到另一已知点的坐标值(又称推算值)应与已知值相等,并以此作为检核。各点的坐标值为

$$\begin{cases} x_i = x_{i-1} + \Delta' x_{i-1,i} \\ y_i = y_{i-1} + \Delta' y_{i-1,i} \end{cases} \qquad (5-29)$$

例 5-2　如图 5-15 所示, A,B,C,D 为已知点, AB 和 CD 边的方位角已知,其数据如下:

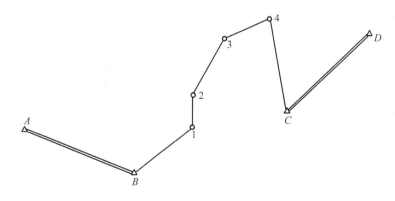

图 5-15　附合导线计算

$$\begin{cases} x_B = 3\ 263\ 393.780\ \text{m} \\ y_B = 35\ 644\ 203.238\ \text{m} \end{cases} \qquad \begin{cases} x_C = 3\ 263\ 529.996\ \text{m} \\ y_C = 35\ 644\ 221.522\ \text{m} \end{cases} \qquad \begin{cases} \alpha_{AB} = 57°25'56'' \\ \alpha_{CD} = 347°38'42'' \end{cases}$$

各水平角和边长列于表 5-9 中,现对这一附合导线进行解算。

表 5 – 9　附和导线平差计算表

工程名称：图根导线

等级：±20″

点名	观测角度 /(° ′ ″)	角度改正 /(″)	角度平差值 /(° ′ ″)	方位角 /(° ′ ″)	边长观测值/m	Δx/m	V_x/mm	Δy/m	V_y/mm	X/m	Y/m
1	2	3	4	5	6	7	8	9	10	11	12
1											
A				57 25 56							
B	112 07 00	2	112 07 02	349 325 8	65.795	64.704	3	−11.934	−2	3 263 393.78	35 644 203.24
1	135 07 38	2	135 07 40	304 40 38	33.038	18.797	1	−27.169	−1	3 263 458.487	35 644 191.302
2	204 10 32	2	204 10 34	328 51 12	62.999	53.917	2	−32.585	−2	3 263 477.285	35 644 164.13
3	219 26 34	2	219 26 36	8 17 48	45.747	45.268	2	6.601	−2	3 263 531.204	35 644 131.55
4	290 50 26	2	290 50 28	119 08 16	95.462	−46.482	4	83.381	−3	3 263 576.474	35 644 138.14
C	48 30 24	2	48 30 26	347 38 42						3 263 529.996	35 644 221.52
D	$\sum \beta$ 1 010°12′34″				$\sum D=303.041$	$\sum \Delta x=+136.204$		$\sum \Delta y=+18.294$			

$f_\beta = -12″, f_x = -12 \text{ mm}, f_y = +10 \text{ mm}$

$f_{\beta限} = ±98″, f_S = 16 \text{ mm}, K = 1/19\ 500$

解 计算在表中进行,现说明如下:

(1)绘图填表

绘制导线计算略图(如图 5 – 15),在计算表中填写已知数据和观测数据。

(2)角度闭合差的平差

按 5 – 15 式,计算终边 CD 边方位角的推算值,本例中终边 CD 边方位角的推算值为

$$\alpha_{CD} = \alpha_{AB} + \sum \beta_{左} - n \times 180° = 57°25'56'' + 1010°12'34'' - 6 \times 180°$$
$$= -12°21'30''$$

方位角出现负值应加上 360°,则

$$\alpha_{CD} = -12°21'30'' + 360° = 347°38'30''$$

方位角闭合差为

$$f_{\beta} = \alpha_{CD推算值} - \alpha_{CD已知值} = 347°38'30'' - 347°38'42'' = -12''$$

图根导线的方位角闭合差限差为

$$f_{\beta限} = \pm 2m_{\beta}\sqrt{n} = \pm 2 \times 20''\sqrt{6} = \pm 98''$$

则,$f_{\beta} < f_{\beta限}$,满足要求。

各转角的改正数为 $\nu_i = -\dfrac{f_{\beta}}{n} = -\dfrac{-12}{6} = +2''$,填入表中第 2 栏。

第一栏的角度观测值加第二栏的角度改正数为改正后的角度值(又称为平差值)。

(3)坐标闭合差的平差与坐标计算

①由已知方位角和水平角的平差值推算的方位角填入第 4 栏。方位角的推算,用计算器直接在表中进行,如

$$\alpha_{B1} = \alpha_{AB} + - 180° = 57°25'56'' + 112°07'02'' - 180° = -10°27'02''$$

出现负值加 360°,则 $\alpha_{B1} = -10°27'02'' + 360° = 349°32'58''$

检核:CD 边方位角的推算值应与已知值相等,并以此作为检核,否则计算有误,须重算。

②由方位角和边长计算坐标增量的近似值,填入第 7,9 栏,如

$$\begin{cases} \Delta x_{B1} = D_{B1}\cos\alpha_{B1} = 65.795 \times \cos349°32'58'' = +64.704 \text{ m} \\ \Delta y_{B1} = D_{B1}\sin\alpha_{B1} = 65.795 \times \sin349°32'58'' = -11.934 \text{ m} \end{cases}$$

③坐标闭合差的计算与分配。坐标闭合差为

$$\begin{cases} f_x = \sum \Delta x - (x_C - x_B) = +136.204 - (3\ 263\ 529.996 - 3\ 263\ 393.780) = -0.012 \text{ m} \\ f_y = \sum \Delta y - (y_C - y_B) = +18.294 - (3\ 564\ 4221.522 - 35\ 644\ 203.238) = -0.010 \text{ m} \end{cases}$$

导线全长闭合差为

$$f_S = \sqrt{f_x^2 + f_y^2} = \sqrt{(-0.012)^2 + (0.010)^2} = 0.016$$

导线全长相对闭合差为

$$k = \frac{f_S}{\sum D} = \frac{1}{\dfrac{\sum D}{f_S}} = \frac{1}{\dfrac{\sum D}{f_S}} = \frac{1}{\dfrac{303.041}{0.016}} \approx \frac{1}{19\ 500}$$

检核:$k < k_{限} = \dfrac{1}{4\ 000}$,符合要求。

坐标闭合差按与边长成比例反号分配,填入表第 8,10 栏,并以 mm 为单位。如

$$\begin{cases} \nu_{\Delta x_{B1}} = -\dfrac{f_x}{\sum D} \times D_{B1} = -\dfrac{-12}{303.041} \times 65.793 = -3 \text{ mm} \\[4mm] \nu_{\Delta y_{B1}} = -\dfrac{f_y}{\sum D} \times D_{B1} = -\dfrac{10}{303.041} \times 65.793 = -2 \text{ mm} \end{cases}$$

计算完后,应检核,即 $\sum \nu_{\Delta x} = -f_x$,$\sum \nu_{\Delta y} = -f_y$。

④最后坐标的计算。从已知点出发,利用改正后的坐标增量(坐标增量近似值加改正值),计算各未知点的坐标,填入第11,12栏。如

$$\begin{cases} x_1 = x_B + \Delta x + \nu_{\Delta x} = 3\,263\,393.780 + 64.704 + 0.003 = 3\,263\,458.487 \text{ m} \\[2mm] y_1 = y_B + \Delta y + \nu_{\Delta y} = 35\,644\,203.238 + (-11.934 - 0.002) = 35\,644\,203.238 \text{ m} \end{cases}$$

最后检核:C点坐标的计算值与已知值应相等。

2. 闭合导线的平差计算

闭合导线平差示例见图5-16,与附合导线计算一样,在表格中进行,见表5-9,其平差过程和计算内容与附合导线基本相同,不再赘述。下面只介绍闭合导线计算与附合导线计算的不同点。

(1)角度闭合差的计算

由附合导线的方位角闭合差,变成闭合导线的多边形角度闭合差,即

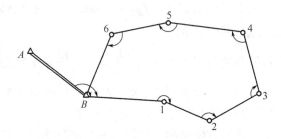

图5-16　闭合导线计算

$$f_\beta = \sum \beta - (n-2) \times 180° \qquad (5-30)$$

式中,$\sum \beta$ 为闭合导线的内角和;$(n-2) \times 180°$ 为多边形内角和的理论值。

这时,定向角 β_0(又称连接角)没有参与闭合差的计算,故定向角不参与角度平差计算,f_β 只反号平均分配给多边形的各内角,定向角 β_0 无改正。

(2)坐标闭合差变成坐标增量闭合差

按照坐标推算的方法,从已知点 B 开始,经过待定点(2,3,4,5,6)又回到 B,得 B 点坐标的推算值为

$$\begin{cases} x_{B推} = x_{B已} + \sum \Delta x \\[2mm] y_{B推} = y_{B已} + \sum \Delta y \end{cases}$$

从理论上讲,B 点坐标的推算值应与已知值相等,但由于存在测量误差,推算值与已知值并不相等,它们之间的差值称为坐标闭合差,即

$$\begin{cases} f_x = x_{B推} - x_{B已} = \sum \Delta x \\[2mm] f_y = y_{B推} - y_{B已} = \sum \Delta y \end{cases} \qquad (5-31)$$

其他计算与附合导线的计算相同,计算示例见表5-10,闭合导线平差计算表。

工程名称：图根导线

表 5 – 10　闭合导线平差计算表

等级：±20″

点号	观测角度 /(° ′ ″)	角度改正 /(″)	角度平差值 /(° ′ ″)	方位角 /(° ′ ″)	边长观测值/m	坐标增量近似值				坐标增量平差值		坐标	
						Δx /m	改正数 /mm	Δy /m	改正数 /mm	Δx/m	Δy/m	X/m	Y/m
1	2	3	4	5	6	7	8	9	10	11	12	13	14
1													
A				120 35 18									
B	147 06 12		147 06 12	87 41 30	115.258	4.642	−7	115.164	3	4.635	115.167	3 263 829.540	3 551 279.480
1	212 38 40	−11	212 38 29	120 19 59	48.434	−24.46	−3	41.804	1	−24.463	41.805	3 263 834.175	3 551 394.647
2	123 39 41	−11	123 39 30	63 59 29	53.544	23.479	−4	48.122	1	23.475	48.123	3 263 809.712	3 551 436.452
3	114 30 00	−11	114 29 49	358 29 18	58.309	58.289	−4	−1.538	2	58.285	−1.536	3 263 833.187	3 551 484.575
4	95 10 34	−11	95 10 23	273 39 41	71.58	4.571	−5	−71.434	2	4.566	−71.432	3 263 891.472	3 551 483.039
5	177 26 37	−11	177 26 26	271 06 07	97.937	1.883	−6	−97.919	2	1.877	−97.917	3 263 896.038	3 551 411.607
6	115 29 03	−11	115 28 52	206 34 59	76.452	−68.37	−5	−34.212	2	−68.375	−34.21	3 263 897.915	3 551 313.690
B	61 06 42	−11	61 06 31	87 41 30 （检核）	∑D = 521.514	0.034	−33	−0.013	13	0	0	3 263 829.540 （检核）	3 551 279.480 （检核）
1													

3. 支导线平差

支导线因终点为待定点,不存在附合条件。但为了进行检核和提高精度,一般采取往返观测,致使有了多余观测,因观测存在误差,所以产生方位角闭合差和坐标闭合差。

支导线因采取往返测,故又称复测支导线。复测支导线的平差计算过程与附合导线基本相同。计算方法简述如下。

(1)方位角闭合差的计算与角度平差

方位角闭合差为终止边往测方位角与终止边返测方位角之差,即

$$f_\beta = \alpha_{往} - \alpha_{返} \tag{5-32}$$

其限差为

$$f_{\beta限} = \pm 2m_\beta \sqrt{2n} \tag{5-33}$$

式中,m_β 为测角中误差;$2n$ 为往返观测的总测站数。

当 $f_\beta \leqslant f_{\beta限}$ 时,进行角度闭合差的平差,往返测量所测水平角的改正数绝对值相等,符号相反,即

$$\begin{cases} v_{\beta往} = -\dfrac{f_\beta}{2n} \\[3mm] v_{\beta返} = +\dfrac{f_\beta}{2n} \end{cases} \tag{5-34}$$

(2)坐标闭合差的平差

坐标闭合差为终止点往返测量坐标之差,即

$$\begin{cases} f_x = \sum \Delta x_{往} - \sum \Delta x_{返} \\[3mm] f_y = \sum \Delta y_{往} - \sum \Delta y_{返} \end{cases} \tag{5-35}$$

导线全长闭合差为 $\qquad f_S = \sqrt{f_x^2 + f_y^2}$

导线全长相对闭合差为

$$k = \frac{f_S}{\sum D_{往} + \sum D_{返}} \tag{5-36}$$

导线全长相对闭合差小于限差时,进行坐标增量改正数的计算,即

往测

$$\begin{cases} v_{\Delta x_{ij}} = -\dfrac{f_x}{\sum D_{往} + \sum D_{返}} \times D_{ij往} \\[4mm] v_{\Delta y_{ij}} = -\dfrac{f_y}{\sum D_{往} + \sum D_{返}} \times D_{ij往} \end{cases} \tag{5-37}$$

返测

$$\begin{cases} v_{\Delta x_{ij}} = -\dfrac{f_x}{\sum D_{往} + \sum D_{返}} \times D_{ij返} \\[4mm] v_{\Delta y_{ij}} = -\dfrac{f_y}{\sum D_{往} + \sum D_{返}} \times D_{ij返} \end{cases} \tag{5-38}$$

第六节　全站仪测量

全站仪,即全站型电子速测仪,是一种能自动测量和计算,并通过电子手簿或直接实现自动记录、存储和输出的测量仪器。全站仪是数字测图中常用的数据采集设备。全站仪分为分体式和整体式两类。分体式全站仪的照准头和电子经纬仪不是一个整体,进行作业时将照准头安装在电子经纬仪上,作业结束后卸下来分开装箱;整体式全站仪是分体式全站仪的进一步发展,照准头和电子经纬仪的望远镜结合在一起,形成一个整体,使用起来更为方便。对于基本性能相同的各种类型的全站仪,其外部可视部件基本相同。

1. 全站仪的组成部分

全站仪主要由五个系统组成:控制系统、测角系统、测距系统、记录系统和通信系统。

控制系统是全站仪的核心,主要由微处理机、键盘、显示器、存储卡、制动和微动旋钮、控制模块和通信接口等软硬件组成。根据要求,通过键盘(面板)可以进行各种控制操作。如参数预置,选择显示和记录模式,进行存储卡格式化,建立或选择工作文件,数据输入输出,确定测量模式等。

全站仪的测角系统与传统光学经纬仪测角系统相比较,主要有两个方面的不同:

①传统的光学度盘被编码度盘或光电增量编码器代替,用电子细分系统代替传统的光学测微器;

②由传统的观测者判读观测值及手工记录变为观测者直接读数并自动记录。

全站仪的测距系统与一般测距仪基本一致,只是体积更小,通常采用半导体砷化镓发光二极管作为光源。不同厂家生产的不同类型及系列的全站仪,其最大测程和距离测量误差均有较大变化。

全站仪的记录系统又称为电子数据记录器,它是一种存储测量资料的具有特定软件的硬件设备。数据记录器也有许多类型,但基本功能都一样,起着全站仪与电子计算机之间的桥梁作用,它使野外记录工作实现了自动化,减少了记录计算的差错,大大提高了野外作业的效率。目前,全站仪记录系统主要有三种形式:接口式、磁卡式和内存式。

全站仪的通信系统是野外数据采集到计算机和绘图仪自动成图的桥梁。所涉及的仪器设备有:全站仪、计算机、存储卡和读卡器、电子手簿、接口电缆等。根据全站仪记录系统的不同,有三种不同的通信方案:

①全站仪→电子手簿→计算机(接口式全站仪);

②全站仪→存储卡→读卡器→计算机(磁卡式全站仪):

③全站仪→计算机(内存式全站仪)。

全站仪以控制系统为核心,由控制系统进行测前准备,选择测量模式,控制数据记录,保证数据通信。控制系统是中枢系统,其他系统均需与其进行信息互访而完成自身使命。

2. 全站仪的技术指标

全站仪的技术指标主要用全站仪的测距标称精度和测角精度来表示。其测距标称精度表示为

$$m_D = a + b \times D \qquad (5-39)$$

式中　　m_D——测距中误差,mm;

　　　　a——标称精度中的固定误差,mm;

b——标称精度中的比例误差系数,mm/km;

D——测距长度,km。

3. 全站仪的基本功能

①测角功能:测量水平角、竖直角或天顶距。

②测距功能:测量平距、斜距或高差。

③跟踪测量:即跟踪测距和跟踪测角。

④连续测量:角度或距离分别连续测量或同时连续测量。

⑤坐标测量:在已知点上架设仪器,根据测站点和定向点的坐标或定向方位角对任一目标点进行观测,获得目标点的三维坐标值。

⑥悬高测量:可将反射镜立于悬物的垂点下,观测棱镜,再抬高望远镜瞄准悬物,即可得到悬物到地面的高度。

⑦对边测量:可间接测出棱远处两点间的平距、斜距和高差。

⑧后方交会:仪器测站点坐标可以通过观测两坐标值存储于内存中的已知点求得。

⑨距离放祥:可将设计距离与实际距离进行差值比较从而迅速将设计距离放到实地。

⑩坐标放样:已知仪器点坐标和后视点坐标或已知仪器点坐标和后视方位角,即可进行三维坐标放祥,需要时也可进行坐标变换。

⑪预置参数:可预置温度、气压、棱镜常数等参数。

⑫测量数据的记录、通信传输功能。

4. 全站仪的使用

不同厂家生产的全站仪有着一定的差异,但进行数据采集操作过程大致是相同的。全站仪采集碎部点的过程如下:

①测站安置仪器。在测站上将仪器进行整平、对中工作。

②打开电源。开启电源的方法将开关打开,显示屏显示,所有点阵发亮,几秒后即可进行测量。

③设置垂直零点。松开望远镜制动螺旋将望远镜上下转动,当望远镜通过水平线时,将指示出垂直零点,并显示垂直角。

④仪器参数设置。仪器参数是控制仪器测量状态、显示状态数据改正等功能的变量,在全站仪中一般都可根据测量要求通过键盘进行改变,并且所选取的选择项可保存到下一次改变为止。

⑤配置度盘。可先照准定向目标,然后按"0 SET"键设置度盘初值为0°。也可用水平制动和微动螺旋转动全站仪使其水平角为要求的值,用"HOLD"键锁定度盘,再转动照准部瞄准定向目标,第二次用"HOLD"键解锁,完成初始设置。

⑥照准待测目标进行水平角和距离测量。在完成测量后全站仪将根据用户的设置在屏幕上显示测量结果。

第七节 边角网布设及交会测量

交会测量是在数个已知点上设站,分别向待定点观测方向或距离,也可以在待定设站向数个已知点上观测方向或距离,然后计算待定点的坐标。常用的交会测量方法有前方交会法、侧方交会法、后方交会法、边长交会法等。

1. 测角前方交会

如图 5 - 17 所示,已知数据是 A,B 两点的坐标,分别在 A,B 点观测 α 及 β 角,则可求得待定点 P 的坐标。

求解思路是:若能求得 D_{AP} 与 α_{AP},则可求得 AP 两点间的坐标增量,由 A 点的坐标加上该坐标增量,即可求得 P 点的坐标。

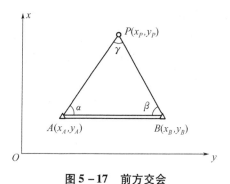

图 5 - 17　前方交会

$$
\left.\begin{array}{l}
x_P = x_A + D_{AP}\cos\alpha_{AP} \\
y_P = y_A + D_{AP}\sin\alpha_{AP}
\end{array}\right\} \qquad (5-40)
$$

由图 5 - 17 可知,$\alpha_{AP} = \alpha_{AB} - \alpha$,代入上式得

$$
\left.\begin{array}{l}
x_P = x_A + D_{AP}\cos(\alpha_{AB} - \alpha) = x_A + D_{AP}(\cos\alpha_{AB}\cos\alpha + \sin\alpha_{AB}\sin\alpha) \\
y_P = y_A + D_{AP}\sin(\alpha_{AB} - \alpha) = y_A + D_{AP}(\sin\alpha_{AB}\cos\alpha - \cos\alpha_{AB}\sin\alpha)
\end{array}\right\} \qquad (5-41)
$$

或

$$
\left.\begin{array}{l}
x_P = x_A + \dfrac{D_{AP}}{D_{AB}}\left[(x_B - x_A)\cos\alpha + (y_B - y_A)\sin\alpha\right] \\[2mm]
\quad = x_A + \dfrac{D_{AP}\sin\alpha}{D_{AB}}\left[(x_B - x_A)\cot\alpha + (y_B - y_A)\right] \\[2mm]
y_P = y_A + \dfrac{D_{AP}}{D_{AB}}\left[(y_B - y_A)\cos\alpha - (x_B - x_A)\sin\alpha\right] \\[2mm]
\quad = x_A + \dfrac{D_{AP}\sin\alpha}{D_{AB}}\left[(y_B - y_A)\cot\alpha + (x_B - x_A)\right]
\end{array}\right\} \qquad (5-42)
$$

根据正弦定理得

$$
\frac{D_{AP}}{D_{AB}} = \frac{\sin\beta}{\sin\gamma} = \frac{\sin\beta}{\sin(\alpha + \beta)} = \frac{\sin\beta}{\sin\alpha\cos\beta + \cos\alpha\sin\beta} \qquad (5-43)
$$

则

$$
\frac{D_{AP}\sin\alpha}{D_{AB}} = \frac{\sin\alpha\sin\beta}{\sin\alpha\cos\beta + \cos\alpha\sin\beta} = \frac{1}{\cot\alpha + \cot\beta} \qquad (5-44)
$$

将式(5 - 44)代入式(5 - 42)并整理得

$$
\left.\begin{array}{l}
x_P = \dfrac{x_A\cot\beta + x_B\cot\alpha - y_A + y_B}{\cot\alpha + \cot\beta} \\[3mm]
y_P = \dfrac{y_A\cot\beta + y_B\cot\alpha + x_A - x_B}{\cot\alpha + \cot\beta}
\end{array}\right\} \qquad (5-45)
$$

上式中除已知点的坐标外,还有观测角的余切,故上式称为余切公式,计算出 P 点的坐标可由下式进行校核,即

$$
\left.\begin{array}{l}
x_B = \dfrac{x_P\cot\beta + x_A\cot\alpha - y_P + y_A}{\cot\gamma + \cot\alpha} \\[3mm]
y_B = \dfrac{y_P\cot\alpha + y_A\cot\gamma + x_P - x_A}{\cot\gamma + \cot\beta}
\end{array}\right\} \qquad (5-46)
$$

上式只能作为计算中有无错误的校核。为了避免外业观测发生错误,并提高待定点 P 的精度,在一般测量规范中都要求布设有三个已知点,在 A,B,C 三个已知点向 P 点观测,测

得两组角 $\alpha_1,\beta_1,\gamma_1$ 与 α_2,β_2。分两组计算 P 点坐标。当这两组坐标的较差不大于图上0.2 mm,即在允许范围内时,则取它们的平均值作为 P 点的最后坐标。

为了提高交会点的精度,在选定 P 点时,最好使交会角接近于 $90°$,而不应小于 $30°$。如果不便在一个已知点(例如 B 点,如图 5−18 所示)安置仪器,而观测了一个已知点及未知点上的两个角度,则同样可以计算 P 点的坐标,这就是侧方交会。这时只要计算出 B 点的 β 角,即可应用式 (5−45)求解 x_P 与 y_P。

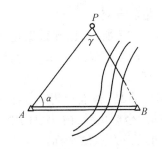

图 5−18　侧方交会

2. 测角后方交会

如果已知点距离待定测站点较远,也可在待定点 P 上瞄准三个已知点 A,B 和 C,观测 α 和 β 角,如图 5−19 所示,这种方称为后方交会,用后方交会计算待定点坐标的公式很多,现介绍一种公式如下

$$\tan\alpha_{CP} = \frac{N_3 - N_1}{N_3 - N_4} \qquad (5-47)$$

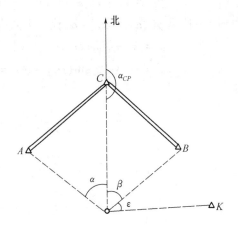

图 5−19　后方交会

$$\left.\begin{array}{l} \Delta x_{CP} = \dfrac{N_1 + N_2\tan\alpha_{CP}}{1 + \tan^2\alpha_{CP}} = \dfrac{N_3 + N_4\tan\alpha_{CP}}{1 + \tan^2\alpha_{CP}} \\[2mm] \Delta y_{CP} = \Delta x_{CP}\tan\alpha_{CP} \end{array}\right\} \quad (5-48)$$

式中

$$\left.\begin{array}{l} N_1 = (x_A - x_C) + (y_A - y_C)\cot\alpha \\ N_2 = (y_A - y_C) - (x_A - x_C)\cot\alpha \\ N_3 = (x_B - x_C) - (y_B - y_C)\cot\beta \\ N_4 = (y_B - y_C) + (x_B - x_C)\cot\beta \end{array}\right\} \qquad (5-49)$$

待定点 P 的坐标为

$$\left.\begin{array}{l} x_P = x_C + \Delta x_{CP} \\ y_P = y_C + \Delta y_{CP} \end{array}\right\} \qquad (5-50)$$

选择后方交会点 P 时,若 P 点刚好选在过已知点 A,B,C 的外接圆圆周上,无论 P 点位于圆周上任何位置,所测得的角值都是不变的,因 P 点位置不定,测量上把该圆叫危险圆。P 点若位于危险圆上则无解,因此作业时应使 P 点离危险圆圆周的距离大于该圆半径的1/5。

为了进行检验,需在 P 点观测第四个方向 K,测得 $\varepsilon_{测}$ 角。同时可由 P 点坐标以及 B,K 点坐标,按坐标反算公式求得 α_{PB} 及 α_{PK},$\varepsilon_{算} = \alpha_{PK} - \alpha_{PB}$,求较差 $\Delta\varepsilon = \varepsilon_{算} - \varepsilon_{测}$,由此可算出 P 点的横向位移 e 为

$$e = \frac{D_{PK} \cdot \Delta\varepsilon}{\rho} \qquad (5-51)$$

为在一般测量规范中,规定最大横向位移 $e_允$ 不大于比例尺精度的 2 倍,即 $e_允 < 2 \times 0.1 M$（mm），M 为测图比例尺的分母。

3. 边长交会

边长交会也是加密控制点的方法之一,特别是利用光电测距仪或全站仪测定距离时,这种方法非常简便。

如图 5-20 所示,已知点 A,B 的坐标,观测两已知至待定点 P 的距离 D_1,D_2,求待定点 P 的坐标。

在三角形 APM 中,$h^2 + q^2 = D_1^2$；在三角形 BPM 中,$h^2 + (D-q)^2 = D_2^2$,后式减前式可得

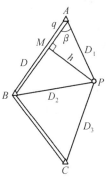

图 5-20　边长交会

$$D_2^2 = D^2 + D_1^2 - 2Dq \qquad (5-52)$$

这里 q 为 AP 在 AB 边上的投影,由此得

$$q = \frac{D^2 + D_1^2 - D_2^2}{2D} \qquad (5-53)$$

又因为

$$h = \pm \sqrt{D_1^2 - q^2} \qquad (5-54)$$

式中,根号前的"+"或"-"号,取决于 A,P,B 点是顺时针方向还是逆时针方向。

因为

$$\Delta x_{AP} = D_1 \cos\alpha_{AP} \qquad (5-55)$$

而且

$$\alpha_{AP} = \alpha_{AB} - \beta \qquad (5-56)$$

由此

$$\Delta x_{AP} = D_1 \cos(\alpha_{AB} - \beta) = D_1 \cos\alpha_{AB} \cos\beta + D_1 \sin\alpha_{AB} \sin\beta \qquad (5-57)$$

以 $D_1 \cos\beta = q$，$D_1 \sin\beta = h$，$\cos\alpha_{AB} = \dfrac{(x_B - x_A)}{D}$，$\sin\alpha_{AB} = \dfrac{(y_B - y_A)}{D}$ 代入上式得

$$\Delta x_{AP} = \frac{q(x_B - x_A) + h(y_B - y_A)}{D} \qquad (5-58)$$

同理可得

$$\Delta y_{AP} = \frac{q(y_B - y_A) + h(x_B - x_A)}{D} \qquad (5-59)$$

待定点 P 的坐标为

$$\left.\begin{array}{l} x_P = x_A + \Delta x_{AP} \\ y_P = y_A + \Delta y_{AP} \end{array}\right\} \qquad (5-60)$$

为了进行计算检验,可由坐标反算公式（$D_{2算} = \sqrt{(x_P - x_B)^2 + (y_P - y_B)^2}$）计算,并与观测的进行比较。

为了进行观测检核,还应由第三个已知点 C 观测 D_3,分两组计算 P 点坐标,如较差在允许范围内,取其平均值作为 P 的最后坐标。

第八节　三角高程测量的应用

1. 三角高程测量原理

在山区或位于高耸建筑物上的控制点,若用水准测量的方法测量其高程,则速度慢而

且困难大. 故可使用电磁波测距仪,采用三角高程测量法测定两点间的高差,以求得待求点高程。这种方法比水准测量精度低,常用于测图高程控制。进行三角高程测量需要已知两点间的水平距离。

如图 5 - 21 所示,已知 A 点的高程 H_A,欲求 B 点高程 H_B,将经纬仪安置在 A 点,量取仪器高 i,照准 B 点目标顶端 B',测得竖直角 α,B 点目标高为 ν,设已知两点间水平距离为 D_{AB},则两点间高差计算式为

$$h_{AB} = D_{AB}\tan\alpha + i - \nu \quad (5-61)$$

B 点的高程为

$$H_B = H_A + h_{AB} \quad (5-62)$$

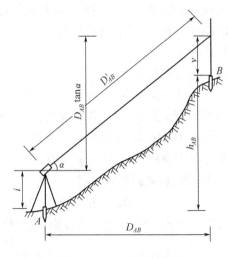

图 5 - 21　三角高程测量

2. 三角高程测量的观测与计算

三角高程测量的观测:安置仪器于测站上,量取仪器高 i,觇标高 ν。并用 J_2 或 J_6 级光学经纬仪观测竖直角 1 ~ 4 个测回,前、后半测回之间的较差及各测回间的较差如果不超过规范规定的限差,则取其平均值作为最后结果。

三角高程测量的往测与返测高差按式(5 - 61)计算;山区及高建筑物采用三角高程测量时,对向观测所求得的往、返测高差之差的允许值 $f_{\Delta h允}$ 按下式计算:

$$f_{\Delta h允} = \pm 0.1D \quad (5-63)$$

式中,高差之差的允许值的单位为 m;D 为两点间平距,以 km 为单位。

当用三角高程测量的方法连续测定多个控制点高程时,应组成附合或闭合的三角高程路线。每边都要进行对向观测,取对向观测的平均值。计算高程闭合差 f_h,高程闭合差的限差 $f_{h允}$ 为

$$f_{h允} = \pm 0.05\sqrt{[D^2]} \quad (5-64)$$

式中,高程闭合差的限差的单位为 m,当 f_h 不超过 $f_{h允}$ 时,按与边长成比例的方法,将 f_h 反号分配到各段高差中。再以改正后的高差,由起始点依次计算各点高程。

第九节　GPS 测量原理概述

一、GPS 原理

GPS 全球定位系统是一个利用空间距离交会定点的导航系统,其基本原理是将发射在离地球大约 2×10^4 km 的地球上空的工作卫星当作已知点,相当于传统测量中的控制点,通过测量地表上的点与工作卫星的距离,进而通过距离交会的方式求出地表上点的坐标(如图5 - 22所示)。可见,GPS 测量的关键是如何准确、快速的求出地表点与卫星间的距离,根据求距的方式将GPS 测量分为测距码伪距测量和载波相位测量。

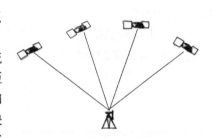

图 5 - 22　GPS 定位原理示意图

1. 测距码伪距测量

测距码伪距测量就是利用 GPS 接收机测定由卫星发射的测距码(C/A 码,P 码)到观测站的传播时间 ΔT,再乘以光速 C,从而求得卫地距 P,即

$$P = C \times \Delta T \tag{5-65}$$

2. 载波相位测量

当 GPS 接收机锁定卫星载波相位,就可以得到从卫星到接收机经过延时的载波信号(L_1, L_2 载波),如果将载波信号与接收机内产生的基准信号相比就可得到载波相位观测值 $\Delta \Psi$,再乘以载波波长 λ,从而求得卫地距 P,即

$$P = \Delta \Psi \times \lambda \tag{5-66}$$

相对测距码而言,载波频率高、波长短,因此,载波相位测量的精度比测距码测量定位精度高。

二、GPS 测量外业工作

GPS 测量的外业工作主要包括选点,建立观测标志,野外观测以及成果检核等;内业工作主要包括 GPS 测量的技术设计,数据处理及技术总结等。具体工作程序可分为技术设计、选点与建立标志、外业观测、成果检核与数据处理、技术总结等阶段。

1. 技术设计

该阶段主要包括确定本次 GPS 测量的精度指标,根据测区进行网型设计,作业模式的选择和编制观测调度计划等。

2. 选点与建立标志

由于 GPS 观测站之间不要求相互通视,所以选点工作较常规测量要简单。GPS 点位的选择,对 GPS 观测工作的顺利进行并得到可靠的效果有重要的影响,所以,应根据测量任务的目的和测区范围、精度和密度的要求等,充分收集和了解测区的地理情况,及原有控制点的分布和保存情况,以便恰当地选定 GPS 点的点位。在选定点位时应遵守以下原则:

①点位周围应便于安置天线和 GPS 接收机,视野开阔,视场内周围障碍物的高度角一般应小于 15°;

②点位应远离大功率无线电发射源(如电视台,微波站及微波通道等)及高压电线,以避免周围磁场对信号的干扰;

③点位周围不应有对电磁波反射(或吸收)强烈的物体,以减弱多路径效应的影响;

④点位应选在交通方便的地方,以提高作业效率;

⑤选定点位时,应考虑便于用其他测量手段联测和扩展;

⑥点位应选在地面基础坚固的地方,以便于保存。

此外,有时还需要考虑点位附近的通信设施、电力供应等情况,以便于各点之间的联络和设备用电。

3. 外业观测

该阶段包括天线安置(对中、整平、量取天线高)、观测作业、外业成果记录和野外观测数据的检查等。

4. 成果检核和数据处理

为确保 GPS 外业观测成果的质量,必须在外业观测中及时对观测成果进行检查,在外业观测任务按计划基本完成时,更应进行全面检查,以便发现不合格的成果,并根据情况采取

重测、补测措施。若检查合格,则进行数据平差处理,计算待定点的三维坐标或 GPS 基线向量。

5. 技术总结

该阶段一般包括以下内容:

①测区范围的位置,自然地理条件,气候特点,交通及电信、电源等情况;

②任务来源,测区已有测量情况,项目名称,施测目的和基本精度要求;

③施测单位,施测起讫时间,技术依据,作业人员情况;

④接收机设备类型、数量及检验情况;

⑤选点情况和评价、埋石情况;

⑥观测方法及补测、重测情况,以及野外作业发生问题的说明;

⑦野外数据检核情况和分析;

⑧起算数据和坐标系统的说明;

⑨GPS 网平差方法和所使用的软件,精度分析;

⑩工作量与定额计算;

⑪各种附表和附图;

⑫需要说明的其他问题。

本 章 小 结

本章介绍了控制网的布设原则、布设方案,控制测量的外业工作、导线的观测与内业计算工作。控制网一般遵循分级布网、逐级控制、逐级加密的原则。控制网的外业工作主要包括踏勘选点、建立野外标志、控制点数据的采集三部分。导线的外业观测主要是各种角度的观测与边长的测量。导线内业计算的主要步骤为:方位角的推算、方位角闭合差的分配、近似坐标的计算、坐标闭合差的分配、最后坐标的计算。

本章还介绍了直线定向工作、全站仪测量、交会测量和三角高程测量。直线的定向工作是确定直线方向的工作,一般表示地面上直线方向主要用方位角或是象限角来表示。全站仪测量主要要掌握全站仪的组成部分、技术指标、全站仪的使用及全站仪常用的一些功能。交会测量是在数个已知点或待定点上设站,分别向待定点或已知点观测方向或距离,然后通过一定的计算得到待定点的坐标。常用的交会测量方法有前方交会法、侧方交会法、后方交会法、边长交会法等。

本章最后介绍了 GPS 原理及 GPS 测量的外业工作。

习 题

1. 导线的布设形式有几种,选择导线点应注意哪些事项,导线的外业工作包括哪些内容?

2. 闭合导线与附合导线的计算有哪些异同点?

3. 导线测量中,当观测的折角是右角时,推算导线边的方位角用什么公式,是左角时,又用什么公式?

4. 象限角与方位角的关系如何?

5. 坐标计算的原理是什么?

6. 全站仪一般有哪些主要的功能,其分别解决什么问题?

7. 附合导线 $AB12CD$ 的观测数据如图 5-23 所示,试用表格计算 1,2 两点的坐标。已知数据:

$$x_B = 200.00, y_B = 200.00, x_C = 155.37, y_C = 756.06$$

$$\alpha_{AB} = 45°00'00'', \alpha_{CD} = 116°44'48''$$

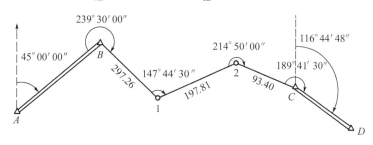

图 5-23

8. 前方交会如图 5-24 所示,已知数据为:$x_A = 500.000$ m,
$x_B = 526.825$ m,$y_A = 500.000$ m,$y_B = 433.160$ m。

观测值 $\alpha = 91°03'24'', \beta = 50°35'23''$。试用前方交会计算 P 点坐标。

9. 后方交会如图 5-25 所示,观测成果和已知数据如下:试用表格计算 P 点坐标。

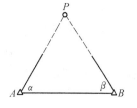

图 5-24

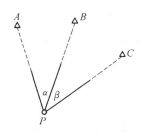

图 5-25

$$x_A = 1001.542 \text{ m}, x_B = 840.134 \text{ m}, x_C = 659.191 \text{ m}$$

$$y_A = 1620.616 \text{ m}, y_B = 844.422 \text{ m}, y_C = 1282.629 \text{ m}$$

观测值 $\alpha = 54°16'50'', \beta = 57°20'40''$。

10. 测边交会如图 5-26 所示,已知 A,B 两点的坐标:

$x_A = 500.000$ m, $x_B = 615.186$ m, $y_A = 500.000$ m, $y_B = 596.653$ m,试求 P 点坐标。

11. GPS 测量的基本原理是什么?

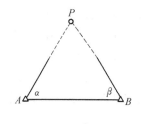

图 5-26

第六章　地形图的基本知识

第一节　地图的基本概念

一、地图的特性

地图以特有的数学基础、图形符号和抽象概括法则表现地球或其他星球自然表面的时空现象,反映人类的政治、经济、文化和历史等人文现象的状态、联系和发展变化。它具有以下的特性。

1. 可量测性

由于地图采用了地图投影、地图比例尺和地图定向等特殊数学法则,人们可以在地图上精确量测点的坐标、线的长度和方位、区域的面积、物体的体积、地面的坡度等。

2. 直观性

地图符号系统称为地图语言,它是表达地理事物的工具。地图符号系统由符号、色彩及相应的文字注记构成,它们能准确地表达地理事物的位置、范围、数量和质量特征、空间分布规律以及它们之间的相互联系和动态变化。用图者可以直观、准确地获得地图信息。

3. 一览性

地图是缩小了的地图表象,不可能表达出地面上所有的地理事物,需要通过取舍和概括的方法表示出重要的物体,舍去次要的物体,这就是制图综合。制图综合能使地面上任意大的区域缩小成图,正确表达出读者感兴趣的重要内容,使读者能一览无遗。

二、地图的内容

地图的内容由数学要素、地理要素和辅助要素构成。

1. 数学要素

它包括地图的坐标网、控制点、比例尺和定向等内容。

2. 地理要素

根据地理现象的性质,大致可以区分为自然要素、社会经济要素和环境要素等。自然要素包括地质、地球物理、地势、地貌、气象、土壤、植物、动物等现象或物体;社会经济要素包括政治行政、人口、城市、历史、文化、经济等现象或物体;环境要素包括自然灾害、自然保护、污染与保护、疾病与医疗等。

3. 辅助要素

它是指为阅读和使用地图者提供的具有一定参考意义的说明性内容或工具性内容,主要包括图名、图号、接图表、图廓、分度带、图例、坡度尺、附图、资料及成图说明等。

三、地图的分类

地图分类的标志很多,主要有地图的内容、比例尺、制图区域范围、使用方式等。

1. 按内容分类

地图按内容可分为普通地图和专题地图两大类。

普通地图是以相对平衡的详细程度表示水系、地貌、土质植被、居民地、交通网、境界等基本地理要素,其广泛用于经济、国防和科学文化教育等方面,并可作为编制各种专题地图的基础,如图6-1所示。

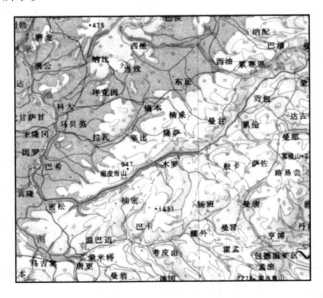

图6-1　普通地图

专题地图是根据需要突出反映一种或几种主题要素或现象的地图,如图6-2所示。

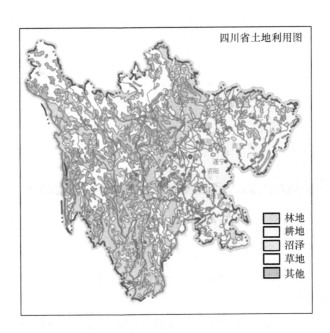

图6-2　专题地图

2. 按比例尺分类

地图按比例尺分类是一种习惯上的做法。在普通地图中,按比例尺可分为以下3种。

①大比例尺地图:比例尺≥1:10万的地图。

②中比例尺地图:比例尺1:10万~1:100万之间的地图。

③小比例尺地图:比例尺≤1:100万的地图。

3. 按制图区域范围分类

按自然区划可分为:世界地图、大陆地图、洲地图等。

按政治行政区划可分为:国家地图、省(区)地图、市地图、县地图等。

4. 按使用方式分类

①桌面用图:能在明视距离阅读的地图,如地形图、地图集等。

②挂图:包括近距离阅读的一般挂图和远距离阅读的教学挂图。

③随身携带地图:通常包括小图册或折叠地图(如旅游地图)。

四、电子地图

电子地图是20世纪80年代利用数字地图制图技术而形成的地图新品种。它以数字地图为基础,并以多种媒体显示地图数据的可视化产品,如图6-3所示。电子地图可以存放在数字存储介质上,例如软盘,硬盘,MO,CD-ROM,DVD-ROM等。电子地图可以显示在计算机屏幕上,也可以随时打印输出到纸张上。电子地图均带有操作界面,界面友好。电子地图一般与数据库连接,能进行查询、统计和空间分析。

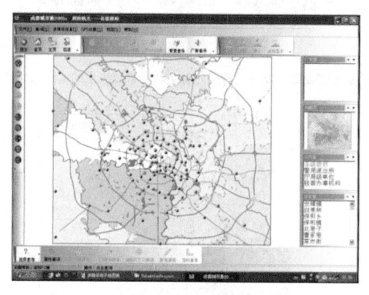

图6-3 电子地图

1. 电子地图的特点

(1)动态性

电子地图是使用者在不断与计算机的对话过程中动态生成的。使用者可以指定地图显示范围,自由组织地图要素。

电子地图具有实时、动态表现空间信息的能力。电子地图的动态性表现在两个方面:

①用时间维的动画地图来反映事物随时间变化的真动态过程,并通过对动态过程的分析来反映事物发展变化的趋势,如植被范围的动态变化、水系的水域面积变化等;

②利用闪烁、渐变、动画等虚拟动态显示技术来表示没有时间维的静态信息,以增强地

图的动态特性。

（2）交互性

电子地图的数据存储与数据显示相分离。因此,当数字化数据进行可视化显示时,地图用户可以对显示内容及显示方式进行干预,如选择地图符号和颜色。

（3）无级缩放

电子地图可以任意无级缩放和开窗显示,以满足应用的需求。

（4）无缝拼接

电子地图能容纳一个地区可能需要的所有地图图幅,不需要进行地图分幅,所以是无缝拼接,利用漫游和平移阅读整个地区的大地图。

（5）多尺度显示

由计算机按照预先设计好的模式,动态调整好地图载负量。比例尺越小,显示地图信息越概略;比例尺越大,显示地图信息越详细。

（6）多维化表示

电子地图可以直接生成三维立体影像,并可对三维地图进行拉近、推远、三维漫游及绕 X,Y,Z 三个轴方向旋转,还能在地形三维影像上叠加遥感图像,逼真地再现地面情况。运用计算机动画技术,可产生飞行地图或演进地图。飞行地图能按一定高度和路线观测三维图像;演进地图能够连续显示事物的演变过程。

（7）超媒体集成

电子地图以地图为主体结构,将图像、图表、文字、声音、视频、动画作为主体的补充融入电子地图中,通过各种媒体的互补,弥补地图信息的缺陷,如图6-4所示的多媒体地图。

图6-4 多媒体电子地图

（8）共享性

数字化使信息容易复制、传播和共享。电子地图能够大量无损失复制,并且通过计算机网络传播。

（9）空间分析功能

用电子地图可进行路径查询分析、量算分析和统计分析等空间分析。

2. 电子地图种类

选择适当的硬件平台及系列软件的支持,即可形成不同形式的电子地图产品。

(1)单机或局域网电子地图

该类地图存储于计算机或局域网系统的电子地图,一般作为政府、城市管理、公安、交通、电力、水利、旅游等部门实施决策、规划、调度、通信、监控、应急反应等工作平台。

(2)CD－ROM 或 DVD－ROM 电子地图

该类地图主要用于国家普通电子地图(集)、省市普通电子地图(集)、城市观光购物电子地图、旅游观光电子地图、交通导航电子地图等。

(3)触摸屏电子地图

该类地图主要用于机场、火车站、码头、广场、宾馆、商场、医院等公共场所及各级政府和管理机构的办公大楼,为人们提供交通、旅游、购物和政府办公信息。

(4)个人数字助理(PDA)电子地图

个人数字助理(PDA)电子地图携带方便,具备 GPS 实时定位、导航、无线通信网络功能,目前正显示出它广阔的应用前景。

(5)互联网电子地图

互联网电子地图在国际互联网上发布电子地图,供全球网络使用者查询阅读,广泛用于旅游。

五、地图的应用

1. 常规地图的应用

地图在经济建设、国防军事、科学研究、文化教育等领域都得到广泛的应用,已成为规划设计、分析评价、预测预报、决策管理、宣传教育的重要工具。

(1)在国民经济建设方面的应用

各种资源的勘测、规划、开发和利用;各项工程建设的选址、选线、勘察、设计和施工;国土政治规划、环境监测、预警与治理;各级政府和管理部门将地图作为规划和管理的工具;城市建设、规划与管理;水利、工业、农业、林业等其他领域的应用。

(2)在国防建设方面的应用

地图是"指挥员的眼睛",各级指挥员在组织计划和组织作战时,都要用地图研究敌我态势、地形条件、河流与交通状况、居民情况等,确定进攻、包围、追击的路线,选择阵地、构筑工事、部署兵力、配备火力等;国防工程的规划、设计和施工;利用数字地图对巡航导弹制导;空军和海军利用地图确定航线,寻找打击目标;炮兵利用地图量算方位、距离和高差进行发射。

(3)在科学研究方面的应用

地学、生物学等学科可以通过地图分析自然要素和自然现象的分布规律、动态变化以及相互联系,从而得出科学结论和建立假说,或作出综合评价与进行预报预测;地震工作者根据地质构造图、地震分布图等作出地震预报;土壤工作者根据气候图、地质图、地貌图、植被图研究土壤的形成;地貌工作者根据降雨量图、地质图、地貌图研究冲积平原与三角洲的动态变化;地质和地理学家利用地图开展区域调查和研究工作。

(4)在其他方面的应用

旅游地图和交通地图是人们旅行不可缺少的工具;国家疆域版图的主要依据;利用地图进行教学、宣传,传播信息;利用地图进行航空、航海、宇宙导航;利用地图分析地方病与流行病,制订防治计划。

2. 电子地图的应用

作为信息时代的新型地图产品,电子地图不仅具备地图的基本功能,在应用方面还有其独特之处。

(1)在导航中的应用

一张 CD - ROM 电子地图能存储全国的道路数据,可供随时查阅。电子地图可帮助选择行车路线,制订旅行计划。电子地图能在行进中接通全球定位系统(GPS),将目前所处的位置显示在地图上,并指示前进路线和方向。在航海中,电子地图可将船的位置实时显示在地图上,并随时提供航线和航向。船进港口时,可为船实时导航,以免触礁或搁浅。在航空中,电子地图可将飞机的位置实时显示在地图上,可随时提供航线、航向。

(2)在规划管理中的应用

电子地图不仅能覆盖其规划管理的区域,而且内容的现实性很强,并有与使用目的相适宜的多比例尺的专题地图。可在电子地图上进行距离、面积、体积、坡度等量算分析,可进行路径查询分析和统计分析等空间分析,能满足现代规划管理的需要。

(3)在旅游交通中的应用

电子地图可将旅游交通的有关的空间信息通过网络发布给用户,也可以通过机场、火车站、码头、广场、宾馆、商场等公共场所的触摸屏电子地图,为人们提供交通、旅游、购物信息。通过多媒体电子地图可了解旅游点基本情况,帮助人们选择旅游路线,制订最佳的旅游计划。

(4)在军事指挥中的应用

电子地图与卫星系统链接,指挥员可从屏幕上观察战局变化,指挥部队行动。电子地图系统可安装在飞机、战舰、装甲车、坦克上,随时将自己所在的位置实时显示在电子地图上,供驾驶人员观察、分析和操作,同时将自己所在的位置实时显示在指挥部电子地图系统中,使指挥员随时了解和掌握战局情况,为指挥决策服务。电子地图还可以模拟战场,为军事演习、军事训练服务。

(5)在防洪救灾中的应用

防洪救灾电子地图可显示各种等级堤防分布、险段分布和交通路线分布等详细信息,为各级防汛部门具体布置抗洪抢险方案,如物资调配、人员安排、分洪区群众转移、安全救护等提供科学依据。

(6)在其他领域的应用

农业部门可用电子地图表示粮食产量和各种经济作物产量情况,各种作物播种面积分布,为各级政府决策服务。气象部门将天气预报电子地图与气象信息处理系统相链接,把气象信息处理结果可视化,向人们实时地发布天气预报和灾害性的气象信息,为国民经济建设和人们日常生活服务。

六、地图制图学的发展趋势

1. 数字地图制图技术的发展

数字地图制图技术是 20 世纪 90 年代随着计算机和激光技术的发展而产生的新技术。数字地图制图技术以地图、统计数据、野外测量数据、数字摄影测量数据、GPS 数据、遥感数据等为依据,以电子出版系统为平台,使地图制图与地图印刷融为一体,给地图生产带来了革命性的变化。

研究多数据源的地图制图技术方法,设计制作各种新型数字地图产品,采用数字地图制图技术与地理信息系统技术编制国家电子地图集,建立国家地图集数据库与国家地图集信息系统是今后的主要发展方向。

2. 地图学新理论的不断探索

近年来,信息论、模型论、认知论等理论引进地图学,使地图学理论有了很大发展,形成许多地图学新理论。地图信息论是研究以地图图形显示、传输、转换、存储、处理和利用空间信息的理论。地图传输论是研究地图信息传输过程和方法的理论。地图模型论是用模型论方法来认识地图的性质,解释地图的制作和应用的理论。地图符号论是研究地图符号系统及其特性与使用的理论。地图感受论是研究地图视觉感受的基本过程和特点,分析用图者对地图感受的心理、物理因素和地图感受效果的理论。地图认知论是研究人类如何通过地图对客观环境进行认知和信息加工,探索地图设计制作的思维过程,并用信息加工机制描述、认识地图信息加工处理的本质。

3. 自动地图制图综合的发展趋势

自动地图制图综合是世界地图科学研究难题之一,其研究重点主要表现在以下几个方面。

(1)地图制图综合的智能化

对地图制图综合的机理和基本理论的解释,直到现在还没有明确的答案,这是由于地图制图综合问题包含了太多艺术性和集约性,使得专家的知识和技术很难进行数学模拟和算法描述。人工神经元网络可以通过训练学会地图制图综合的机理和基本理论,有可能为解决自动地图制图综合提供一个直接的途径。

(2)基于现代数学理论和方法的空间数据的多尺度表达

分形理论、小波理论和数学形态学等现代数学理论和方法,能有效地描述图形形状及其复杂程度的变化,建立图形形状变化与尺度变化数量关系,为地图制图综合过程的客观性和模型化提供数学依据。

(4)集模型、算法、规则于一体的自动制图综合系统

多年的研究结果表明,单纯用模型、算法或规则来解决自动地图制图综合问题,是无济于事的。在现有基础上,以模型作为宏观控制的基础;用算法组织地图制图综合的具体过程;规则在微观上作为基于算法制图综合的补充,在宏观上对模型和算法的运用起智能引导的作用。

4. 空间信息可视化的发展趋势

空间信息可视化是地图制图学的新拓展,将来研究主要集中在以下几个方面:

①运用动画技术制作动态地图,用于涉及时空变化的现象的可视化分析;

②运用虚拟现实技术进行地形仿真,用于交互式观察和分析,提高对地形环境的认知效果;

③用于空间数据的质量检测,运用图形显示技术进行空间数据的不确定性和可靠性的检查,把抽象的数据可视化,由此发现规律;

④可视化技术用于视觉感受及空间认知理论的研究,空间信息可视化可对知识发现和数据挖掘的过程和结果进行图解验证,选择恰当的视觉变量和图解方式将其表现出来,供研究者形成心象和视觉思维;

⑤运用虚拟环境来模拟和分析复杂的地学现象过程,支持可视和不可视的地学数据解释、未来场景预见、虚拟世界主题选择与开发、虚拟世界扩展及改造规划、虚拟社区设计与规划、虚拟生态景观规划、虚拟城市与虚拟交通规划、人工生命与智慧体设计、虚拟景观数据库构建、虚拟景观三维镜像构建、大型工程和建筑物的设计、防灾减灾规划、环境保护、数字化战场的研究和作战模拟训练、协同工作和群体决策等,同时它也可以用于地理教育、旅游和娱乐。

第二节　地形图的基本要素

一、地形图与地图的区别

由前述内容可知,地图分为普通地图和专题地图,而普通地图则又分为地形图和普通地理图。

1. 地形图

地形图是按一定的比例尺,用规定的符号表示的地物、地貌平面位置和高程的正射投影图,如图 6-5 所示,它的特点如下。

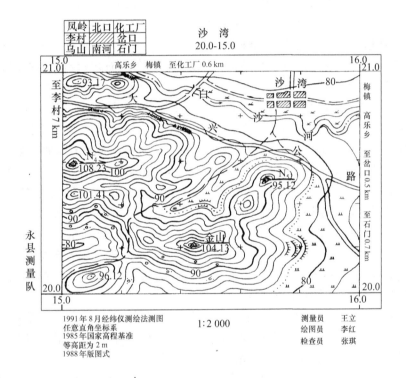

图 6-5　标准地形图

①具有统一的数学基础。各国的地形图除了选用一种椭球体数据,作为推算地形图数学基础的依据外,还有统一的地图投影,统一的大地坐标系统和高程系统,有完整的比例尺系统、统一的分幅和编号系统。

②按照国家统一的测量和编绘规范完成,即精度、制图综合原则、等高距、图式符号和整饰规格等都有统一的要求。

③几何精度高、内容详细。地形图有国家基本地形图和专业生产部门测制的大比例尺地形图。前者是由国家统一组织测制的,并提供给各地区、各部门使用;后者都有自定的规范,内容一般都按专业部门需要而有所增减。

2. 普通地理图

普通地理图是普通地图中除地形图以外的地图,也称为一览图或参考图,它的特点如下。

①数学基础因制图区域的不同而异,具体表现在比例尺灵活,地图投影多样,图廓范围大小不同。

②内容和表示方法因用途而异,具体表现在地图内容灵活,表示方法和图式符号不统一,而且重视反映区域地理特征。普通地理图的品种多、数量大,除了有不同比例尺、不同范围的各种普通地理图以外,还有单张图、多张拼合而成的图,有大挂图、桌图和合订成册的普通地理图集,在用途上还有科学参考图、教学用图和普及用图等。

二、地形图的基本要素

地形图是按一定的比例尺,用规定的符号表示的地物、地貌平面位置和高程的正射投影图。为了规范大比例地形图的表示符号样式,制定了国家基本比例尺地图图式标准,如标准编号:GB/T 20257.1—2007,"1:500 1:1 000 1:2 000 地形图图式"以统一地形图的图幅规格、地形表示和整饰标准。读图需要建立以下基本概念。

大比例尺地形图的图幅规格为 50 cm×50 cm,40 cm×40 cm 或者 50 cm×40 cm 的有效图幅。绘有 10 cm×10 cm 格网作为坐标格网线。有效图幅的边缘线称为内图廓线,在其外间隔 1.2 cm 绘有外图廓线。外图廓线的外面有本幅地形图的相关标志注记。

地形图的正上方标有地形图的图名和图号。如图 6-5 所示的图名为:沙湾,用等线体 28 K 字,图名的下面标有本幅图纸的图号 20.0-15.0。图名与图号之间间隔 3 mm,图号与外图廓之间间隔 5 mm。地形图的图名用图内最大的地物或者地貌名称来标志。

地形测绘的区域,如果用一张地形图表示不完,要用若干张地形图来表示实际的范围。因此需要给每一张地形图进行编号。为了便于查阅、管理和使用,一般使用本幅图西南角坐标公里数作为图号,也可采用行列编号法和流水编号法。所谓的行列编号法即将测区分为若干图幅相连,从北到南给一个行号(如用 A,B,C,D…),从西到东给一个列号(如 1,2,3…),那么如果一幅图的编号为 C-4,表明该图幅为第三行第 4 列的图幅。流水编号法即一般按照从北到南从西到东每行进行依次编号。无论如何编号,在一个测区内应按照分幅的办法,绘出分幅图,以便图件的管理和使用。

每一幅图,为便于寻找与本幅图相邻的图纸,在左上角图幅外,与外图廓距离 3 mm,左边与内图廓对齐,绘有一 3×3 的表格称为接图表。中间一格代表本幅图,邻接的八格分别代表相同方位相邻接的图幅,其中分别填写上各自的图名。

在外图廓的右上面与右内图廓线对齐,用 18 K 扁等线体标注图纸的密级,我国一般将密级分为绝密、机密、秘密三个等级。对于有密级的图件,使用过程中要按照保密的有关要求进行。图纸使用过后也要按照有关要求进行销毁,以免失密,如果失密,责任人要按照保密法规,承担法律责任。

外图廓线左下面和内图廓线对齐标注测图日期与测图方法,采用的平面坐标系,高程系,以及采用的图式版本四个内容的注记。每个项目一行,采用 13 K 细等线体,和外图廓相距 3 mm,行间距为 1 mm。

外图廓右下面,注记内容的右侧控制在与右内图廓线对齐,用 13 K 细等线体标注三项内容,测量员、绘图员和检查员姓名。测量技术人员对自己的测量成果负责。

在左外图廓线的左下段,与外图廓线间隔 3 mm 用 18 K 中等线体竖列标注测绘本图件的单位全称。右外图廓线外的下段,作为标注备注内容,和外图廓线相距 3 mm,用 18 K 细等线体进行标注。测绘单位的名称和备注的注记控制在底端与下内图廓线对齐。

这些注记都是构成图件不可少的要素,是使用地形图的依据。

第三节　地形图的比例尺

地形图上某线段的长度 l 与地面上相应线段的水平长度 L 之比,称为地形图的比例尺。比例尺一般分为数字比例尺和图示比例尺两大类。

一、数字比例尺

数字比例尺一般用分子为 1 的分数形式表示。依比例尺的定义有

$$\frac{l}{L} = \frac{1}{\dfrac{L}{l}} = \frac{1}{M} \qquad\qquad (6-1)$$

式中,M 称比例尺分母,表示图上的单位长 l 代表实地平距 L 的 M 个单位长。例如,某地形图上 2 cm 的长度是实地平距 100 m 缩小的结果,则该图的比例尺是

$$\frac{2 \text{ cm}}{100 \text{ m}} = \frac{2 \text{ cm}}{10\ 000 \text{ cm}} = \frac{1}{5\ 000}$$

比例尺 1:5 000 表示,图上 1 cm 代表实地平距 5 000 cm(即 50 m)。

数字比例尺也可表示两数相比的形式 1:M,如 1:500,1:1 000 等。

比例尺的大小是以其比值来衡量的,M 越小,比例尺越大;M 越大,比例尺越小。通常称 1:500,1:1 000,1:2 000 和 1:5 000 的地形图为大比例尺地形图;1:1 万,1:2.5 万,1:5 万 和 1:10 万的地形图为中比例尺地形图;1:25 万,1:50 万,1:100 万 的地形图为小比例尺地形图。按照地形图图式规定,比例尺以 20 K 宋体进行注记,标注在外图廓正下方 9 mm 处。

中比例尺地形图是国家基本地图,由国家专业测绘部门负责测绘,目前均采用航空摄影测量方法成图。小比例尺地形图一般由中比例尺地形图缩小编绘而成。城市和工程建设一般需要大比例尺地形图,其中比例尺为 1:500 和 1:1 000 的地形图一般用全站仪等测绘,平板仪、经纬仪应用逐渐减少;比例尺为 1:2 000 和 1:5 000 的地形图一般由 1:500 或 1:1 000 的地形图缩小编绘而成。大面积 1:500 ~ 1:5 000 的地形图也可用航空摄影测量方法成图。

二、图示比例尺

为了用图方便,以及减弱由于图纸伸缩而引起的变形误差,在绘制地形图时,常在图上绘制图示比例尺,如图 6-6 所示。例如,要绘制 1:500 的图示比例尺,绘制时先在图上绘两条平行线,再把它分成若干相等的线段,称为比例尺的基本单位,一般为 2 cm;将左端的一段基本单位又分成 10 等分,每等分的长度相当于实地 1 m。而每一基本单位所代表的实地长度为 2 cm × 500 = 10 m。

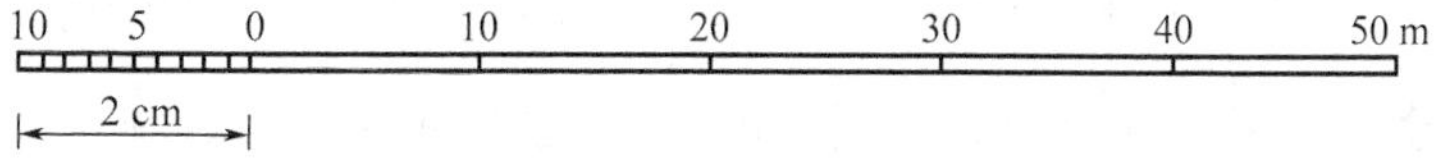

图 6-6　图示比例尺

三、比例尺的精度

一般正常视力的人,肉眼能直接分辨的最小间距是 0.1 mm,因此通常把图上 0.1 mm 所表示的实地水平长度,称为比例尺的精度。根据比例尺的精度,可以确定在测图时,量距应准确到什么程度。例如,测绘 1∶1 000 比例尺地形图时,其比例尺的精度为 0.1 m,故量距的精度只需 0.1 m,小于 0.1 m 在图上表示不出来。另外,当设计规定需要在图上能量出的实地最短长度时,根据比例尺的精度,可以确定测图比例尺。比例尺越大,表示地物和地貌的情况越详细,精度越高。但是必须指出,同一测区,采用较大比例尺测图往往比采用较小比例尺测图的工作量和投资将增加数倍,因此采用哪一种比例尺测图,应从工程规划和施工实际需要的精度出发,不应盲目追求更大比例尺的地形图。依据比例尺精度定义,即可确定各种比例尺的精度,如表 6 – 1 所示。

表 6 – 1　各种比例尺的精度

比例尺	1∶500	1∶1 000	1∶2 000	1∶5 000
比例尺精度/m	0.05	0.10	0.20	0.50

第四节　地物及其表示

地形主要由地物和地貌两方面的要素构成。地物分为两大类:一类是自然地物,如河流、湖泊、森林、草地、独立岩石等;另一类是人工地物,如房屋、铁路、公路、各种管线、水渠、桥梁等。这些物体都要求其尽可能表示在地形图上。地物的表示,是将地面上各种地物按预定的比例尺和要求,以其平面投影的轮廓或特定的符号绘制在地形图上。表示要严格执行国家和行业部门颁布的有关地形测量的规范和相应比例尺的图式。

地物的表示符号有三种类型:即点状符号、线状符号、面状符号。有些地物如测量控制点,钻井,各种检修井或窨井等,其占据的平面面积按照比例缩小后,将无法在图上表现出来,但其在地物类别中又有重要的意义,必须表示,那么在地形图上用特殊的符号表示,称为点状符号,又称为非比例符号;有的线性地物如管道、渠道电线等其长度方向上可用比例缩小后绘出,但宽度按照比例缩小后已经无法表示,因此我们用线状符号表示,又称为半比例符号;地物占据的平面面积能够按比例缩小表示出来,如较大的建筑物、湖泊、农田、街区等,那就用面状符号表示,又称为比例符号。

一、点状符号

有些地物,如路灯、电线杆、纪念碑、各种不同级别的测量控制点、独立树、钻孔、塑像和检修井等,都属于点状符号,如图 6 – 7 所示。

水塔　烟囱　雷达站　假石山　环保检测站

土地庙　独立坟　碑、碣　纪念碑　塑像

图 6 – 7　点状符号

点状符号有几类,符号几何图形的中心有一点的,以该点为定位点。符号底部有横线的,在横线的中心为定位点;底部有直角的,在直角顶点为定位点。

点状符号不是一成不变,如有的地物其占据的平面面积在某一比例尺的地形图上只能作为点状符号,但在比例尺大一些的图上就是面状符号。如底直径小于两米的塔,在1∶2 000及更小比例尺的图上,就是点状符号,而在1∶500的图上就不再是点状地物了。因此地物符号使用有一个原则:如果是重要地物,而其占据地面面积的长度小于图上1 mm的就不按照比例表示,如果大于1 mm则必须用比例符号表示。由于地形图的图面信息负荷量如果太重,那就会影响图面的美观并导致无法阅读使用,因此,有些没有方位特征的地物,就可综合取舍,如行道树不需逐一按照实际位置测定表示,因此在用图的时候,应予注意。

二、线状符号

对于一些带状延伸地物,如各种通信、供电线路、电缆、管道、河流和沟渠等,其长度可按照比例表示,但宽度则无法按比例尺缩绘,都称为线状符号,如图6-8所示。对于对称线状符号,以中心线为定位线;不对称线状符号,以底线边缘线为定位线。

图6-8　线状符号

同点状地物一样的问题,有些线状地物,由于其宽度在比例尺小的图件上为线状地物,而在比例尺大的图件上就必须依比例表示。如宽度为2米的沟渠或管道,在1∶2 000图上可用线状地物表示,但是在1∶500的图上就是面状符号。

三、面状符号

地物占据的面积按比例缩小后表示在地形图上的就是面状符号,在大比例地形图上,典型的面状地物如建筑物、草地、森林、运动场、湖泊等,如图6-9所示。原则上地物占据地面面积的长宽尺度大于图上1 mm的地物,应尽可能表示出来。因此,在大比例地形图上会遇到大量面状地物。

图6-9　面状符号

第五节　地貌及其表示

在地形图上用等高线和地貌符号来表示地面的高低起伏形态,即地貌。等高线就是地表高程相等的相邻点顺序连接而成的闭合曲线。

典型的地貌有平地、丘陵地、山地、盆地等。坡度2°以下称为平地,坡度在2°~6°之间称为丘陵地,6°~25°称为山地,坡度大于25°的地方称为高山地。四周高而中间低的地方称为盆地,小的盆地也有人称为坝子,很小的称洼地。

地面的高低起伏,形成各种地貌形态的基本要素,主要包括山、山脊、山坡、鞍部、山谷等。地貌的独立凸起称为山。山顶向一个方向延伸到山脚的棱线称为山脊,其棱线起分散雨水的作用,称为分水线,又称山脊线。山脊的两侧到山脚称为山坡。相邻两个山头之间呈马鞍形的低凹部分称为鞍部。山脊相交向上时从丫口向山脚延伸有两山坡的面相交,使雨水汇合形成合水线,经水流冲蚀形成山谷,合水线又称山谷线。山谷的搬运作用可在山谷口形成冲积三角洲。山脊线和山谷线称为地性线,代表地形的变化。地貌要素与等高线如图6-10所示。

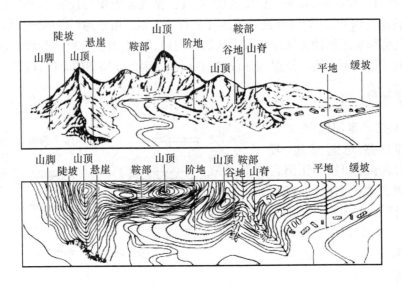

图6-10　地貌要素与等高线

一、等高线及其特性

1. 等高线原理

一座山如果被几个不同高度的平面相切,每一个平面和山的交线都是一条闭合的曲线,这就是等高线。等高线越接近山顶,曲线闭合面积越小,如图6-11所示。

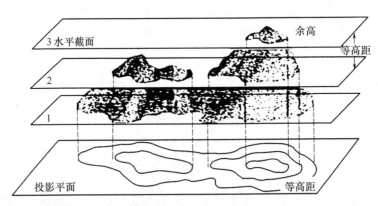

图6-11　等高线原理

2. 等高线的类型

在地形图上,两相邻等高线之间的高差称为等高距;平面图上相邻等高线之间的距离称为两条等高线的平距,或者等高线间距。

等高线分为首曲线、计曲线、间曲线和助曲线。

（1）首曲线

在图上绘出的等高线,是依据等高距来确定的,只绘出确定等高距整数倍高程的等高线,称为基本等高线,又称为首曲线。图式规定用0.15 mm的实线表示。

（2）计曲线

为了方便利用等高线判读地貌高低起伏和确定高程,在基本等高线中,每隔四条,对高程为等高距整五倍的等高线予以加粗,并在其上面用字头向上坡方向标注该等高线的高程,这条等高线称为加粗等高线,又称为计曲线。图式规定用0.3 mm粗的实线表示。

（3）间曲线

由于地面的坡度变化,为了反映地貌的细节,有时候需要用相邻基本等高线之间绘出一条高程为两基本等高线中值的等高线来反映局部地貌,这种用基本等高距一半的高程绘制的等高线称为半距等高线,又称为间曲线。图式规定用粗0.15 mm,长6 mm,间隔1 mm的虚线表示。

（4）助曲线

为了反映更详细的地貌,在间曲线和首曲线之间,用四分之一等高距绘制出一条等高线,称为辅助等高线,又称助曲线。用粗0.15 mm,长3 mm,间隔1 mm的短虚线表示。

助曲线和间曲线用于表现局部细节地貌,允许不完全绘出一整条等高线。在大比例地形图中,由于等高距小,一般不用表现到四分之一等高距。

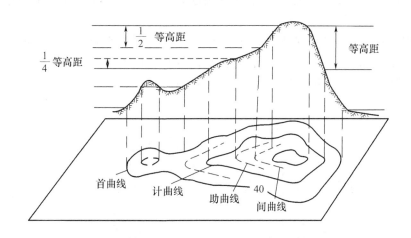

图6-12　等高线类型

3.等高线的特征

①等高线上的点的高程相等。

②每条等高线都是闭合曲线。即使在一幅图上不闭合,在相邻的图上也会闭合。

③不同高程的等高线不会相交,在遇到陡崖的时候,在平面图上等高线有相交的可能,但在空间等高线不会相交,等高线也不会有分叉。

④等高线和地性线正交。山脊的等高线是一组凸向下坡的曲线,并和山脊线正交;山谷的等高线是凸向山顶的一组曲线,和山谷线保持正交。

⑤等高距相同时,等高线越稀坡度越小,等高线越密时坡度越大。

二、一般地貌的表示

1. 等高距与示坡线

利用等高线的定义和特性,我们可以从地形图上判读出地貌。但要注意到,反映相同坡度的地面,选择的等高距小,在平面图上等高线就密,即等高线间距小;选用的等高距大,平面图上的等高线就稀,即等高线间距大。如果选用了一定的等高距,则地面坡度越大,等高线间距越小,等高线越密;地面坡度越小,等高线间距越大,等高线越稀。为了使读图时方便,在同一测区,相同比例的地形图只能选用同一种等高距,否则将给读图和地形图的使用带来混乱。

用等高线判读地貌,还要注意洼地的等高线和山头的等高线在平面图上是相似的,山脊和山谷的等高线在平面图上也是相似的,这样给地貌判读带来了困难。为方便判读,在山顶最高的等高线上,延山脊下坡方向依次标注一短线(0.8 mm),来表示下坡方向,这样的短线称为示坡线;同样在洼地的等高线上也标注示坡线。

2. 地貌与等高线

为更好理解并判读地貌,列出以下几种典型地貌与等高线的对应关系。

(1)山头与洼地的等高线

山有尖顶山、圆顶山和平顶山之分,尖顶山由于其坡度接近,用等高线表示时,等高线的间距变化不大,圆顶山越接近山顶,坡度变缓,因此用等高线表现出来,接近山顶等高线间距逐步变大,平顶山由于接近平顶的时候,山的坡度有一个突变,因此等高线间距会有一个突然变大的过程。

洼地也有尖底洼地、圆底洼地和平底洼地之分。其等高线变化特征和尖顶山、圆顶山和平顶山的等高线变化特征相同。区别在于山头的等高线由外圈向内圈高程逐渐增加,洼地的等高线外圈向内圈高程逐渐减小,如图 6 – 13 所示。

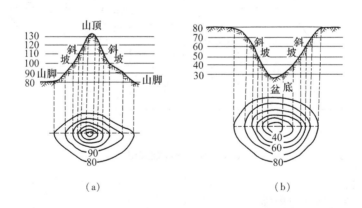

(a)　　　　　　　　　　　(b)

图 6 – 13　山头和洼地的等高线对照

(2)山脊和山谷的等高线

山脊和山谷的等高线特征相像,但两者的等高线凸向不同,山脊的等高线凸向下坡方向,而山谷的等高线凸向上坡方向,如图 6 – 10 所示。

山脊有尖山脊、圆山脊和平山脊之分。用等高线表示出来,等高线在与山脊线(分水线)

相交的地方曲率较大。尖山脊的等高线在与山脊线相交时圆弧的曲率最大;圆山脊的等高线在与山脊线相交时圆弧的曲率较大;平山脊由于分水线不明显,等高线在与山脊线相交时几乎变成直线。

山谷有尖底谷、圆底谷和平底谷区分。其等高线、山谷线(合水线)特征与三种山脊的等高线、山脊线相像。在地形图测绘及应用中,山脊线和山谷线具有重要意义。冲积三角洲是由于山谷的雨水在搬运作用后形成的地貌,等高线特征和缓山坡一致。但冲积三角洲对应着山谷,所以和山谷的等高线相比较有一个变化,山谷的等高线凸向上坡,而冲积三角洲的等高线是凸向下坡。

(3)鞍部

鞍部是山区道路选线的重要位置。鞍部左右两侧的等高线是近似对称的两组山脊线和两组山谷线,如图 6 – 10 所示的位置。

(4)陡崖和悬崖

陡崖是坡度在 70°以上的陡峭悬崖,有土质和石质之分,用等高线表示,将是非常密集或是重合为一条线,因此采用陡崖符号来表示,如图 6 – 14 所示。悬崖是上部突出、下部凹进的陡崖,其上部的等高线投影到水平面时,与下部的等高线相交,下部凹进的等高线部分用虚线表示,如图 6 – 14 所示。

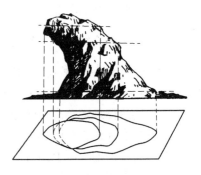

图 6 – 14　陡崖和悬崖等高线

三、特殊地貌、土质和植被的表示

1. 自然形成的特殊地貌

自然形成的特殊地貌有崩塌冲蚀地貌、坡、坎等其他特殊地貌。遇到这些特殊地貌时,由于坡度大,等高线密集甚至无法绘出。因此,在其边缘清晰部分等高线可以交到边缘,在边缘不清晰部分可提前 1 mm 中断。

崩塌冲蚀地貌具体形态有:①崩崖;②滑坡;③陡崖;④陡石山、露岩地;⑤冲沟;⑥干河床、干涸湖;⑦地裂缝;⑧熔岩漏斗等几种。

这几种地貌用图式专门规定的符号配合范围来表示。其中,几种特殊地貌的共同特点就是由于崩塌冲蚀,形成这样地貌的上下之间一般有较大的高差,使等高线到这几种特殊地貌处常常无法描绘,因此只用符号表示。这几种特殊地貌的上边缘轮廓一般清晰,因此上边缘一般要实测绘出,下边缘能测出标注的,要用点符号圈出范围线(干河床、干涸湖用短虚线来标出范围)或将符号延伸到下边缘。如果下边缘不能测绘,如地裂缝,标注上边缘即可。冲沟在黄土层较厚的地方发育比较好,大一点的冲沟沟底较宽,也需要测绘等高线。

2. 坡和坎

坡和坎是常见的人工或自然形成的地貌。

坡度 70°以下而且比较平整的用图式规定的坡的符号表示。坡的上边缘实测出来,下边缘实测位置,将坡符号的阴影长线延伸到下边缘,短线画出长线的一半来表示。

坡度 70°以上的称为坎。坎通常用上边缘实测、量取坎高、标注比高的办法来进行测绘。旱地梯田坎之上下都要勾绘等高线。坎的两端高低不平,会出现坎上的一条等高线,在坎符号中断绘出后,在坎下绘出时由于等高性使起向高端移动,称为"等高线坎下上移,坎上下移"。南方水田梯田坎由于坎和田中地很平整,一般不再绘出等高线。

3. 其他地貌

除上述地貌外,还有洞、独立石、石堆、石垄、土堆、坑穴乱掘地等特殊地貌。根据其占据的平面位置大小,用规定的符号分别可以以比例符号或非比例符号来表示,独立石、土堆和坑穴要标注比高。

4. 土质和植被的表示

表示了地貌后,还需要对土质和附着在上面的植被进行表示。在相同类型土质和植被的范围内用规定的符号表现出来。符号称为整列式和散列式两种。植被中人工种植、规则排列的用整列式来表示。不规则排列的用散列式来表示。多种植被并存时表示主要的,最多表示出三种(土质符号也算一种)。

四、由图上等高线认识地貌的一般方法

等高线作为一种地貌符号,具有明确的平面位置和高程大小的数量概念,学会由地形图上的等高线来认识地貌的空间形态,是熟练掌握地形图实际应用的一个十分重要的问题。因此,首先要透彻理解等高线的原理,熟悉表示各种地貌形态的等高线形状的特征,在此基础上,通过与实际地貌对照,逐步建立观察等高线时的立体感。

在室内,根据地形图上的等高线认识山区地貌的形态,一般可按如下方法进行:

①首先,在图上根据等高线找到一个以上的山顶,读出不少于两个山顶和计曲线的大小不同的高程注记值。

②山脊和山谷是构成山区地貌形态的骨干,其等高线形状均显著弯曲。由山顶和计曲线的高程注记,可判断何处地势较高,何处地势较低,由此即可判断等高线弯曲而凸向低处者为山脊,弯曲而凸向高处者为山谷。若图上有水系符号,亦可利用水系符号找出主要的山谷线。由已识别的部分山脊和山谷,根据"两谷之间必有一脊"的规律,可认识其他的山脊和山谷。只要识别了主要的山脊和山谷,即可把握该地区的总貌。

③在识别山顶、山脊、山谷的基础上,再识别鞍部地貌,并根据等高线的疏密程度不同,分析何处地面坡度较小,何处地面坡度较大,以及根据高程注记和等高线的条数,对比各个山顶和地面其他各点之间的高低。

④在利用图上等高线认识地貌形态的过程中,若遇等高线较密,条数较多的情况,为便于识别,可着重观察计曲线。

⑤陡崖的计算方法:假设陡崖的高度是 X,在等高线地形图上,有 n 条等高线重合,而等高距为 a,则陡崖高度的取值范围是 $a(n-1) \leqslant X < a(n+1)$。

第六节　文字数字注记

注记和地形图的其他地物、地貌符号一样是地形图的基本内容之一。地形图上除进行符号表示外,还有文字和数字注记。

1. 文字注记

文字注记又称名称注记。地名注记如市、县、镇、村名、山名、水系(河流)名等;说明注记如单位名、道路名等;另外还有性质说明,如建筑物的建筑材料"砖、混、砼",地物性质注记如管道"水、污、雨、煤、热、电、信"等,植被的植物种类,如"茶""苹"等。

2. 数字注记

数字注记如碎部点高程注记;地物的特征数据注记如管道直径,公路技术等级代码和编号;河流的水深和流速标注等。

3. 地形图注记的排列形式

根据注记性质和所注记的目标特征,其注记排列形式有以下几种。

（1）字列

每个字中心在一垂直于南北图廓的水平线上,自左向右排列。通常用于对一个范围进行注记,如地名、单位名称等。

（2）垂直字列

各个字中心在平行于南北图廓的垂直线上,自上向下排列。通常也用于对一个范围进行注记,如地名、单位名称等。

（3）雁行字列

一般用来表示条带状地物。根据地物的走向标注,字向平行于地物的走向,按照便于阅读的原则从上到下,从左到右的顺序来排列。

（4）屈曲字列

通常用来注记弯曲的地物,如河流等。字边垂直或平行于地物。文字注记的字向,一般朝北,如采用雁行字列和屈曲字列注记时,字向可以随地物方位变化。注意等高线计曲线注记数字的字头是朝上坡方向的。

第七节   地形图应用

一、地形图在工程建设中的应用

1. 面积的量算

数字地形图应用已成为主流,城市规划、线路设计、土方量计算等离不开数字地形图。下面以图 6－15 所示的"多边形顶点坐标数据. dat"文件定义的多边形为例,介绍面积计算方法。

图 6－15   多边形顶点坐标数据

当量取的图形为一多边形时,若多边形边界各顶点的平面坐标已知,可打开 windows 记事本,按 CASS 软件格式输入多边形顶点的坐标并存盘,文件名:多边形顶点坐标数据. dat 。CASS 软件数据格式为:点号,Y 坐标,X 坐标,0。

操作流程如下。

①执行 CASS 下拉菜单"绘图处理/展野外测点点号"命令,如图 6 - 16,在弹出的"输入坐标数据文件名"对话框中选择"多边形顶点坐标数据. dat"文件,展出 9 个多边形顶点于 AutoCAD 的绘图区;

②AutoCAD 的对象捕捉设置为节点捕捉(nod),执行多段线命令 Pline,依次连接 9 个顶点为一个封闭多边形;

③执行 AutoCAD 中的面积命令 Area,命令行提示及其操作过程如下:

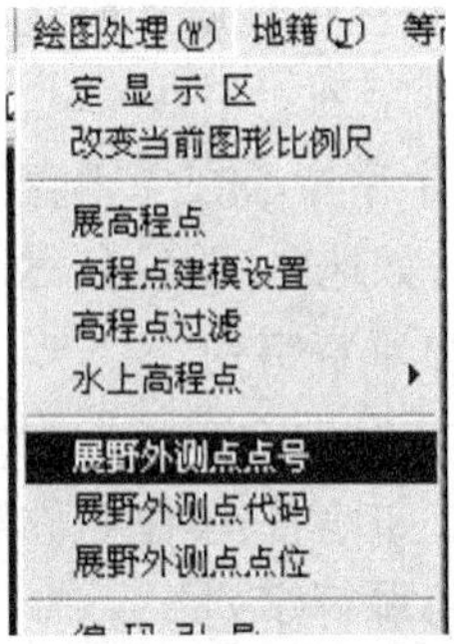

命令:area

指定第一个角点或［对象(O)/加(A)/减(S)］:0

选择对象:

面积 = 76 028.858 9,长度 = 1 007.344 9

上述结果的意义是,多边形的面积为 76 028.858 9 mm²,周长 1 007.344 9 mm²

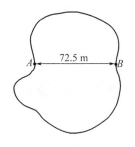

图 6 - 16　绘图处理下拉菜单

2. 不规则图形面积的计算

如图 6 - 17 所示,当待量取面积的边界为一不规则曲线,只知道边界中的某个长度尺寸,曲线上点的平面坐标不宜获得时,可用扫描仪扫描边界图形并获得该边界图形的 JPG 格式图形文件,在 AutoCAD 中的操作如下:

①执行图像命令 Image,将图形对象附着到 AutoCAD 的当前图形文件中;

②执行对齐命令 Align,将图中 A,B 两点的长度校准为 72.5 m;

图 6 - 17　不规则图形面积的计算

③执行多段线命令 Pline,沿图中的边界描绘一个封闭多段线;

④执行面积命令 Area,可量出该边界图形的面积为 7 531.718 1 m²,周长为330.504 4 m。

3. 地形图在土地平整中的应用

在工程建设中,建筑物合理的平面布局是对原地貌必要的改造后进行的,这种地貌改造称之为土地平整。在土地平整工作中,常需预算土(石)方的工程量,即利用地形图进行填挖土(石)方量的概算。在诸多方法中,方格网法是应用最广泛的一种,下面介绍其在场地平整中的应用。

按设计高程将地面平整成水平场地。如图 6 - 18 所示,要求将图上的地面平整为某一设计高程的水平

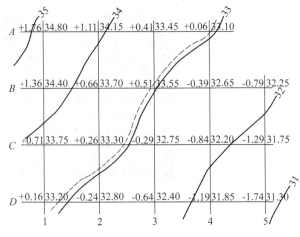

图 6 - 18　土石方量计算

场地,要求填挖方量平衡,并概算土石方量,其步骤如下。

(1)在地形图上绘方格网

在地形图上拟建场地内绘制方格网。方格网的大小取决于地形复杂程度和土方概算的精度要求,方格一般为图上 2 cm。方格网绘制完后,根据地形图上的等高线,用内插法求出每一方格顶点的地面高程,并注记在相应方格顶点的右上方(见图 6-18)。

(2)计算挖填平衡的设计高程

先将每一方格顶点的高程加起来除以4,得到各方格的平均高程 $H_i(i=1,2,\cdots,n)$,再把每个方格的平均高程相加除以方格总数,就得到设计高程 H_0,即

$$H_0 = \frac{H_1 + H_2 + \cdots + H_n}{n} \tag{6-2}$$

依式(6-2)得 $H_0 = 33.04$ m。

(3)计算填挖高度

根据设计高程和方格顶点的高程,可以计算出每一方格顶点的填挖高度,即

$$h = H_{地} - H_{设}$$

式中　h——填挖高度;

　　　$H_{地}$——地面高程;

　　　$H_{设}$——设计高程。

并将图中Ⅰ,Ⅱ,Ⅲ,Ⅳ各方格顶点的填挖高度写于相应方格顶点的左上方,正号为挖深,负号为填高。

(4)绘出填挖边界线

在方格边有一端为填,另一端为挖的边上找出不填也不挖的点(即填、挖高度为零的点),这种点因施工高度为零又称为零点。将相邻的零点连接起来,即得到零线,也就是填挖边界线。找零点的方法可按作图法或计算法。作图法最简单:①按内插法绘出设计高程 33.04 m 等高线,即为零线(图中加短竖线表示);②如图 6-19 所示,可在该边的两端点垂直于该边分

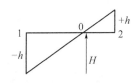

图 6-19

别向相反方向按比例绘制长度为填挖高度的短线,其连线与该边的交点即为零点。

(5)算填挖土方量

可按角点、边点、拐点、和中点分别计算,公式如下。

$$角点:挖(填)高 \times \frac{1}{4} 方格面积$$

$$边点:挖(填)高 \times \frac{2}{4} 方格面积$$

$$拐点:挖(填)高 \times \frac{3}{4} 方格面积$$

$$中点:挖(填)高 \times \frac{4}{4} 方格面积$$

挖、填土方量的计算一般在表格中进行,现在工作通常使用 Excel 计算,既节省了计算量又提高了计算速度。以图 6-18 例,使用 Excel 计算的挖、填土方量见图 6-20 所示。

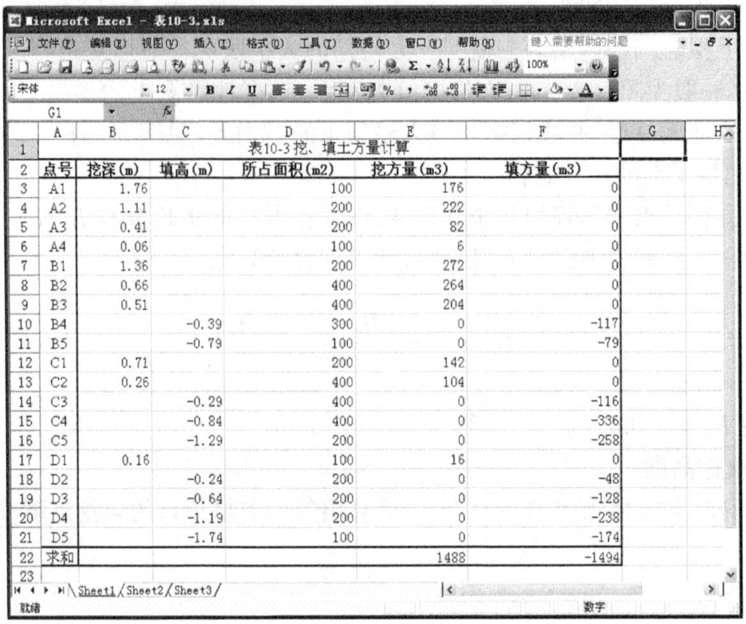

高职高专资源勘查专业规划教材　GAOZHI GAOZHUAN ZIYUANKANCHA ZHUANYE GUIHUA JIAOCAI

点号	挖深(m)	填高(m)	所占面积(m2)	挖方量(m3)	填方量(m3)
A1	1.76		100	176	0
A2	1.11		200	222	0
A3	0.41		200	82	0
A4	0.06		100	6	0
B1	1.36		200	272	0
B2	0.66		400	264	0
B3	0.51		400	204	0
B4		-0.39	300	0	-117
B5		-0.79	100	0	-79
C1	0.71		200	142	0
C2	0.26		400	104	0
C3		-0.29	400	0	-116
C4		-0.84	400	0	-336
C5		-1.29	200	0	-258
D1	0.16		100	16	0
D2		-0.24	200	0	-48
D3		-0.64	200	0	-128
D4		-1.19	200	0	-238
D5		-1.74	100	0	-174
求和				1488	-1494

表10-3 挖、填土方量计算

图 6 – 20　使用 Excel 计算挖、填土方量

第一行为表题,第 2 行为标题栏,A 列为各方格顶点点号;B 列为各方格顶点的挖深,C 列为各方格顶点的填高,一个方格网的面积为 400 m^2,D 列为考虑了顶点特性后的方格网面积。E 列为挖方量,其中 E3 单元的计算公式为"= B3 * D3";F 列为填方量,其中 F3 单元的计算公式为"= C3 * D3"。总挖方量计算结果放在 E22 单元,其计算公式为"= SUM(E3:E21)";总填方量计算结果放在 F22 单元,其计算公式为"= SUM(F3:F21)"。由图 6 – 20 可知,总挖方量与总填方量之差为 1 488 – 1 494 = – 6 m^3。

二、地形图在地质填图中的应用

地形图是地质图制作的基础图件,是制作地形地质图基础资料,地质图基本要素、成果主要反映在地形图上。地质图是反映一个地区地质情况的最基本最主要的地质图件,也是我们区域地质调查工作要完成的最主要的任务之一。填制地质图的基本要求在于把按一定填图比例尺所要求的填图单位及它们之间的界线和各种构造要素(如断层的位置、性质,地层产状,片理产状,整合面、不整合面等)以及火成岩的界线、内部相带划分等,如实绘在地形图上,按照规定色谱进行着色,并注记以代号、图例、图签等。

对于不同比例尺的地质填图,其精度要求也是不同的,相应的地质工作量也有很大的差别,所采用的工作方法也有所不同。

一般大中比例尺(1/10 万 ~ 1/20 万或更大)的地质填图,地质填图通常采用的方法是垂直其构造走向的路线穿越法为主,但对主要的地质体界线、岩体接触带、矿化地带、标准层等,应进行必要的沿走向方向的追索。两条观测线之间,相应的地质界线点按照现场的实际露头观察,用"V"字形法则连接起来,并随着观察路线的延伸,逐步由点到线,由线到面,完成全局的地质填图。

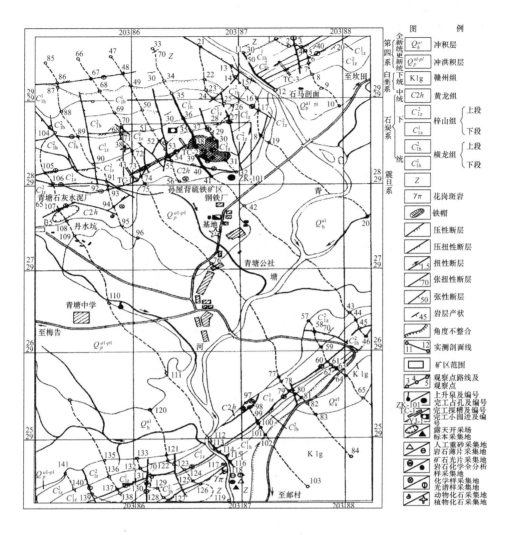

图 6 – 21　地质地形图

地质剖面图的编制方法和步骤如下：

1. 选择剖面位置

①先进行地形、地层、岩石、构造和其他地质特征分析。

②剖面线应尽量垂直于图区内地层走向和区域构造线方位，并切过尽量多的地层、岩石和构造单元。

③将所选择的剖面位置标绘在地质图上。

2. 绘制地形剖面

沿所选择的剖面线选择能够控制和表示其地形变化特点的地形高程点，并按地质图的比例尺大小把它们投影到以某一高程为基准线的剖面上，然后将各点依次连接并圆滑连接线，即得到地形剖面线。

3. 投地质界线点

将与剖面线相交的所有地质界线点都投影到相应的地形剖面线上，覆盖层下的地质界线按其沿走向延伸与剖面线之交点进行投影。

4. 标绘地质界面

根据地质图上各地质界线与剖面线交点附近的界面产状及其相互关系标绘出地形剖面图上相应的各地质界面。

5. 整饰

按下列地质剖面图饰要求进行图面整饰：

①剖面图比例尺与地质图的比例尺应一致，两端标出地形等高标高；

②注明剖面方位、主要地形地貌控制点。

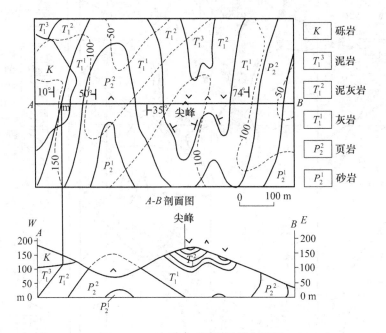

图 6 – 22　地质地形图与地质剖面图

本 章 小 结

本章重点介绍了地图与地形图的基本概念及其区别，地形图的数学要素，地形图的比例尺，地物与地貌的基本内容及其在地形图上的表示和判读方法，同时介绍了地形图的注记。围绕地形图的应用，重点介绍了在地形图上面积量计算，土方量计算，利用地形图填绘地形地质图，绘制断面图。

通过本章的学习，应理解地形图中等高线、等高距、等高线平距等基本概念，熟悉地物点状符号、线状符号、面状符号、典型地貌、特殊地貌在地形图上的表示方法，理解文字注记方法，初步掌握地形图的判读和地形图的应用。

习　　题

1. 何谓平面图、地形图、地图，地形图与地图有何区别，何谓比例尺、比例尺精度？
2. 测绘地形图前，如何选择地形图的比例尺？
3. 何谓地物、地貌，地物符号有哪几种，试举例说明。

4. 何谓等高线、等高距、等高线平距,等高线有哪些特征?

5. 等高线有哪几种,各是怎么表示的?

6. 试绘出山丘、盆地、山脊、山谷、鞍部等五种地貌的等高线图?

7. 何谓山脊线、山谷线、地性线?图 6-23 中已标出代号连线山脊线、山谷线、鞍部、山顶等,请指出。

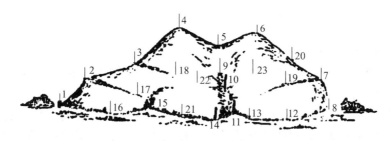

图 6-23

8. 如图 6-24 所示的等高线地形图上有陡坡、缓坡、山顶、盆地和峡谷,试判断图上甲、乙、丙、丁、戊各处所代表的实际地形分别是哪一种?

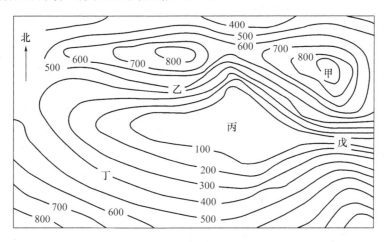

图 6-24

9. 如图 6-25 所示,指出 A,B,C 各点高程,地质专业学生在该图上,除了判读本地区海拔高度情况、地形地貌特征之外,还要判读地层分布及形成时代、岩层产状、岩层产状与地形(坡度)之间的关系。

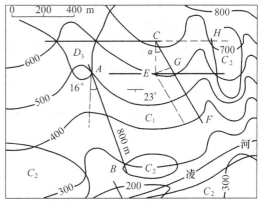

图 6-25

第七章　建筑工程测量

第一节　施工放样的基本要求

1. 施工测量的任务和内容

建筑物和构筑物的种类繁多、形式各异,通常按它们的使用性质来分,可分为民用建筑和工业建筑两大类。

施工测量是在建筑施工阶段进行的测量工作,其主要任务是在施工阶段将图纸上设计的建筑物、构筑物的平面位置和高程,按照设计与施工的要求,以一定的精度测设到实地上,作为施工的依据,并在施工过程中进行一系列的测量工作,指导和保证施工按设计要求进行。

施工测量贯穿于整个施工过程,从场地平整、建(构)筑物定位、基础施工,到室内外管线施工、建(构)筑物构件安装等工序,都需要进行施工测量,才能使建(构)筑物各部分的尺寸、位置符合设计要求,主要内容有:

①建立施工控制网;

②按照图纸设计的要求进行建(构)筑物的放样;

③每道施工工序完成后,通过测量检查工程各部位的实际位置及高程是否符合设计的要求;

④随着施工的进展,对于大型、高层或重要的建(构)筑物进行变形观测,作为鉴定工程质量和验证工程设计、施工是否合理的依据。收集和整理各种变形资料,掌握变形规律,为今后建(构)筑物的设计、维护和使用提供资料。

2. 施工测量的要求

①为了保证整个施工过程中各类建(构)筑物位置的正确性,施工测量也要遵循"从整体到局部,先控制后碎部"的原则;

②施工测量的精度取决于建筑物的大小、性质、用途、材料和施工方法等,一般情况下,施工测量的精度高于地形图测量的精度,高层建筑高于低层建筑,钢结构高于混凝土和砖石结构,装配式高于非装配式;

③现代建筑工程规模大,进度要求快,因此施工测量前应认真作好各种准备工作;

④施工测量的质量将直接影响建筑物的正确性,所以施工测量应建立健全检查制度;

⑤施工现场交通频繁、地面震动大,因此各种测量标志应埋设稳固,妥善保存维护,一旦被毁应及时恢复,以便检查放样成果;

⑥施工现场工种多、交叉作业干扰大,易于发生差错和安全事故。在高空和危险地区施测时,必须采取安全措施以防仪器和人员事故。

第二节　施工放样的基本工作

施工测量的基本任务是正确地将各种建筑物的位置(平面及高程)在实地标定出来,而距离、角度和高程是构成位置的基本要素。因此,在施工测量中,经常需要进行距离、角度和高程的测设工作,这些是测设的基本工作。

一、测设已知水平距离

在地面上测设已知的水平距离,是从一个已知点开始沿给定的方向量出设计的距离,定出直线另一个端点的位置。测设方法如下。

1. 一般放样法

(1)钢尺放样法

当测设距离较短,精度要求不高时,可从起始点开始,沿给定的方向和长度,用钢尺量距,定出水平距离的终点。为了校核,可将钢尺移动 10 ~ 20 cm 再测设一次。若两次测设之差在允许范围(1/3 000 ~ 1/2 000)内,取它们的平均位置作为终点最后位置。

(2)测距仪或全站仪放样法

由于电磁波测距仪的普及,目前水平距离的测设,尤其是长距离的测设多采用电磁波测距仪或全站仪。如图 7 - 1 所示,安置全站仪于 A 点,瞄准 AC 方向,指挥装在对中杆上的棱镜前后移动,使仪器显示值略大于测设的距离,定出 C′ 点。在 C′ 点安置反光棱镜,测出竖直角 α 及斜距 L(必要时加测气象改正),计算水平距离:

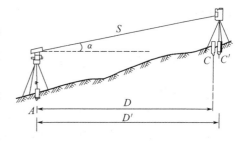

图 7 - 1　测距仪测设水平距离

$$D' = S \cdot \cos\alpha$$

求出 D′ 与应测设的水平距离 D 之差 $\Delta D = D - D'$。根据 ΔD 的符号在实地用钢尺沿测设方向将 C′ 改正至 C 点,并用木桩标定其点位。为了检核,应将反光镜安置于 C 点,再实测 AC 距离,其不符值应在限差之内,否则应再次进行改正,直至符合限差为止。若用全站仪测设,仪器可直接显示水平距离,测设时让反光镜在已知方向上前后移动,使仪器显示值等于测设距离即可。

2. 归化法放样

设 A 点为已知点,待放样距离为 S′。先设置一个过渡点 B′,选用适当的丈量仪器及测回数精确丈量 AB′ 的距离,经加上各项改正数后可得 AB′ 的精确长度 S′。

把 S′ 与设计距离 S 相比较得差数 ΔS。$\Delta S = S - S'$,从 B′ 点向前(当 $\Delta S > 0$ 时)或向后(当 $\Delta S < 0$ 时)修正 ΔS 值即得 B 点。AB 精确地等于要放样的设计距离 S。

二、测设已知水平角

测设水平角是根据地面上一个已知方向和角顶位置,按设计的水平角值,把该角的另一方向在实地标定出来。

1. 一般方样法

当测设水平角的精度要求不高时,可用盘左、盘右取平均值的方法,获得欲测设的角度。如图 7 - 2 所示,设地面上已有 OA 方向线,测设水平角 $\angle AOC$ 等于已知角值 β。测设时将经纬仪安置在 O 点,用盘左位置照准 A 点,使水平度盘读数为零,松开水平制动螺旋,旋转照准部,使水平读盘读数为 β,在此视线方向上定出 C′。用盘右位置照准 A 点,使水平度盘的

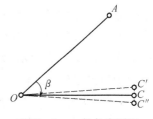

图 7 - 2　一般角度测设

读数为180°00′00″,逆时针旋转照准部,使水平度盘的读数为180° + β,在此方向上定出 C″。由于测量误差的存在,C′,C″两点不一定重合,若两点的间距在误差允许范围之内,则取两点连线的中点,OC 方向线即为所要测设的方向。这种测设角度的方法通常称为正倒镜分中法。

2.归化法放样

当测设水平角的精度要求较高时,应采用作垂线改正的方法,如图 7 - 3 所示。在 O 点安置经纬仪,先用一般方法测设 β 角值,在地面上定出 C′ 点,再用测回法观测 ∠AOC′ 多个测回(测回数由精度要求或按有关规范规定),取各测回平均值为 $β_1$,即 ∠AOC′ = $β_1$,当 β 和 $β_1$ 的差值超过限差(± 10″)时,需要进行改正。根据 Δβ 和 OC′ 的长度计算出改正值 CC′ 为

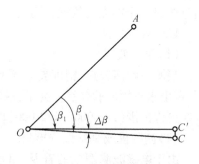

图 7 - 3　归化法角度测设

$$CC' = OC' × \tan Δβ = OC' × \frac{Δβ''}{ρ''}$$

式中,ρ = 206 265″。

过 C′ 点作 OC′ 的垂线,沿 C′ 点垂线方向量取 CC′,定出 C 点,则 ∠AOC 就是要测设的 β 角。当 $Δβ = β - β_1 > 0$ 时,说明 ∠AOC′ 偏小,应从 OC′ 的垂线方向向外改正;反之向内改正。

第三节　点位放样

地面点的平面位置是由平面坐标决定的,点位测设方法应根据施工控制网的形式、控制点的分布、地形情况、建筑物的性质和大小、设计条件、测设精度等因素进行总和分析后选定,主要有以下几种方法。

一、直角坐标法

如果在施工现场设有互相垂直的主轴线或方格网且地面平坦,就可以用直角坐标法测设点的平面位置。

如图 7 - 4 所示,1,2,4 为施工现场的建筑方格网点,P,Q,R,S 为待测设的建筑物角点,各点坐标如图 7 - 4 所示。

首先由各坐标值计算出测设数据,由于建筑物墙轴线与坐标格网平行,建筑物的长度为 108 m,宽度为 30 m。过 P,Q 点向方格网边作垂线得 b,c 两点,可算得 Pb = Qc = 40 m,1b = 20 m,bc = 108 m。测设时先在 1 点安置经纬仪,瞄准 2 点,从 1 点开始沿此方向量取 20 m 定出 b 点,再继续量出 108 m 定出 c 点。然后将经纬仪搬到 b 点,照准 2 点,逆时

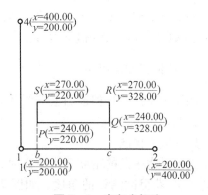

图 7 - 4　直角坐标法

针方向测设出直角,并沿此方向量出 40 m 得 P 点,再继续量取 30 m 得 S 点。在 c 点安置经纬仪,同样方法定出 Q,R 两点。最后丈量 RS 和 PQ 是否等于 108 m 以作检核。

用该方法测设、计算都比较方便,相对精度也比较高,是较常用的一种方法。

二、极坐标法

当被测设点附近有测量控制点,且相距较近,便于量距时,常采用极坐标法测设点的平面位置。

如图 7-5 所示,首先根据控制点 A,B 的坐标及 P 点的设计坐标按下式计算测设数据水平角 β 及水平距离 D_{AP} 为

$$\alpha_{AB} = \arctan \frac{y_B - y_A}{x_B - x_A}$$

$$\alpha_{AP} = \arctan \frac{y_P - y_A}{x_P - x_A}$$

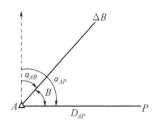

图 7-5 极坐标法

$$\beta = \alpha_{AP} - \alpha_{AB}$$

$$D_{AP} = \sqrt{\Delta x_{AP}^2 + \Delta y_{AP}^2}$$

将经纬仪安置在 A 点,后视 B 点进行定向,测设 β 角以定出 AP 方向,沿此方向测设距离 D_{AP},即可定出 P 点在地面上的位置,并作必要的检核。

三、全站仪测设

全站仪是集测角、测距、计算、存储等功能于一体的仪器,全站仪坐标放样,就是通过对照准点的角度、距离或者坐标测量,仪器自动计算并显示出预先输入的放样值与实测值之差,以指导放样。

如图 7-6 所示,在仪器中输入测站点 A 的坐标、后视点 B 的坐标(或定向边 AB 的方位角)以及放样点 P 的坐标后,仪器自动计算出放样的角度和距离值,水平转动仪器直至角度显示为 $0°00'00''$,此时视线方向即为需测设的方向。在该方向上指挥持棱镜者前后移动棱镜,直到距离改正值为零,则棱镜所在位置即为 P 点。

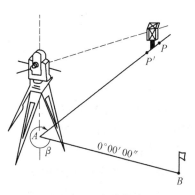

图 7-6 全站仪法

四、角度交会法

角度交会法是测设出两个已知角度的方向以交会出点的平面位置,此法又称为方向线交会法。当不便量距或测设的点距离控制点较远时,常采用此法。

如图 7-7 所示,A,B,C 为控制点,P 为所要测设的点,其设计坐标已知。测设时首先由各点的坐标计算出测设数据 β_1,β_2,β_3。然后在 A,B,C 三个控制点上安置经纬仪,测设出 β_1,β_2,β_3 角度,得到 AP,BP,CP 三条方向线,在各方向 P 点前后各钉两个小木桩,桩顶上钉钉,分别用细绳相连,就可交会出 P 点。若观测有误差,则三条方向线不交于一点,而形成示误三角形。如果三角形最大边长不超过 5 cm,则取三角形的重心作为 P 点的最终位置。如图 7-8 所示,如果只有两个方向,应重复交会,以作检核。

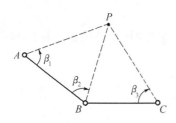

图 7-7　角度交会法

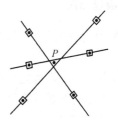

图 7-8　示误三角形

五、距离交会法

距离交会法是测设两段已知距离交会出点的平面位置,该方法适用于场地平坦、量距方便且控制点离测设点不超过一整尺的长度。

如图 7-9 所示,P 点为待测点。测设前根据 P 点的设计坐标及控制点 A,B 的已知坐标计算出测设距离 D_1,D_2。测设时分别用两把钢尺的零点对准 A,B 点,同时拉紧、拉平钢尺,以 D_1 和 D_2 为半径在地面上画弧,两弧的交点即为待测点的位置。该方法的优点是不需要仪器,但精度较低,施工测设细部点时常采用此法。

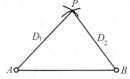

图 7-9　距离交会法

第四节　高程放样

1. 地面上点的高程测设

高程测设就是根据附近的水准点,将已知的设计高程测设到现场作业面上。在建筑设计和施工中,为了计算方便,一般把建筑物的室内地坪用 ±0 表示,基础、门窗等的标高都是以 ±0 为依据确定的。

假设建筑物的室内地坪高程为 $H_{设}$,而附近有一水准点 A 其高程为 H_A,现要求把 $H_{设}$ 测设到木桩 B 上。如图 7-10 所示,在木桩 B 和水准点 A 中间安置水准仪,在 A 点上立尺并读取读数 a,求出水准仪的视线高程

$$H_i = H_A + a$$

根据视线高程和地坪设计高程可算出 B 点尺上应有的读数为

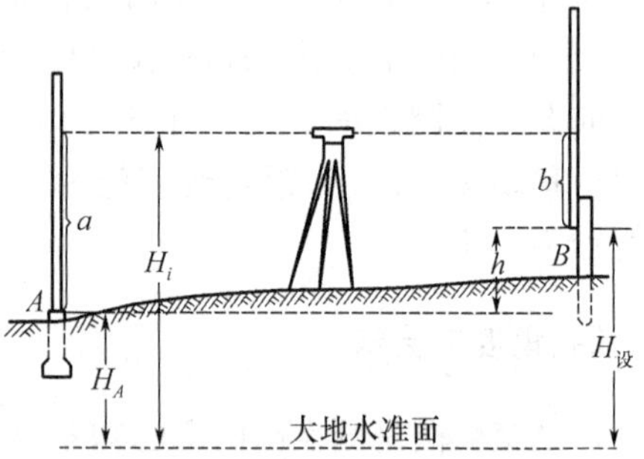

图 7-10　地面上高程的测设

$$b_{应} = H_i - H_{设}$$

然后将水准尺紧靠 B 点木桩侧面上下移动,直到水准尺读数为 $b_{应}$ 时,沿尺底在木桩侧面画线,此线就是测设的高程位置。

2. 高程传递

建筑施工中的开挖基槽或修筑较高建筑,需要向低处或高处传递高程,此时可用悬挂钢尺代替水准尺。

如图 7 – 11 所示,欲根据地面水准点 A,在坑内测设点 B,使其高程为 $H_设$。在坑边架设一吊杆,杆顶吊一根零点向下的钢尺,尺的下端挂一重量相当于钢尺检定时拉力的重物,在地面上和坑内各安置一台水准仪,分别在尺上和钢尺上读得 a,b,c,则 B 点水准尺读数 d 应为

$$d = H_A + a - (b - c) - H_设$$

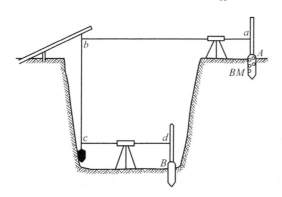

图 7 – 11 高程向低处传递

若向建筑物上部传递高程时,可采用如图 7 – 12 所示方法。若欲在 B 处设置高程 H_B,则可在该处悬挂钢尺使零端在上并上下移动钢尺,令水准仪的前视读数读数为

$$b = H_B - (H_A + a)$$

则钢尺零刻划线所在的位置即为欲测设的高程。

3. 测设水准面

工程施工中,欲使某施工平面满足规定的设计高程 $H_设$,如图 7 – 13 所示,可先在地面上按一定的间隔长度测设方格网,用木桩标定各方格网点。然后根据上述高程测设的基本原理,由已知水准点 A 的高程 H_A 测设出

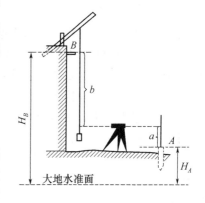

图 7 – 12 高程向高处传递

高程为 $H_设$ 的木桩点。测设时在场地与已知点 A 之间安置水准仪,读取 A 尺上的后视读数 a,则仪器视线高程为

$$H_i = H_A + a$$

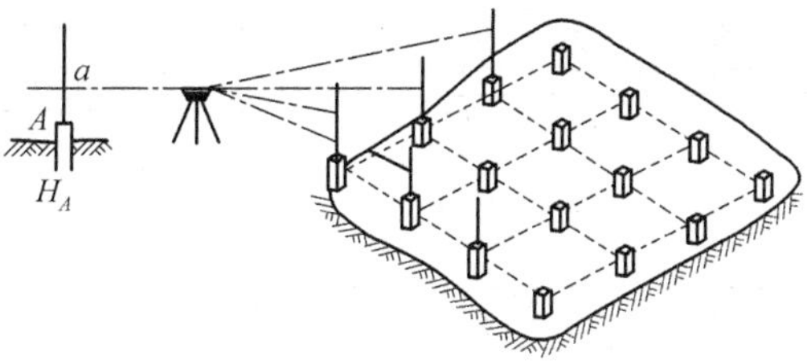

图 7 – 13 测设水平面

依次在各木桩上立尺,使各木桩顶的尺上读数均为

$$b_应 = H_i - H_设$$

此时各桩顶就构成了测设的水平面。

第五节　建筑施工测量

民用建筑按用途分类有住宅、商店、办公楼、学校等建筑物,按层数分类有单层、低层、多层和高层。由于类型不同,其测设的方法及精度要求有所不同,但过程基本相同,主要工作有以下几步。

一、施测前的准备工作

施测前首先要熟悉并校对图纸,了解设计意图。设计总平面图是施工放线的总体依据,建筑物都是根据总平面图上所给尺寸定位的。并要仔细校对建筑物平面图和剖面图给出的各种尺寸、基础平面图和大样图给出的基础轴线、基础宽度与标高尺寸关系,这些图纸是施测的基本依据。

其次要全面了解现场情况,检测所给测量控制点,按施工方法和进度,制定施工测量的作业方案,检验并校正仪器和准备必要的器材。

二、建筑物的定位

建筑物的定位就是根据图纸上给出的定位条件、定位依据,将建筑物外廓各轴线的交点(或外墙皮角点)测设到地面上,作为基础和细部放线的依据。根据施工现场的具体情况,定位方法主要有三种。

1. 根据控制点的坐标定位

在场地附近如果有测量控制点利用,如图 7-14 所示,则可根据已知控制点 A,B 的坐标及建筑物外角点 M,N 的设计坐标,通过坐标反算求出交会角度或距离后,因地制宜采用极坐标法或角度交会法将建筑物标定在现场。

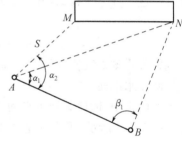

图 7-14　根据控制点定位

2. 根据原有建筑物定位

在建成区内新增建筑物时,一般设计图上都是绘出新建筑物和附近原有建筑物的相互关系,如图 7-15 所示,图中绘有斜线者是已有建筑物。

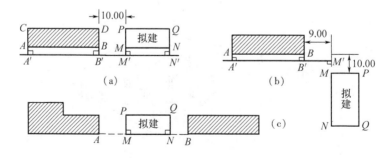

图 7-15　根据原有建筑物定位

图 7-15(a)所示,可用平移延长直线法定位,即先作 AB 边的平行线,然后在 A' 点设置经纬仪作 $A'B'$ 的延长线,并定出 M',N' 点,再分别安置经纬仪于 M',N',测设 90°定出 M,N 和 P,Q 点。

图 7 – 15(b)所示,用上面的方法定出 $A'B'$ 线后,按设计要求在 $A'B'$ 延长线上定出 M' 点,再在 M' 点测设直角得 AB 的垂线,沿垂线方向量距,定出轴线点 M,N,并依据 M,N 点放样出 P,Q 点。

图 7 – 15(c)所示,拟建建筑物轴线在原有建筑物轴线的连线上,这时可采用直接拉线连接 AB,并依据设计数据定出 M,N 点,再由 M,N 定出 P,Q 点。

用以上几种方法测设出 M,N,P,Q 后,均要实量两对边是否相等,各角点是否成 90°,以作校核。此法一般用于现场开阔、通视良好的建成区。

3. 根据建筑方格网和建筑基线定位

如果待定位建筑物的定位点设计坐标是已知的,且建筑场地已设有建筑方格网或建筑基线,可利用直角坐标法测设定位点,当然也可用极坐标法等其他方法进行测设,但直角坐标法所需要的测设数据的计算较为方便,在使用全站仪或经纬仪和钢尺实地测设时,建筑物总尺寸和四大角的精度容易控制和检核。

三、建筑物放线

建筑物放线是指根据定位的主轴线桩(或角桩),详细测设建筑物各轴线的交点桩(或称中心桩),然后根据中心桩,用白灰撒出基槽边界线。

由于施工挖槽时,角桩和中心桩均要挖掉,因此在开槽前要把各轴线延长到开挖及堆土范围外,作好标志,作为开槽后各阶段施工中恢复轴线的依据。延长轴线的标志有龙门板和轴线控制桩。

1. 测设龙门桩

如图 7 – 16 所示,在建筑物基槽外,钉设两两和基槽轴线平行或垂直的大木桩——称龙门桩,并在两龙门桩侧面钉设水平的木板——称龙门板,用以控制基槽施工。测设时,先在建筑物四角和中间隔墙两端基槽外 1.0 ~ 1.2 m(根据土质和槽深而定)处,钉设龙门桩。然后根据附近水准点,用水准仪在每根龙门桩的外侧面上测设 ±0 标高线(若因地形条件限制,可测设比 ±0 高或低一个整数的标高线),沿桩 ±0 标高线钉设龙门板,使龙门板顶面在 ±0 水平面上,用以控制挖槽深度。最后用经纬仪将各轴线引测到龙门板上,用小钉(中心钉)标志。并用钢尺沿龙门板顶面实量各钉间距离是否正确,作为测设校核。校核合格后,以中心钉为准,将墙宽、基础宽标在龙门板上,并按基槽上口宽度拉上小线撒出基槽灰线,作为挖槽的依据。

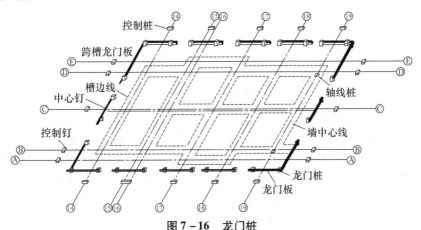

图 7 – 16　龙门桩

施工中使用龙门板来控制 ±0 以下各标高、槽宽、基础宽和墙柱中心线等均很方便,且稳定性好,但其用木材多且占用场地较大,不适合机械挖槽,故逐渐为轴线控制桩所代替。

2. 测设轴线控制桩

如图 7 – 17 所示,在建筑物定位时,不测设外轮廓轴线交点角桩,而是在基槽外侧 1 ~ 2 m 处,测设一个与建筑物 ABCD 平行的矩形 A'B'C'D',称为矩形控制网。然后,测设出各轴线在此矩形网上的交点桩,称为轴线控制桩(或引桩)。最后以各轴线控制桩为准,定出基槽上口位置,并撒出基槽灰线。

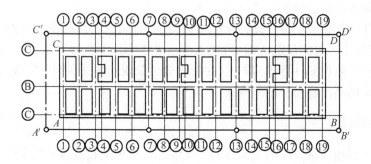

图 7 – 17　轴线控制桩

一般建筑物放线时,±0.000 标高测设误差不得大于 ± 3 mm,轴线间校核的距离相对误差不得大于 1/3 000。

四、基础施工测量

开挖基槽时,不得超挖基底,要控制挖土深度。当基坑挖到离坑底设计标高 0.3 ~ 0.5 m 处,应用水准仪在坑壁测设一些水平桩,如图 7 – 18 所示,用以控制挖槽深度,并作为清理槽底和打垫层的依据,水平桩的间距为 2 ~ 3 m。垫层浇筑后,根据龙门板或控制桩上的小钉拉线用吊垂球的方法或经纬仪,将轴线由地面投测到垫层上,用墨线弹出轴线和基础墙的边线,作为砌筑基础的依据。

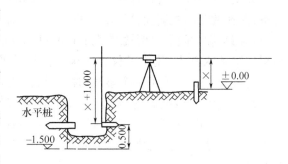

图 7 – 18　基础施工测量

五、墙体施工测量

墙体施工测量的任务,是保证墙体垂直和控制其高度。墙体的施工可利用皮数杆来控制。如图 7 – 19 所示,皮数杆是一根木制杆子,上面按设计尺寸将砖、灰缝的厚度画出各种线条,并标出 ±0、门、窗、过梁、楼板预留孔等的位置。砌筑墙时在墙角处打下一大木桩,将 ±0 高程测设到木桩上。再将皮数杆上的 ±0 刻划线对准木桩上的 ±0 位置,把皮数杆钉在木桩上。然后按皮数杆上指示的位置砌筑墙体即可。此外还可用吊垂球线来检验墙体是否垂直,在每层内墙上测设 +50 线(高出室内地坪 0.5 m 的水平线),根据该线用钢尺向上量取门、窗及过梁等的设计距离来控制高程。

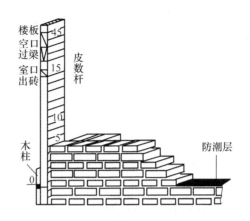

图 7 - 19   墙体施工测量

六、多(高)层建筑施工测量

根据高层建筑物的施工特点,测量工作的主要任务是解决各轴线在各层的定位问题,即保证高层建筑物的垂直度。高层和超高层建筑一般都采用桩基础,上部主体结构为现场浇筑的框架结构工程。本节介绍有关框架结构工程的施工测量工作。

1. 支立模板时的测量工作

(1)基础中心线及标高的测设

在混凝土基础拆模后,根据轴线控制桩,将中心线测设在靠近柱子的基础面上,并在露出的钢筋上测设标高点,供支立柱子模板时定位及定标高使用。

(2)柱子垂直度检测

柱身模板支好后,必须检查校正其垂直度。其方法是先在柱子模板上端标出柱中心点,与下端中心点相连并弹出墨线,用两台经纬仪在两条互相垂直的轴线上对柱子模板的垂直度进行检查校正。当视线有障碍时,根据柱子间设计的距离等几何关系可采用平行线等方法进行检查校正。

(3)柱子及平台模板抄平

柱子模板校正好之后,选择不同行列的 2 ~ 3 根柱子,在柱子下面以测设好的标高点,用钢尺沿柱身向上量距,引测 2 ~ 3 个相同的标高点于柱子的模板上。在平台上置水准仪,以引测上来的任一标高作后视,施测各个模板的标高,并闭合于一点作检核。

平台模板立好后,必须用水准仪检查平台模板的标高和水平情况。

2. 轴线和标高的传递

(1)轴线控制点的布设

对于高层建筑,用一般的经纬仪方向线交会法来传递轴线往往不适用。通常是在建筑物底层内测设轴线控制点,并将其传递到各层楼面上,作为轴线测设的依据。轴线控制点的布设形式视建筑物的平面形状而定。对一般平面形状简单的建筑物,可布设成 L 形(图 7 - 20 中的 A,

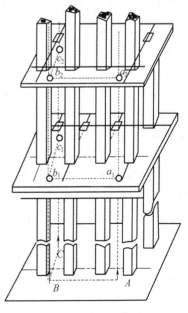

图 7 - 20   高层建筑投点

B,C)或矩形。当面积较小时,亦可布设一条控制轴线。控制点应布设在离角点的柱子旁,其连线应与柱子的设计轴线平行,相距约 $0.5\sim0.8$ m,并能保证在垂直和水平方向的视线不受影响。

根据厂房控制网,将轴线控制点测设在底层的点位上,并埋设标志。为了将底层的轴线控制点投测到各层的楼板上,在点的垂直方向上的各层楼板应预留出边长约 $0.2\sim0.3$ m 的传递孔。如图 7-20 中二层的 a_1,b_1,c_1。

(2)点位投测

轴线控制点的投测,一般采用重锤法或激光铅垂仪法。

①吊线重锤法。吊线重锤法是竖向测量的传统方法,它是采用 $10\sim20$ kg 特制的线锤,通过挂线逐层传递轴线的方法。在楼面混凝土结构有一定强度时,放线人员在预留孔洞处对中基准点挂吊大线锤,把该点传递到楼面如图7-21。在孔边做出明显标记,其交点即传递上来的点,如图7-22所示。以后各层均如此逐层传递直至结构封顶。

②激光铅垂仪。如图 7-20 所示,在底层 A, B,C 三个控制点上安置激光铅垂仪,在各层对应于 A,B,C 预留的传递孔处安置接收靶,例如二层楼板施工后,即可将底层 A,B,C 三个控制点位用激光铅垂仪通过透光孔投测到二层楼板上(a_1,b_1,c_1),作为二层楼板上列柱定位的依据。其余各层作法同前。

无论是吊线锤法还是激光铅锤仪法,投测后必须于各层楼板上实测直角三角形控制图形的直角和两直角边,并与设计值进行比较作为检核。

根据在各楼层上投测的轴线点,放样出各柱列轴线,校正各柱子的水平位置及其垂直度。

(3)高程的传递

关于建筑标高的传递,可采用钢尺与水准仪配合传递标高、光电测距配合水准仪、全站仪天顶距等方法进行标高传递。

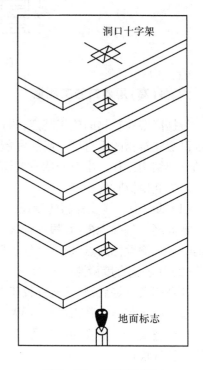

图 7-21　吊锤投测法

3.高层建筑施工中的沉降观测

高层建筑在施工中应进行沉降观测,框架式结构的建筑物,应在每个柱基或部分柱基上设观测点;具有筏式基础或箱形基础的高层建筑,观测点应沿纵横或基础周边敷设。现浇混凝土柱,浇筑前应在柱子侧面埋设金属标板,拆模后将观测点焊接在标板上。

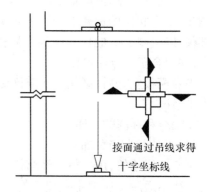

图 7-22　挂吊示意图

沉降观测通常在每加高一层后即应观测一次,具体要求和方法可参照有关规程。

第六节　工业厂房施工测量

工业建筑中以厂房为主体,分为单层和多层。厂房的柱子按其结构与施工的不同分为预制钢筋混凝土柱子、钢结构柱子及现浇钢筋混凝土柱子,目前我国采用较多的是预制钢筋混凝土柱子装配式单层厂房。施工中的测量工作包括:厂房矩形控制网测设、厂房柱列轴线放样、杯形基础施工测量、厂房构件安装测量等。

一、厂房矩形控制网的测设

厂房柱子多、轴线多、施工精度要求高,因此每栋厂房应根据建筑方格网或其他施工控制点建立专用的厂房控制网。厂房控制网通常布设成矩形网,其测设方法有以下两种。

1. 角桩测设法

对于一般中小型厂房,矩形网可设计成如图7－23的形式。首先以厂区控制网放样出厂房矩形网的两角桩 A,B 点,以 AB 为基线,在 A,B 点上测设 C,D 两点,并埋设距离指标桩,对角度和边长进行检测调整。

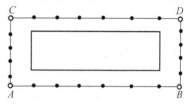

图7－23　角桩侧设法

2. 主轴线测设法

对于大型的、精度要求较高的厂房控制网。首先根据厂区控制网定出厂房矩形控制网的主轴线,先进行主轴线的测设,如图7－24中的 AOB 和 COD。然后在此基础上进行扩展加密放出各主要角点,如 N_1,N_2,N_3,N_4。矩形网的主轴线,原则上应与厂房主轴线或主要设备基础的轴线相一致。设置距离指标桩时,间距应为厂房柱子间距的整数倍。

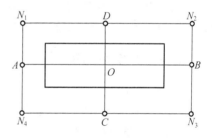

图7－24　主轴线测设法

矩形网的轴线点、角点以及重要设备轴线定位点,应埋设顶部带有金属板的混凝土标桩。其他的距离指示标桩等,可根据需要采用木桩或固定桩。

当埋设的标桩稳定之后,按规定精度对矩形网进行观测、平差计算,求出各角桩点平差值,并和各桩点设计坐标比较,在金属标板上进行归化改正,最后再精确放定各距离标桩中心。

厂房控制网的精度以钢结构或设备安装精度较高的大型厂房为最高,钢筋混凝土结构的有桥式吊车的厂房次之;没有以上要求的建筑一般要求不高。具体精度按照现行规范执行。

二、厂房柱列轴线的测量

1. 柱列轴线的测设

厂房矩形控制网建立后,根据厂房平面图上所注的柱子间距和跨距尺寸,用钢尺沿矩形控制网各边量出各柱列轴线控制点的位置,打入大木桩,桩顶用小钉标出点位,作为基坑放样和构件安装的依据(如图7－25所示)。丈量时应根据相邻的两个距离指示桩为起点分别进行,分别检核。

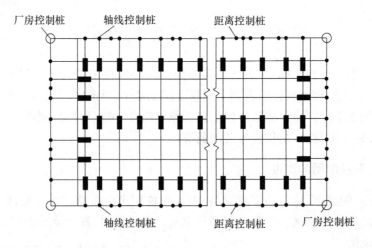

图7-25 厂房柱列轴线的测设

2. 柱基的测设

根据柱轴线控制桩定出各柱基的位置,如图7-26所示,按基坑尺寸撒出基槽灰线即可开挖。当基坑快挖到坑底时,在坑壁上测设距坑底设计高程0.5 m的水平桩,作为控制清底和打垫层的依据。

当垫层打好后,根据定位桩在垫层上弹出基础轴线和边线作为支模板及布置钢筋的依据。

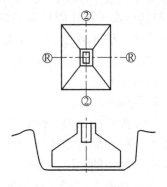

图7-26 柱桩定位

三、厂房构件安装测量

1. 柱子安装测量

柱子安装测量的主要任务是保证柱子位于设计轴线上并且垂直。

(1)安装前的准备工作

柱子安装前,应根据轴线控制桩将柱列轴线投测到柱基顶面并弹以墨线,作为柱子定位的标志。要在杯口内壁测出一高程线(其高程记为 H),以确定柱子底部高程的位置(如图7-27所示),还要在柱子上的三个侧面上弹出柱子中心线,用钢尺量出柱子的实际长度 L(应量各棱线的长度,取其中最大者)。根据牛腿面设计标高 H_N 可计算该柱子底部的高程 $H_D = H_N - L$,进而计算杯口内高程线与柱底高程 H_D 的高差 $h = H - H_D$,如图7-28所示。从杯口内高程线向下量取 h 就是杯口内找平层位置,按此位置用水泥砂浆找平杯底。柱子的长度不会完全相同,故每根柱子基础杯口内的找平高度都不一样,应分别计算。

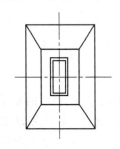 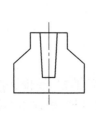 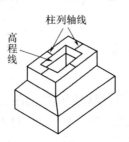

图7-27 柱子基础示意图　　　　　　　　　　**图7-28 柱子安装**

（2）柱子安装测量

柱子安装时，将柱子插入杯口，应使柱子侧面的中心线与杯口顶面轴线对齐，并用木楔作临时固定，如图7－28。然后用两台经纬仪安装在纵、横两条轴线附近，仪器到柱子的距离应大于 1.5 倍柱高，两仪器同时进行柱身的竖直校正，如图7－29。校正方法是：先用纵丝瞄准柱子根部的中心线，制动照准部缓缓抬高望远镜，再瞄准柱子顶部。若竖丝与柱子的中心线重合，则这个方向上柱子是垂直的，否则应进行调整，直至两个方向的中心线都满足要求为止，然后立即在杯口内浇入混凝土浆以固定柱子的位置。

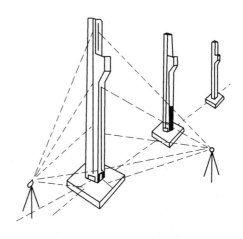

图7－29　柱子的竖直校正

因校正柱子竖直时往往只用盘左或盘右，经纬仪在使用前应进行严格的检验校正，否则仪器误差影响很大，操作时应使照准部水准管气泡严格居中。

柱子安装精度要求为：柱脚中心线与轴线间的偏差不超过 ±5 mm；牛腿面的高程与设计高程的差值不超过 ±5 mm（柱高小于 5 m）或 ±8 mm（柱高大于 5 m）；竖向偏差允许值为柱高的 1/1 000，但绝对偏差不得大于 ±20 mm。

2. 吊车梁、轨安装测量

（1）吊车梁安装测量

吊车梁的安装测量主要是保证梁中线和梁顶标高与设计一致。安装前，要在梁的顶面和两端的侧面弹出梁中线，还要将吊车轨道中线投测到牛腿面上。投测方法如图7－30，根据厂房中心线和设计轨道间距 d，在地面上测设出轨道中心线 AA。安置经纬仪于轨道中心线的一个端点 A 上，瞄准另一端点 A，仰起望远镜将轨道中心线投测到各牛腿面上并弹以墨线。

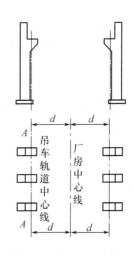

吊车梁安装时，使吊车梁两个端面上的中心线分别与牛腿面上的中心线对齐，其误差应小于 3 mm。吊车梁就位后，要检查梁顶面的高程。先根据柱子上的标高线，用钢尺沿柱子侧面向上量出比吊车梁顶面设计标高高出 5~10 cm 的标高线，供调整梁面标高用，然后用水准仪检测梁面实际标高（一般每隔 3 m 测一点），其误差不应大于 -5 mm。

图7－30　轨道中线投测

（2）轨道安装测量

吊车轨道安装之前，采用平行线法对吊梁上的中心线进行一次检测。如图7－31所示，在离开中心线间距为 d(1 m) 处，测设一条校正轴线 aa′，在校正轴线的一端点上安置经纬仪，照准另一端点并仰起望远镜，在吊车梁上横放一木尺（如图7－32所示），当十字丝中心对准木尺上 d(1 m) 的读数时，尺的零点应与梁中心线重合。如不重合应予改正，再弹出墨线，供轨道安置时使用。

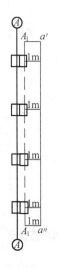

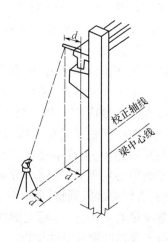

图 7 – 31　轨道安装测量

图 7 – 32　轨道检测

3. 屋架安装测量

(1)屋架安装前的准备工作

架吊装前,用经纬仪或其他方法在柱顶面上测设出屋架定位轴线,并在屋架两端弹出屋架中心线,以便进行定位。

(2)屋架的安装测量及要求

屋架吊装就位时,应使屋架的中心线与柱顶面上的定位轴线对准,允许误差为 ±5 mm。屋架的垂直度可用锤球或经纬仪进行检查。用经纬仪检校方法如下。

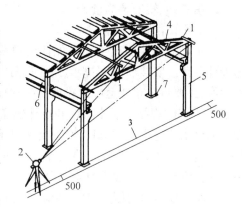

如图 7 – 33 所示,在屋架上安装三把卡尺,一把卡尺安装在屋架上弦中点附近,另外两把分别安装在屋架的两端。自屋架几何中心沿卡尺向外量出一定距离,一般为 500 mm,作出标志。

图 7 – 33　屋架安装测量

1—卡尺;2—经纬仪;3—定位轴线;
4—屋架;5—柱;6—吊车梁;7—柱基

在地面上,距屋架中线同样距离处,安置经纬仪,观测三把卡尺的标志是否在同一竖直面内,如果屋架竖向偏差较大,则用机具校正,最后将屋架固定。

垂直度允许偏差为:薄腹梁为 5 mm;桁架为屋架高的 1/250。

本 章 小 结

本章介绍了施工测量的内容、任务和要求以及施工放样的基本工作、点位放样的方法和民用建筑和工业厂房施工测量的基本工作。通过本章的学习,要求学生能够掌握点位放样、高程放样以及民用建筑和工业厂房施工测量的基本方法和要求。

思　考　题

1. 施工测量的任务是什么,内容和要求分别有哪些?

2. 施工放样的基本工作有哪些?

3. 平面位置放样有哪些方法?

4. 高程位置放样有哪些方法?

5. 场地附近有一水准点 A,其高程为 $H_A = 138.316$ m,欲测设高程为 139.000 m 的室内 ±0 标高,设水准仪在水准点 A 所立水准尺上的读数为 1.038 m,试说明其测设方法。

6. 设 A,B 为已知平面控制点,其坐标分别为 $A(162.32,566.39)$,$B(206.78,478.28)$,欲根据 A,B 两点测设 P 点的位置,P 点设计坐标为 $P(178.00,508.00)$。试计算用极坐标法测设 P 点的测设数据,并绘图说明测设方法。

7. 民用建筑施工测量包括哪些主要测量工作?

8. 试述基槽开挖时控制开挖深度的方法。

9. 轴线控制桩和龙门板的作用是什么,如何设置?

10. 建筑物定位的主要方法有哪几种?

11. 高层建筑物施工中如何将底层轴线投测到各层楼面上?

12. 高层建筑施工测量中,轴线投测的方法有哪几种?

第八章　建筑物变形测量

第一节　变形观测的基本规定

随着社会和经济的高速发展,水利枢纽工程、工业建筑、民用建筑、高速铁路等设施及其建筑物、构筑物的相继兴建,随之带来人们对工程建设安全的担心与忧虑。这些设施的建设与运营过程中都会产生变形,如建筑物基础下沉、倾斜,建筑物墙体及其构件挠曲等。变形或多或少都是存在的,但变形超过一定的限度就会危害到人们的生命财产安全。因而及时地对建筑物进行变形观测,随时观测变形的发展变化,在未造成损失以前,及时采取补救措施,并研究变形的原因和规律,为建(构)筑物的设计、施工、管理和科学研究提供可靠的资料,是变形观测的目的。

建筑物产生变形的原因较多,一般来说,建筑物变形主要由两个方面原因引起:一是自然条件及其变化,即建筑物地基的工程地质、水文地质、土壤的物理性质、大气温度等,如地下水的升降、地下开采及地震等;二是与建筑物自身相联系的,即建筑物本身的荷重,建筑物的结构形式及力荷载的作用,如风力和机械振动等的影响。

既然变形超过一定限度会产生危害,那么就必须通过变形观测的手段了解其变形。在变形影响范围外设置稳定的测量基准点,在变形体上设置被观测的测量标志(变形观测点),从基准点出发,定期地测量观测点相对于基准点的变化量,从历次观测结果比较中了解变形随时间的发展情况,这个过程就称为变形观测。

变形观测按时间特性可分为静态式、运动式和动态式。根据变形观测的目的,变形观测工作由三部分组成:

①根据不同观测对象、目的设置基准点及观测点;

②进行周期性的重复观测;

③进行数据整理与统计分析。

一、变形观测的任务及内容

变形观测的任务就是周期性地对变形观测点进行重复观测,以求得在每个观测周期间的变形量。变形观测的内容,应根据建筑物的性质、地基情况以及研究的目的来决定。在国内,当前进行的较多的变形观测主要有以下几项。

1. 基坑回弹变形观测

有些建筑物基础较深,从结构设计的角度出发,高层建筑为减少本身对地基产生的过大附加荷载,常利用多层深埋地下所卸除土的自重压力予以补偿。在开挖地基时,土的自重失去平衡,就会产生基坑底面隆起的变形,因此应进行基坑回弹变形观测。

2. 建筑物的沉陷观测

高层建筑物由于自身重量大,给地基的压力也大,因此沉陷量也大。沉陷观测资料的积累,一方面能通过对建筑物各部位相对沉陷量的分析比较来监视建筑物的安全,同时也为研究解决复杂的地基沉陷规律和改进基础设计提供了可靠的依据,这项观测目前十分普遍。

3. 建筑物的水平位移观测

建筑物产生水平位移的主要原因是基础受水平应力的影响,或地基处在滑坡地带,或受地震影响。测定水平位移量,便能监视建筑物的安全并及时采取加固措施,此项观测主要应用于水利工程及高层建筑物。

4. 建筑物的倾斜观测

高层建筑物整体刚度较大,一般在地基各部位产生有差异沉降时,就会造成上部主体的倾斜。这项观测对于高层建筑,尤其是塔形建筑物的安全是至关重要的。

5. 建筑物的裂缝观测

当建筑物基础产生不均匀沉陷时,由于自身的刚度不够,其墙体往往会产生裂缝,应进行建筑物的裂缝观测,并将裂缝观测与沉陷观测的资料进行综合分析,从而找出其变形的特征和原因,以判定建筑物的安全及采取相应的措施。

此外,变形观测的内容还有建筑物的风振观测、地基分层沉陷观测、建筑物临近底面的沉陷观测、滑坡体观测等。本章将主要介绍建筑的沉陷观测、水平位移观测和倾斜观测以及滑坡观测。

二、变形观测的方法

变形观测的方法,应根据建筑物的性质,地基的地质条件、使用情况,观测精度,周围环境以及对观测的要求来选定。一般来说,垂直位移观测多采用精密水准测量、液体静力水准测量、微水准测量的方法进行观测。水平位移的观测方法则较多。对于直线型建筑物,常采用基准线法进行观测;对于混凝土坝下游坝面上的观测点,常采用前方交会法;对于曲线建筑物,可采用导线测量的方法。裂缝观测是使用测缝仪或根据其他观测结果计算得出。在某些变形观测中也可采用摄影测量方法。摄影测量方法的精度主要取决于像点坐标的量测精度和摄影测量的几何强度。摄影测量的硬件和软件的发展很快,像片坐标精度可达 2 ~ 4 μm,目标点精度可达摄影距离的 1/100 000,目前,Lensphoto(多基线)数字近景摄影测量应用比较广泛。

三、变形观测的精度和频率

对于不同的任务,变形观测所要求的精度不同。为积累资料而进行的变形观测和为一般工程进行的常规监测,精度可以低一些;而对大型特种精密工程,对人民生命和财产相关的变形观测项目,则精度的要求较高。但具体要多高的精度,仍是一个需要研究的课题。对于重要工程,一般要求"以当时能达到的最高精度为标准进行变形观测"。在《建筑变形观测规范》中建筑变形观测的级别、精度指标及其适用范围规定如表 8 - 1 所示。

表 8 - 1　建筑变形测量的等级、精度指标及其适用范围

变形测量级别	沉降观测 观测点测站高差 中误差/mm	位移观测 观测点坐标 中误差/mm	主要适用范围
特级	±0.05	±0.3	特高精度要求的特种精密工程的变形测量
一级	±0.15	±1.0	地基基础设计为甲级的建筑的变形测量;重要的古建筑和特大型市政桥梁等变形测量等

表 8 - 1　（续）

变形测量级别	沉降观测	位移观测	主要适用范围
	观测点测站高差中误差/mm	观测点坐标中误差/mm	
二级	±0.5	±3.0	地基基础设计为甲、乙级的建筑的变形测量；场地滑坡测量；重要管线的变形测量；地下工程施工及运营中变形测量；大型市政桥梁变形测量等
三级	±1.5	±10.0	地基基础设计为乙、丙级的建筑的变形测量；地表、道路及一般管线的变形测量；中小型市政桥梁变形测量等

观测频率的确定,随载荷的变化及变形速率而异。例如,高层建筑在施工过程中的变形观测,通常楼层加高 1~2 层即应观测一次;大坝的变形观测,则随着水位的高低,而确定观测周期。观测的精度和频率两者是相关的,只有在一个周期内的变形值远大于观测误差,其所得结果才是可靠的。

第二节　垂直位移观测

垂直位移观测包括地面垂直位移和建筑物垂直位移,地面垂直位移指地面沉降或上升,其原因除了地壳本身的运动外,主要是人为因素。建筑物垂直位移观测是测定基础和建筑物本身在垂直方向上的位移。为了监测建筑物在垂直方向上位移(沉降),以确保建筑物及其周围环境的安全。建筑物沉降观测应测定建筑物地基的沉降量、沉降差及沉降速度,并计算基础倾斜、局部倾斜、相对弯曲及构件倾斜。为了测定地面和建筑物的垂直位移,需要在远离变形区的稳定地点设置水准基点,并以它为依据来测定设置在变形区观测点的垂直位移。

一、水准基点与沉降点的标志与埋设

1. 水准基点的标志与埋设

作为沉降观测依据的水准点,它的构造与埋设必须保证牢固稳定和长久保存,在相当长的观测时期内高程固定不变。它应埋设在沉降影响范围以外(一般而言,离开建筑物的距离应是基础宽度的 3 倍)便于观测的地方。为了检核水准点本身的高程是否有变动,可成组埋设,通常每组 3 个点,并形成一个边长约 100 m 的等边三角形,如图 8 - 1 所示。在三角形的中心,与三点等距的地方设置固定测站,由此测站上可以经常观测三点间的高差,这样就可以判断出水准基点的高程有无变动。

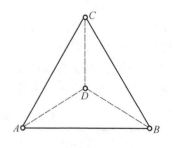

图 8 - 1　水准基点布设

水准基点应尽可能埋设在基岩上,此时如地面的覆盖层很浅,则可采用如图 8 - 2 所示的地表岩石标志类型。在覆盖层较厚的平坦地区,采用钻孔穿过土层和风化岩层达到基岩埋设钢管标志,这种钢管式基岩标志如图 8 - 3 所示。在城市建筑区,亦可利用稳固的永久建筑物设立墙角水准标志,如图 8 - 4 所示。

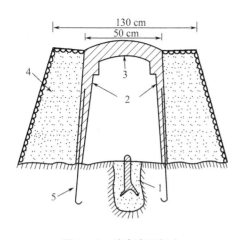

图 8-2 地表岩石标志

1—抗蚀金属制造的标志；2—钢筋混凝土井圈；
3—井盖；4—土丘；5—井圈保护层

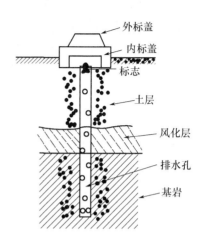

图 8-3 钢管基岩标志

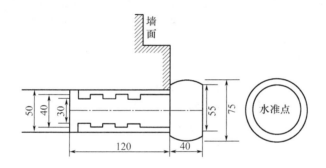

图 8-4 墙角水准标志

  水准基点可根据观测对象的特点和地层结构，从上述标志类型中选取。但为了保证基准点本身的稳定可靠，应尽量使标志的底部坐落于岩石上。为避免标志受大气温度变化的影响产生升降而影响沉陷值的测定，可在标志处盖一小房子，以减弱外界温度对标志的影响。

  2. 沉降点的标志与埋设

  沉降观测点应布设在最有代表性的地方，点位的分布既要均匀，又要保证重点部位（最有可能发生最大变形及危险性变形的部位）有观测点。因此，在开始施工前，就应会同水文地质、工程地质、勘测、设计、施工等部门的技术人员共同研究，并由设计部门编制出一份"变形观测标志明细表"，确定埋设观测标志的数量、位置和标志类型等。然后由测量工作者根据工程的总体布置、结构特点、设备的布局等条件，予以进一步的补充和完善，即从测量工作的需要出发，确定埋设适当的过渡点标志，以便设计一个最优的方案进行变形观测。观测点的标志结构，要根据观测对象的特点和观测点埋设的位置来确定。

  一般说来，观测点的布设以点间距 10～15 m 较好，对混合结构建筑，可埋设于承重墙上；对框架结构，可隔一根或两根柱子埋设一点；在建筑物四角，沉降缝两侧等关键部位均应设点。所有观测点的设置都应力求测站数最少，以利提高成果的精度。

  对于工业与民用建筑物，常采用图 8-5 所示的各种观测标志。其中图 8-5(a)为钢筋混凝土基础上的观测点,它是埋设在基础面上的直径为 20 mm、长 80 mm 的铆钉;图 8-5(b)钢筋混凝土柱上的观测点,它是一根截面为 30 mm×30 mm×5 mm,长 150 mm 的角钢,以 60°的倾斜角埋入混凝土内;图 8-5(c)为钢柱上的标志,它是在角钢上焊一个铜头后再焊到钢柱上的;图 8-5(d)为隐蔽式的观测标志,观测时将球形标志旋入孔洞内,用毕即将标志旋下,换以罩盖。

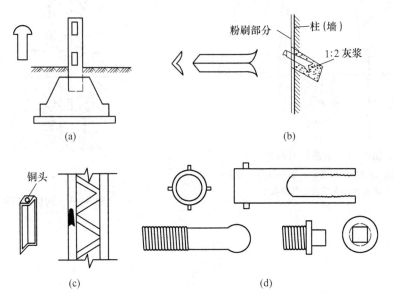

图 8-5　各种观测点标志

(a)钢筋混凝土基础上的观测点;(b)钢筋混凝土柱上的观测点;

(c)钢柱上的标志;(d)隐蔽式的观测标志

二、沉降观测

1. 沉降观测的原理

沉降观测是采用水准测量的方法,连续观测设置在建筑物上的沉降观测点与周围水准点之间的高差变化值以测定基础和建筑物本身的沉降值。

目前,世界各国在各类工程建筑物的垂直位移观测中均广泛采用几何水准测量的方法。这种方法具有理论严密、精度高且稳定可靠、简便易行、可以测定绝对垂直位移等诸多优点。

沉陷观测的高程依据是水准基点,即在水准基点高程不变的前提下,定期地测量观测点相对于水准基点的高差以计算观测点的高程,并将不同时间所得同一观测点的高程加以比较,从而得出观测点在该时间段内的沉降量,即

$$\Delta H = H_i^{j+1} - H_i^j \qquad (8-1)$$

式中,i 为观测点点号;j 为观测期数。

将不同周期的沉降量加以比较,即可得出观测点高程变化的大小及规律。

2. 沉降观测的时间、方法和精度要求

观测点埋设稳固后,即可根据水准点测定各观测点的高程。以后可根据施工进程,每完成一层和增加一次较大荷重之后都要观测。若因故中途停工时间较长,应在停工时和复工前进行观测。竣工以后应根据沉降量的大小,定期进行观测。开始时每隔 1~2 个月观测一次,以每次沉降量在 5~10 mm 以内为限度;否则应增加观测次数,以后随着沉降量的减缓,可改为 2~3 个月观测一次,直到沉降量不超过 1 mm 时观测才可停止。

对于一般精度要求的沉降观测,可采用三等水准测量的方法施测。对大型的重要建筑或高层建筑,应采用精密水准测量方法,按国家二等水准技术要求施测,将各观测点布设成闭合环或附和水准路线联测到水准基点上。为保证测量精度,应尽量在不转站的情况下测出观测点的高程。在前视各观测点后,必须再回测后视水准基点,前后两次的后视读数之差不应超过 1 mm。并采用"三固定"的方法,即固定人员、固定仪器和固定施测路线、镜位与转点。观测时前、后视用同一根水准尺且距离大致相等,视线长度不应超过 50 m。

由于观测水准路线较短,其闭合差一般不会超过 1～2 mm。二等水准测量高差闭合差容许值为 $\pm0.6\sqrt{n}$ mm,n 为测站数;三等水准测量高差闭合差容许值为 $\pm1.4\sqrt{n}$ mm,闭合差可按测站平均分配。

3. 观测成果整理

①校核:校核各项原始记录,检查各次变形观测值的计算是否有误。

②填表:对各种变形值按时间逐点填写观测数值表(如表 8-2 所示)。

表 8-2　沉降观测成果表

观测点点号	第1次			第2次			第3次			第4次		
	1995 年 5 月 24 日			1995 年 7 月 20 日			1995 年 10 月 23 日			1996 年 2 月 24 日		
	高程 /m	本次沉降量 /mm	累积沉降量 /mm	高程 /m	本次沉降量 /mm	累积沉降量 /mm	高程 /m	本次沉降量 /mm	累积沉降量 /mm	高程 /m	本次沉降量 /mm	累积沉降量 /mm
1	48.756 7			48.746 5	-10.2		48.739 2	-7.3	-17.5	48.736 0	-3.2	-20.7
2	48.774 0			48.762 8	-11.2		48.756 7	-6.1	-17.3	48.753 8	-2.9	-20.2
3	48.775 5			48.764 0	-11.5		48.757 2	-6.8	-18.3	48.754 4	-2.8	-21.1
4	48.777 2			48.766 3	-10.9		48.759 1	-7.2	-18.1	48.755 8	-3.3	-21.4
5	48.747 0			48.735 3	-11.7		48.731 8	-3.5	-15.2	48.730 8	-1.0	-16.2
6	48.740 5			48.729 2	-11.3		48.724 8	-4.4	-15.7	48.722 7	-2.1	-17.8
7	48.763 0			48.753 0	-10.0		48.745 2	-7.8	-17.8	48.741 2	-4.0	-21.8
8	48.753 8			48.742 7	-11.1		48.737 0	-5.7	-16.8	48.734 9	-2.1	-18.9

③绘图:绘制各种变形过程线、建筑物变形分布图等(如图 8-6 所示)。

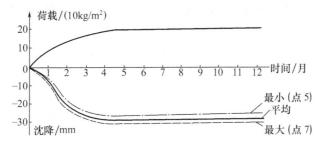

图 8-6　沉降观测图

4. 沉降观测中常遇到的问题及其处理

（1）曲线在首次观测后即发生回升现象

在第二次观测时即发现曲线上升，至第三次后，曲线又逐渐下降。发生此种现象，一般都是由于首次观测成果存在较大误差所引起的。此时，如周期较短，可将第一次观测成果作废，而采用第二次观测成果作为首测成果。

（2）曲线在中间某点突然回升

发生此种现象的原因，多半是水准基点或沉降观测点被碰，如水准基点被压低，或沉降观测点被撬高，此时，应仔细检查水准基点和沉降观测点的外形有无损伤。如果众多沉降观测点出现此种现象，则水准基点被压低的可能性很大，此时可改用其他水准点作为水准基点来继续观测，并再埋设新水准点，以保证水准点个数不少于三个；如果只有一个沉降观测点出现此种现象，则多半是该点被撬高（如果采用隐蔽式沉降观测点，则不会发生此现象），如观测点被撬后已活动，则需另行埋设新点，若点位尚牢固，则可继续使用，对于该点的沉降量计算，则应进行合理处理。

（3）曲线自某点起渐渐回升

产生此种现象一般是由于水准基点下沉所致。此时，应根据水准点之间的高差来判断出最稳定的水准点，以此作为新水准基点，将原来下沉的水准基点废除。另外，埋在裙楼上的沉降观测点，由于受主楼的影响，有可能会出现属于正常的渐渐回升的现象。

（4）曲线的波浪起伏现象

曲线在后期呈现微小波浪起伏现象，一般是由测量误差所造成的。曲线在前期波浪起伏之所以不突出，是因下沉量大于测量误差；但到后期，由于建筑物下沉极微或已接近稳定，因此在曲线上就出现测量误差比较突出的现象，此时可将波浪曲线改成水平线。后期测量宜提高测量精度等级，并适当地延长观测的间隔时间。

第三节　水平位移观测

水平位移观测是指根据平面控制点测定建筑物（构筑物）的平面位置随时间变化移动的大小及方向。测定建筑物水平位移的方法很多，但大体上可归纳为四种：基准线法、交会法、机械法和导线法。这些方法要根据建筑物的地基情况、建筑物本身的结构和用途以及观测的目的和精度要求灵活地选择应用。

一、基准线法测定水平位移

对于直线型建筑物的位移观测，采用基准线法具有速度快、精度高、计算简单等优点。

基准线法的原理是在大型建筑物的轴线（如大坝轴线、桥轴线等）方向上或平行于该轴线的方向上建立一条固定不变的基准线，以过该基准线的铅垂面为基准面来测定工程建筑物在与之垂直方向上的位移量。基准线法的分类很多，这里将主要介绍视准线法和激光准直法。

1. 视准线法

按其所使用的工具和作业方法的不同，可分为活动觇牌法和测小角法。

（1）活动觇牌法

如图 8 - 7 所示，A，B 为设在不变形区的两个稳定点，两点的连线即为视准线，P 为变形体。为了测定 P 在垂直于基准线方向上的位移量,在变形体 P 上固定一刻有毫米分划的直尺,并使刻划方向尽量垂直于视准线方向。在不同的观测时间,均以视准线 AB 作为读数指标在直尺上截取读数。重复观测时的读数与首次观测时的读数相比较,即可确定变形体 P 的位移量及其方向。

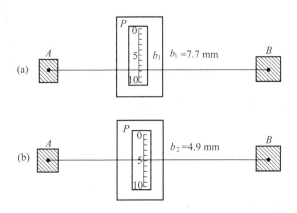

图 8-7　活动觇牌法

在图 8-7 中,若首次读得 $b_1 = 7.7\ \text{mm}$,经过一段时间后,第二次读得 $b_2 = 4.9\ \text{mm}$,则 P 点的水平位移为

$$\Delta L = b_2 - b_1 = 4.9 - 7.7 = -2.8\ \text{mm} \tag{8-2}$$

（2）测小角法

测小角法亦称测微器法,是利用精密经纬仪（如 T3）精确地测出基准线与置镜点到观测点（P_i）视线之间所夹的微小角 β_i（如图 8-8 所示）,并按下式计算偏离值,即

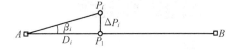

图 8-8　测小角法

$$\Delta P_i = \frac{\beta_i}{\rho} D_i \tag{8-3}$$

式中,D_i 为端点 A 到观测点 P_i 的水平距离,$\rho = 206\ 265''$（1 弧度对应的秒值）。

2. 激光准直法

激光准直法根据其测量偏离值的方法不同,可分为激光经纬仪准直法与波带板激光准直法,现分别简述如下。

（1）激光经纬仪准直法

激光经纬仪准直法是将活动觇牌法中的觇牌（固定觇牌与活动觇牌）由中心装有两个半圆的硅光电池组成的光电探测器替代。两个硅光电池各接在检流表上,如激光束通过觇牌中心时,硅光电池左、右两半圆上接收相同的激光能量,检流表指针此时在零位。否则,检流表指针就偏离零位。这时移动光电探测器,使检流表指针指零,即可在读数尺上读数。通常利用游标尺可读到 0.1 mm。当采用测微器时,可直接读到 0.01 mm。

（2）波带板激光准直法

波带板激光准直系统由激光器点光源、波带板装置和光电探测器三部分组成。用波带板激光准直系统进行准直测量,如图 8-9 所示。

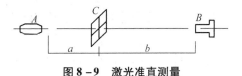

图 8-9　激光准直测量

在基准线两端点 A,B 分别安置激光器点光源和探测器,在需要测定偏离值的观测点 C 上安置波带板。当激光管点亮后,激光器点光源就会发射出一束激光,照满波带板,通过波带板上不同透光孔的绕射光波之间的互相干涉,就会在光源和波带板连线的延伸方向线的某一位置上形成一个亮点(如图 8 - 10 圆形波带板)或十字丝(如图 8 - 11 方形波带板)。根据观测点的具体位置,对每一观测点可以设计专用的波带板,使所成的像恰好落在接收端 B 的位置上,如图 8 - 12 所示。利用安置在 B 点的探测器,可以测出 AC 连线在 B 点处相对于基准面的偏离 $\overline{BC'}$,则 C 点相对于基准面的偏离值为

图 8 - 10　圆形波带板

$$l_0 = \frac{S_0}{L} \cdot \overline{BC'} \qquad\qquad (8-4)$$

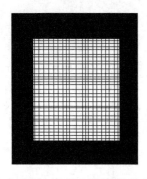

图 8 - 11　方形波带板

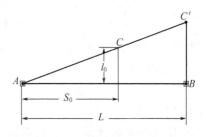

图 8 - 12　波带板准直法计算

波带板激光准直系统中,在激光器点光源的小孔光栏后安置一个机械斩波器,使激光束成为交流调制光,这样即可大大削弱太阳光的干涉,可以在白天成功地进行观测。

二、交会法测定水平位移

交会法也是应用较多的一种变形观测方法,特别是在拱型水坝、曲线桥梁、高层建筑等的变形观测中广泛应用。

图 8 - 13 为双曲线拱坝变形观测图。为了精确测定 $B_1,B_2,\cdots,B_n$ 等观测点的水平位移,首先在大坝下游面的合适位置处选定供变形观测用的两个工作基准点 E 和 F。为了工作基准点的稳定性进行检核,应根据地形条件和实际情况,设置一定数量的检核基准点(如 C,D,G 等),并组成良好图形条件的网形。各基准点上应建立永久性的观测墩,并利用强制对中设备和专用的照准觇牌。E,F 两个基准点还应满足:用前方交会法观测各变形观测点时,交会角 γ 不得小于 $30°$,且不得大于 $150°$。

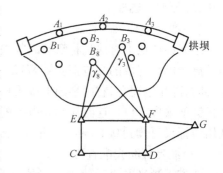

图 8 - 13　拱坝变形观测图

变形观测点应预先埋设好合适和稳定的照准标志,标志的图形和式样应考虑在前方交

会中观测方便、照准误差小。各期变形观测应采用相同的测量方法、固定测量仪器,固定测量人员;仪器视线应离开建筑物一定距离,防止由于热辐射而引起旁折光影响。

利用前方交会公式计算出各期每个变形观测点的坐标,即可计算出各观测点本次观测相对于首次观测的水平位移值。前方交会公式参见第五章第七节。

三、导线法测定水平位移

对于非直线型建筑物,如重力拱坝、曲线形桥梁以及一些高层建筑物的位移观测,宜采用导线测量法、前方交会法以及地面摄影测量等方法。

与一般测量工作相比,由于变形观测时通过重复观测,由不同周期观测成果的差值而得到观测点的位移,因此用于变形观测的精密导线在布设、观测及计算等方面都具有其自身的特点。

1. 导线的布设

应用于变形观测中的导线,是两端不测定向角的导线。可以在建筑物的适当位置布设(如重力拱坝的水平廊道中),其边长根据现场的实际情况确定,导线端点的位移,在拱坝廊道内可用倒垂线来控制,在条件许可的情况下,其倒垂点可与坝外三角点组成适当的联系图形,定期进行观测以验证其稳定性。图 8–14 为在某拱坝水平廊道内进行位移观测而采用的精密导线布设形式示意图。

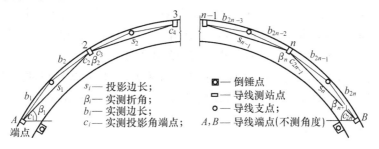

8–14　某拱坝位移观测的精密导线布设形式示意图

导线点上的装置,在保证建筑物位移观测精度的情况下,应稳妥可靠。它由导线点装置(包括槽钢支架、特制滑轮拉力架、底盘、重锤和微型觇标等)及测线装置(为引张的铟瓦丝,其端头均有刻划,供读数用)等组成。其布设形式如图 8–15(a)所示。图中微型觇标供观测时照准用,当测点要架设仪器时,微型觇标可取下。微型觇标顶部刻有中心标志供边长丈量时用,如图 8–15(b)。

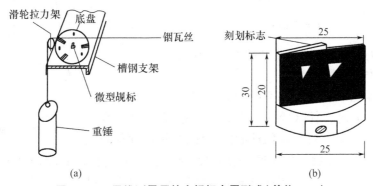

图 8–15　导线测量用的小觇标布置形式(单位:mm)

(a)导线布设形式;(b)微型觇标顶部中心标志

2. 导线的观测

在拱坝廊道内,由于受条件限制,一般布设的导线边长较短,为减少导线点数,使边长较长,可由实测边长(b_i)计算投影边长 s_i(如图 8 – 14 所示)。实测边长(b_i)为用特制的基线尺来测定的两导线点间(即两微型觇标中心标志刻划间)的长度。为减少方位角的传算误差,提高测角效率,可采用隔点设站的方法,即实测转折角(β_i)和投影角(c_i)。

3. 导线的平差与位移值的计算

根据不定向导线的计算公式,计算出各导线点的坐标,各期观测结果与首次观测的坐标变化值即为该点的位移值。值得注意的是,端点 A,B 同其他导线点一样,也是不稳定的,每期观测均要测定 A,B 两点的坐标变化值,端点的变化对各导线点的坐标值均有影响。

第四节 倾斜观测

建筑物顶部几何中心与对应底部几何中心不在同一铅垂线上叫倾斜。产生倾斜的原因主要有:地基承载力不均匀;建筑物体型复杂,形成不同载荷;施工未达到设计要求,承载力不够;受外力作用结果,如风荷、地下水抽取、地震等。一般用水准仪、经纬仪或其他专用仪器来测量建筑物的倾斜度。

建筑物主体倾斜观测,应测定建筑物顶部相对于底部或各层间上层相对于下层的水平位移与高差,分别计算整体或分层的倾斜度、倾斜方向以及倾斜速度。对具有刚性建筑物的整体倾斜,亦可通过测量顶面或基础的相对沉降间接测定。

测量建筑物倾斜的方法较多,归纳起来可分为两类:一是直接测量建筑物的倾斜;二是通过测定建筑物基础相对沉陷来确定建筑物的倾斜。现将两类观测方法介绍如下。

一、直接测量建筑物的倾斜

直接测量建筑物倾斜的方法中,最简单的是悬吊垂球的方法,根据其偏差值可直接确定建筑物的倾斜,但是由于有时在建筑物上无法悬挂垂球,因此对于高层建筑物、水塔、烟囱等,通常采用经纬仪投影或观测水平角的方法来测定它们的倾斜度。

1. 经纬仪投影法

如图 8 – 16(a)所示,根据建筑物的设计,A 点与 B 点应位于同一铅垂线上,当建筑物发生倾斜时,则 A 点相对于 B 点移动了数值 a,该建筑物的倾斜度为

$$i = \tan\alpha = \frac{a}{h} \qquad (8 – 5)$$

式中 a——顶点 A 相对于底点 B 的水平位移量;

       h——建筑物的高度。

要确定建筑物的倾斜,必须测出 a 和 h,其中 h 值一般为已知数。当 h 未知时,则可对着建筑物设置一条基线,用三角高程测量的方法测定。对于 a 值的测定方法,可用经纬仪将

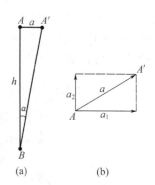

图 8 – 16 经纬仪投影法

A' 点投影到水平面上量得。投影时,经纬仪严格安置在固定测站上,用经纬仪分中法得 A' 点。然后量取 A' 至中点 A 在视线方向的偏移值 a_1,再将经纬仪移到与原观测方向约成 $90°$ 角的方向上,用前述方法可量得偏离值 a_2。最后根据矢量相加的方法,可求得该建筑物顶、

底点的相对水平位移量 a, 如图 8 - 16(b)所示。

2. 观测水平角法

如图 8 - 17 所示, 在离烟囱 1.5h ~ 2.0h 的地方, 于互相垂直的方向上, 选定两个固定标志作为测站。在烟囱顶部和底部分别标出 1,2,3,…,8 点, 同时选择通视良好的远方点 M_1 和 M_2, 作为后视目标, 然后在测站 1 测得水平角(1),(2),(3)和(4), 并计算两角和的平均值 $\frac{(2)+(3)}{2}$ 及 $\frac{(1)+(4)}{2}$, 它们分别表示烟囱上部中心 a 和勒角部分中心 b 的方向。知道测站 1 至烟囱中心的距离, 根据 a 与 b 的方向差, 可计算偏离分量 a_1。

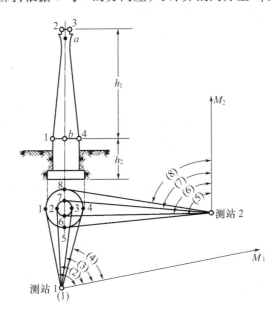

图 8 - 17 观测水平角法

同样在测站 2 上观测水平角(5),(6),(7)和(8), 重复前述计算, 得到另一偏离分量 a_2, 按矢量相加的方法求得合量 a, 即得烟囱上部相对于勒角部分的偏离值。然后利用式(8 - 5)可算出烟囱的倾斜度。

二、用基础相对沉陷确定建筑物的倾斜

以混凝土重力坝为例, 由于各坝段基础的地质条件和坝体结构的不同, 使得各部分的混凝土重量不相等, 水库蓄水后, 库区地壳承受很大的静水压力, 使得地基失去原来的平衡条件, 这些因素都会使坝的基础产生不均匀沉陷, 因而使坝体产生倾斜。

倾斜观测点的位置往往与沉陷观测点合起来布置。通过对沉陷观测点的观测, 可以计算这些点的相对沉陷量, 获得基础倾斜的数据。目前, 我国测定基础倾斜常用的方法如下。

1. 水准测量法

用精密水准仪测出两个观测点之间的相对沉陷, 由相对沉陷与两点间距离之比, 可换算成倾斜角, 即

$$K = \frac{\Delta h_a - \Delta h_b}{L} \qquad (8 - 6)$$

或

$$\alpha = \frac{\Delta h_a - \Delta h_b}{L} \cdot \rho \qquad (8-7)$$

式中，Δh_a，Δh_b——a，b 点的累积沉陷量；

    L——a，b 两观测点之间的距离；

    K——相对倾斜（朝向累积沉陷量较大的一端）；

    α——倾斜角；

    ρ——1 弧度对应的秒值。

按二等水准测量施测，求得的倾斜角精度可达到 $1'' \sim 2''$。

2. 液体静力水准测量法

液体静力水准测量法是建筑物沉陷变形观测中应用比较广泛的一种方法。它可以用来测定建筑物的倾斜度，也可计算垂直位移和水平位移，对于重力坝和混凝土坝的转动变形观测也很重要。

液体静力水准测量的基本原理是利用相连通的两容器中水位读数的差值，求得两点间的相对高差，比较各次观测得到的高差之变化，即可求得其相对沉陷量，从而可计算出其倾斜角和水平位移量。

如图 8-18 所示，两容器 1 与 2 由软管连接，分别安置在欲测的平面 A 与 B 上，高差 Δh 可用液面的高度 H_1 和 H_2 计算

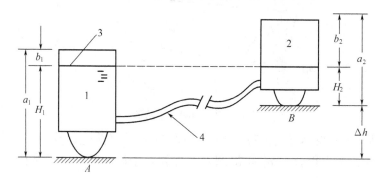

图 8-18　液体静力水准测量

1—容器；2—容器；3—液面；4—连接管

$$\Delta h = H_1 - H_2 \qquad (8-8)$$

或

$$\Delta h = (a_1 - b_1) - (a_2 - b_2) = (a_1 - a_2) - (b_1 - b_2) \qquad (8-9)$$

式中　a_1，a_2——容器的高度或读数零点相对于工作底面的位置；

    b_1，b_2——容器中液面位置的读数值，亦即读数零点至液面的距离。

各种不同型号的液体静力水准仪，其结构形式基本相同，只是确定液面位置的方法有所不同，可分为目视读数法和目视接触法两种。

用目视读数法读取零点至液面距离的精度为 ± 1 mm。我国国家地震局地震仪器厂制造的 JSY-1 型液体静力水准遥测仪，采用自动观测法来测定液面位置，也可采用目视接触来测定位置。

用目视接触法观测,如图 8-19 所示。转动微测圆环,使水位指针移动。当显微镜内所观测到的指针实像尖端与虚像尖端刚好接触时(如图 8-20),即停止转动圆环,进行读数。每次连续观测 3 次,取其平均值。其互差不应大于 0.04 mm。每次观测完毕,应随即把分尖退到水面以下,目视接触法的仪器,能高精度地确定液面位置,精度可达 ±0.01 mm。

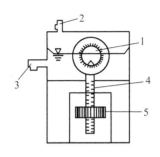

图 8-19　观测窗与观测圆环
1—观测窗;2—上管口;3—下管口
4—水位指针;5—测微圆环

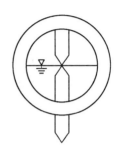

图 8-20　指针实像与虚像尖端接触

3. 气泡式倾斜仪

倾斜仪具有连续读数、自动记录和数字传输及精度较高的特点,在倾斜观测中应用较多。常见的倾斜仪主要有水平摆倾斜仪、电子倾斜仪、气泡式倾斜仪等。下面就气泡式倾斜仪作简单介绍。

气泡式倾斜仪由一个高灵敏度的水准管 e 和一套精密的测微器组成,如图 8-21 所示。测微器上包括测微杆 g、读数指标 k 和读数盘 h。水准管 e 固定在支架 a 上,a 可绕 c 点转到,a 下装一弹簧片 d,在底板 b 下有圆柱体 m,以便仪器置于需要的位置上。观测时,将倾斜仪放置后,转动读数盘,使测微

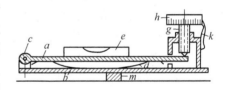

图 8-21　气泡式倾斜仪

杆向上或向下移动,直至水准气泡居中为止。此时在读数盘上读数,即可得出该处的倾斜度。

我国制造的气泡式倾斜仪灵敏度为 2″,总的观测范围较广。气泡式倾斜仪适用于观测较大的倾斜角或量测局部地区的变形,如测定设备基础和平台的倾斜。

第五节　建筑物的裂缝观测

裂缝是在建筑物不均匀沉降情况下产生不容许应力及变形的结果。当建筑物中出现裂缝时,为了安全应立即进行裂缝观测。

如图 8-22 所示,用两块大小不同的矩形薄白铁板,分别钉在裂缝两侧,作为观测标志(注意:标志的方向应垂直于裂缝)。固定时,使内外两块白铁板的边缘相互平行。将两铁板的端线相互投到另一块的表面上。用红油漆画成两个"▷"标记。如裂缝继续发展,则铁板端线与三角形边线逐渐离开,定期分别量取两组端线

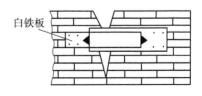

白铁板

图 8-22　裂缝观测

与边线之间的距离,取其平均值,即为裂缝扩大的宽度,连同观测时间一并记入手簿内。此外,还应观测裂缝的走向和长度等项目。

对于重要的裂缝,以及大面积的多条裂缝,应在固定距离及高度设站,进行近景摄影测量。通过对不同时期摄影照片的量测,可以确定裂缝变化的方向及尺寸。

本 章 小 结

本章介绍了建筑物变形观测的任务、内容、方法和意义等基本内容,重点讲解了建筑物的沉降观测、水平位移观测倾斜观测和裂缝观测。通过本章的学习应掌握建筑物产生变形的原因以及各种变形观测的方法和适用范围。

思 考 题

1. 引起建筑物变形的主要因素有哪些?

2. 建筑物变形观测的主要内容有哪些?

3. 变形观测的意义是什么?

4. 建筑物为什么要进行沉降观测,它的特点是什么?

5. 试述垂直位移变形观测中,基准点埋设的思想。

6. 叙述水平位移观测的主要方法的作业过程。

7. 变形观测的主要项目有哪些?

8. 倾斜观测的方法有哪几种,各适用于何种场所?

9. 建筑物沉降观测工作包括哪些内容?

10. 变形观测资料整理的内容包括哪些?

11. 分析在沉降观测中常遇到的4种异常问题产生的原因,相应的处理对策是什么?

12. 布设沉降观测点应注意哪些问题?

第九章　地质勘探工程测量

第一节　地质勘探概述

为查明地质构造、探寻有用矿物的实践活动称为地质勘探。地质勘探的目的是用科学的方法确定矿体的位置、产状、品位和储量,为矿山设计和开采提供可靠的地质依据。

地质勘探一般可分为普查和勘探两个阶段。

普查阶段的主要工作是依据地表揭露工程和勘探工程等手段,初步查明矿体的种类、规模、产状和形态,确定矿石储量和品位,然后对有无矿区做出详细勘探价值的判断。

勘探阶段是在普查基础上对矿区进行更详细的勘查,主要查明矿区的地质构造,矿体产状、矿石品位、物质组分及储量等更可靠的地质资料。最终目的是提供地质勘探结果及由测量资料、水文资料、勘探资料和地质资料所形成的地质报告。

测量工作贯穿地质勘探工作的全过程,从地质勘探工程的设计、施工和地质资料汇总,提交地质报告的全过程都离不开测量工作,其主要任务是:

①为了勘探之需,提供勘探区域的控制测量和各种比例尺地形图等基本测绘资料;

②根据勘探工程的设计,在实地定点、定线、标定工程位置和掘进方向;

③提供编制地质报告和储量计算的有关测绘资料等。

第二节　勘探矿区控制测量与地形测量

勘探工程始终需要测量工作与之配合:为了地质填图,需测绘不同比例尺的地形图;为了实施勘探工程,需进行工程放样,工程结束之后还需测定工程的最后位置;为了进行储量计算,还要进行剖面测量,以上测量工作都需以控制测量为基础进行。

下面就矿区控制测量和地形测量的基本原则介绍如下。

一、勘探矿区控制测量的基本原则

勘探矿区的控制测量包括平面控制测量和高程控制测量。控制网的布设应根据勘探矿区的大小,以及勘探工程测量对控制网的要求,合理地进行布设。布设的基本原则如下:

①矿区控制网与国家基本控制网连接,坐标和高程系统与国家系统一致。2009 年全国矿业权实地核查统一采用 1980 西安坐标系,高程采用 1985 国家高程基准。

②矿区勘探控制网所能控制的面积,不仅要考虑地质勘探工程的需要,而且要考虑到勘探矿区可能扩大时的需要。控制网在精度上也要有所准备,防止在控制网扩大时网的边缘部分精度偏低。

③勘探矿区控制网点的密度不仅要满足矿区所需比例尺地形测图的需要,而且要保证各项勘探工程、特别是大型探矿坑道探矿工程的需要。

④勘探矿区控制网的布设方案及施测精度,最好能照顾到将来矿山建设对控制网提出的要求,使其收到一测多用之效。这样做不仅能节约人力、物力,更重要的是可使地质勘探

资料的坐标系统和高程系统与矿山建设、矿产开采时的坐标系统和高程系统一致,杜绝在一个矿山出现几套坐标系统的混乱情况。

二、勘探矿区的地形测量

勘探矿区的地形测量是为地质勘探工程的需要服务的,测图比例尺的大小是随地质勘探对矿石储量计算的精度要求不同而变化的。储量计算要求得越精确,测图比例尺就应该越大。此外随着勘探工程的进展,勘探工程所需要的地形图比例尺也逐渐变大。因此,矿区控制网的建立应能保证满足最大比例尺(1:500 或 1:1 000)测图的需要。

矿区地形图是填绘地质图的基本资料,地形图上各种地形、地物的测量精度都应满足地质勘探工程的需要。

第三节　地质填图测量

一、概述

地质填图的任务,就是通过对自然露头和勘探工程揭露的人工地质点等进行系统的地质观察,将矿体的分布范围及品位、围岩的岩性及地层的划分、矿区的地质构造类型以及水文地质情况等填绘到地形图上,形成地形地质图。它是普查阶段地质工作的主要手段,并贯穿于地质勘探的各个阶段。利用该图可进行综合分析,解释成矿的地质条件和矿床类型,为矿区的地质勘探工程设计和矿产储量计算提供依据。

各阶段地质填图的比例尺,根据矿床的具体情况而定。若矿床的生成条件简单,产状较有规律(如沉积矿床),规模较大且品味变化小,可采用小比例尺,反之则要大一些。

勘探阶段的地质填图比例尺,通常用 1:10 000,1:5 000,1:2 000,1:1 000 等,对于煤、铁等沉积矿床,通常采用 1:10 000 和 1:5 000 两种,对于铜、铅、锌等有色金属的内生矿床,通常采用 1:2 000 和 1:1 000,对于某些稀有金属矿床,可采用 1:500 的大比例尺图。

在地质填图测量中无论何种比例尺,其基本工作都是从地质观察点起,根据地质点来描绘各种岩层和矿体的界线,并用规定的地质符号填绘到图上即为地质图。地质填图的主要工作由地质点测量和地质界线的圈定两部分组成。

二、地质点测量

地质点一般包括地质构造点、露头点、岩矿界线点、水文点、重砂取样点等。地质人员在野外确定地质点的位置,注记编号并设立标志,测量人员应将地质点测绘到相应比例尺的地形图上。有了地形图,地质人员便可根据地质点描绘各种岩层和矿体的界线,填绘各种地质符号,最后制成各种地质地形图。因此,地质点测量是地质填图测量中一项基本的工作。

1. 地质点测量的准备工作

①地质点测量之前,地质人员应进行野外调查,了解地质点的分布情况,并将需测定的地质点进行编号、设立标志,同时将这些点概略地标绘在地形图上并注记编号。

②设置测站点。当现存的控制点不足应用时,就必须设置测站点。采用经纬仪法测定地质点时,测站点的设置可采用经纬仪量距或视距导线法、各种测角交会法等;采用全站仪时,可采用导线法、极坐标法等。设置测站点一般应事先有计划地进行,也可以在测定地质

点时随时设置,设置测站点的各项测量限差应符合规范要求。

2. 地质点的施测方法

地质点的具体施测有以下几种方法:

①经纬仪视距极坐标法;

②平板仪测绘法;

③角度前方交会法;

④全站仪极坐标法;

⑤激光测距经纬仪测角极坐标法;

⑥GPS 定点法。

以上各种方法是常见的测量方法,精度应满足表 9－1 的要求。

表 9－1　地质勘探测量精度

项　　　目			图上平面位置中误差/mm	高程中误差/等高距
探槽、探井、坑口 取样钻孔、地质点	重要		±0.3	1/6
	一般	平地、丘陵地	±0.6	1/3
		山地	±0.8	1/3
钻孔			±0.15	1/8

注:①平面及高程中误差均指对最近图根点而言;

②在森林荫蔽及其他困难地区,按常规作业困难时,表中探槽、探井、坑口、取样钻孔及地质点的平面和高程中误差可放宽 0.5 倍。

当前采用精度较高的手持 GPS 测定地质点的位置,则更为便利、快捷。当地质图采用 0.5 m 等高距时,要采用等外水准测量测定地质点的高程;当地质图的等高距大于或等于 1 m 时,高程可用三角高程测量的方法测定。

三、地质界线的圈定

测定地质点的工作完成后,根据矿体和岩层的产状与实际地形的关系,将同类地质界线点连接起来,得到地质界线。为保证界线位置的正确,在适当位置可加密测量点。地质人员要在现场进行地质界线的圈定,也可根据野外记录在室内完成。图 9－1 是用地形图作为底图测绘出的部分地质图,图中虚线表示根据地质点和地质界线的观测资料圈定的地质界线,例如,虚线 1－2 表示侏罗系(J)和三叠系(T)地层的分界线(P 为二叠系、C 为石灰系、D 为泥盆系、S 为志留系)。

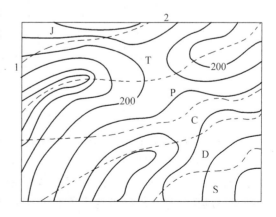

图 9－1　地质界线的圈定

第四节　地质点探槽钻孔探井测量

一、探槽、探井测量

探槽、探井都是轻型山地工程(或地表揭露工程),主要用以揭露覆盖地区的地质现象。探槽是将地表挖掘成长槽形的工程,一般为宽0.8~1.5 m,长为若干米,深以满足揭露地下岩体为目的的槽形工程。探井是从地表垂直向下挖掘成圆形的工程,井深度及直径以满足揭露岩体为度。两者的目的都是地质人员从地表覆盖层以下岩体中采样,通过分析来确定矿体。当地表覆盖层不便于挖探槽时,可布设探井,以达到同样探矿的目的,其测量工作包括初测和定测两个程序。

1. 初测

将设计的探槽、探井位置测设于实地,精度应满足表9-1的要求。测设方法可用极坐标法、角度前交会法等。若附近无控制点时,可利用剖控点,剖面端点测设;用全站仪测设时,可灵活地加密图根点,然后实地测设;当探槽较长时,需测设探槽的两端点和中间点。

2. 定测

探槽、探井完工后,应及时测定其平面位置和高程。定测时应利用其附近的控制点用极坐标法,角度前方交会法等方法测绘,然后展绘在地形地质图上。

二、钻孔测量

钻探工程是地质勘探工程测量中重要的勘探手段,通过钻探(如图9-2(a)所示)可以得到岩(矿)芯实物。从表9-1可得,钻孔精度要求一般高于其他勘探工程点。所以测量工作必须认真负责,以减少误差、杜绝错误的出现,同时钻探工程投资大、成本高,因此要以高度负责的态度工作,防止因测量事故而造成不必要的损失。

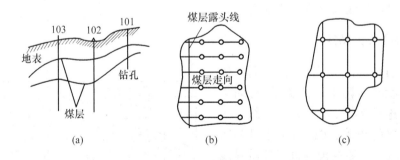

图9-2　钻探工程

在测量人员测定了钻孔的地表坐标和高程,以及孔斜、孔深和钻孔方位变化等数据后,可以探明地下矿体的深度、厚度、倾角、范围等赋存情况。钻孔地表位置的平面坐标和高程的测量,通称钻孔测量;而钻孔的孔深、孔斜和孔内方位等测量属于探矿工程的一部分。随矿体类型及勘探储量计算等级的要求不同,钻孔布设的形式和密度也就不同,但一般都是布设成勘探线(如图9-2(b)所示)或勘探网(如图9-10(c)所示),目前主要采用勘探线,勘探线是一组与矿体走向基本垂直的直线。钻孔的位置是预先设计好的,其设计坐标是已知的,它是测设钻孔地面位置的原始数据。地质人员将每个钻孔的这些数据制作成地质图、剖面图、横切面图后,经过计算就可得到矿体的矿量等数据。

根据钻孔工程的要求,钻孔测量分为初测、复测、定测三个阶段。初测是按钻孔设计坐标将钻孔测设到实地,复测是平整钻机机台场地后检查校正孔位,定测是在终孔并封孔后测定孔口中心的坐标及高程。

1. 钻孔初测

初测也称布孔,其任务是根据钻孔位置的设计数据,利用控制点将其放样在实地上,供平整钻井安置场地之用。

根据控制点的分布以及地形条件等因素,可选择角度交会法、极坐标法和剖面线法。条件允许时可利用全站仪和 GPS – RTK 施测则更为便捷。

(1)角度前方交会法

如图 9 – 3 所示,A,B 两点为已知控制点,P 点为设计孔位,放样数据计算及放样方法可参阅有关章节相关内容。但应注意:放样前应当在图上选择适当的控制点使交会角不小于 30°,计算的放样数据应该核对,当用两点前方交会时应有检核点;放样过程中应仔细检查控制点有无认错,点位有无移动等情况。

(2)极坐标法

如图 9 – 4 所示,A,B 两点为已知控制点,P 点为设计孔位,放样数据及放样方法可参阅本书相关内容。当用全站仪放样时,效率会大大提高。

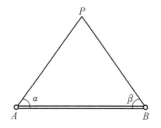

图 9 – 3　角度前方交会

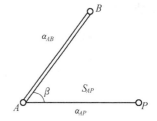

图 9 – 4　极坐标

(3)利用剖控点放样孔位

由于钻孔孔位往往设计在剖面线上,而剖面线上有剖面控制点及剖面端点,这些点相当于图根控制点,且按《地质矿产勘查测量规范》要求均埋有桩石,所以当孔位适宜于用这些点位放样时,反算距离并放样该段距离,用测距仪或全站仪放样时会更方便。

利用上述方法放样完钻孔后,仍需要定出钻孔在剖面线上的控制桩和垂直剖面线上的控制桩各不少于两个,主要目的是为平整机台场地后恢复孔位。

2. 钻孔复测

钻孔位置标定后,即可根据它整平安装钻机的平台,但在清理平台的过程中,钻孔的标桩往往会遭到破坏,因此在清理平台之前,必须在标定的孔位桩周围打下足够的控制桩,以便在整平机台后恢复钻孔位置。图 9 – 5 (a)为十字交点法确定钻孔位置的标桩布置图。这些标桩是供复测钻孔位置用的,因此又称为复测桩。复测桩应设置在平整机台的影响范围以外,复测桩的高程应根据初测标桩的高程测定,以便根据复测桩确定复测孔位的地面高程。

机台平整以后,即可根据复测标桩在机台平面上复测钻孔位置 P',如图9-5(b)和9-5(c)所示。孔位恢复以后,应根据复测桩的已知高程测定孔位的地面高程,供钻探施工参考。

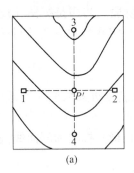 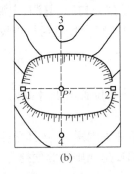 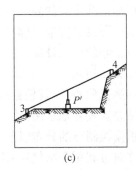

(a)   (b)   (c)

图9-5 钻孔位置测量

(a)复测桩布置图;(b)破土后机台平面图;(c)机台断面图

3. 钻孔定测

钻孔施工完毕后,孔口由套管封孔或柱石封孔,然后应及时精确测定钻孔的终孔坐标及高程。孔位一般用解析法测定,平面位置中误差相对于附近的图根点应不大于图上0.1 mm,高程中误差应不大于1/8等高距。

钻孔施测完毕后,应将初测、复测及定测的数据、记录手簿、计算成果一并上交或留存以备查看。

三、地质点测量

有关介绍见本章第三节。

第五节　勘探线剖面测量

一、勘探线剖面测量概述

沿着勘探线作垂直断面,该断面与勘探线方向上的地表面、工程位置、地物位置、岩层及矿体相切,并按一定比例尺绘制成垂直断面图,称为勘探线垂直剖面图。

在地质勘探工作中,剖面图是矿区地质断面图的底图,它为地质工程(如加密钻孔)设计、地质调查和勘探工程测量提供资料,可在剖面图上标绘出各种地层和矿体的断面分布状态,是进行储量计算的主要图件,因而勘探线剖面测量是勘探工程测量中的一项重要工作。

在矿体勘探期间,正确地设计和加密勘探工程的位置都需要剖面图作为设计依据,以便有效地掌握工程间的相互关系和矿体变化情况。在储量计算中,各个剖面间的间距和同一剖面线上各勘探工程间的间距,是控制矿体位置和大小的基本数据。根据这些剖面图量出各部分矿体的长度、厚度和倾角,即可进行储量计算。剖面图是进行储量计算、提交矿区勘探报告的重要资料。

勘探线剖面测量的比例尺是根据矿床类型、矿床成因和勘探储量级别等因素决定的。对于矿层薄、面积小和品位变化大的稀有贵重矿种的矿体,剖面图的比例尺要大些;大面积沉积矿的矿体,剖面图的比例尺要小些。前者剖面图的比例尺通常为1∶500～1∶2 000,后者剖面图的比例尺常为1∶2 000～1∶10 000。而特种工业原料地质勘探剖面图的比例尺更大,甚至可以采用 1∶200。

二、勘探剖面线及其端点的测设

测设剖面线端点的目的是确定剖面线的位置和方向,剖面线一般就是勘探线。根据剖面端点的设计坐标和附近测量控制点的坐标,计算测设数据,然后在已知点上安置仪器,采用极坐标法将端点测设于实地,测设完毕应立即测量端点的平面坐标,并用三角高程或等外水准测量端点的高程。

三、勘探剖面定线检查

剖面线端点和定向点在实地测设后应采用适当的方法测定其坐标和高程,同一剖面线上任意两点间以实测坐标反算的坐标方位角与设计值之差应满足规范要求。

剖面端点对附近测量控制点的位置中误差不得超过图上 0.1 mm,高程误差不得超过地形地质图基本等高距的 $\frac{1}{20}$。

当剖面线两端点或定向点是以测量控制点单独测设时,由实测坐标反算的方位角与剖面线设计的方位角之差不得超过下式的规定,即

$$\Delta\alpha = \frac{0.4\ \text{mm} \times T}{S} \cdot \rho \qquad (9-1)$$

式中 T——地形图的比例尺分母;

S——两点间的距离,km;

ρ——1 弧度所对应的秒值(206 265″)。

当由一端点按已知方位闭合至另一端点已知方位时,最大闭合差不得超过下式规定,即

$$\omega_a = \pm 2\sqrt{\left(\frac{0.1\ \text{mm} \times T}{S}\rho\right)^2 + (n+1)m_\beta^2} \qquad (9-2)$$

式中 m_β——测设角度的中误差;

n——两点间传递方向的边数。

定线后剖面线的实际方位角与设计方位角之差大于式(9-1)和式(9-2)的规定时,应重新定线。

四、剖面线控制测量

剖面线控制测量的任务是在剖面线端点及定向点测量的基础上,在剖面线上建立必要数量的控制点(亦称剖控点),以及在剖控点之间加密测站点。测站点间距不应超过表 9-2 的规定。

表 9-2　剖控点加密测站点间距

剖面横比例尺	1∶500	1∶1 000	1∶2 000	1∶5 000
间距/m	100	200	350	500

当剖面线的长度不超过规定的剖面线控制点间距,或剖面线上已完工的钻孔封孔标石已定测完毕、剖面控制点已有足够的密度时,可不必另行设置剖控点,否则应按规定的间距进行测设。选择剖面控制点时应使其与已知测量控制点通视良好,以便能组成有利图形进

行连测,同时应注意使点位的地形条件便于设站,且保证与同线上的一个控制点通视。

在地形起伏不大、通视良好的地区,可将经纬仪(最好是全站仪)架设在任一端点上瞄准另一端点,直接在剖面线上选定剖面控制点的位置,并以木桩标记,然后精确测出控制点的高程,并计算出剖面各点到控制点的距离及各控制点之间的距离。如果地形起伏较大、通视不好,应在图上沿剖面线设计控制点的位置,并依据设计坐标,按极坐标法测设。

在两个剖控点间布设的测站点,其间距总和应等于两剖控点间的已知边长,不符值不得超过下式的规定,即

$$\omega_S = \pm 2 \sqrt{(0.1 T_1)^2 + (0.5 T_2)^2} \qquad (9-3)$$

式中,T_1 和 T_2 分别为地形地质图及剖面图比例尺的分母。

两相邻剖控点间的测站点高差总和应等于两剖控点间的高差,其不符值不得超过下式规定,即

$$\omega_h = \pm 2 \sqrt{m_H^2 + 4 m_h^2} \qquad (9-4)$$

式中　m_H——剖控点间高差中误差;

　　　m_h——剖面测站点间高差中误差。

距离和高差符合限差要求时,可按距离成比例分配闭合差,求出各测站点的累计距离及高程。

五、剖面测量的方法

剖面测量的任务是测定剖面线上地形点、地物点及工程点的位置和高程。进行剖面测量时,剖面线端点、定向点、控制点均可设站,根据剖面图的比例尺、精度要求、设备和地形条件,可采用全站仪数字测图法、经纬仪视距法等。剖面点的密度,取决于剖面图的比例尺、地形条件等,通常是剖面图上间距为 1 cm 测一剖面点。

六、剖面图的展绘

剖面测量完成后,即可着手绘制剖面图。剖面图的绘制主要有手工绘制和计算机绘制两种方法。

1. 手工绘制剖面图的方法

剖面图的比例尺一般为地形地质图比例尺的 1~4 倍,垂直比例尺一般与水平比例尺一致,亦可放大 1~2 倍,剖面图是根据各点高程和各点水平距离绘制的。手工绘制剖面图的方法与步骤如下。

①如图 9-6 所示,先在方格纸上定一水平线,表示水平距离,从水平线的左端向上绘一垂线表示点的高程。按照垂直比例尺标出十米或百米整倍数的高程注记,并绘出平行于水平线的基线。

②根据各点间的水平距离,按比例尺将各点标出;再根据各点高程,按垂直比例尺分别在各点的竖直线上定出各剖面点的位置,并依次将各剖面点用圆滑的曲线连接起来就绘成剖面图。在剖面图的下面标出剖面线在地形图上与坐标格网线相交的位置,并标注格网的坐标值。

③地质剖面图绘制完毕后,应在其下方绘制剖面投影平面图,比例尺与剖面图相同。首先在欲绘的平面图图廓的中央,绘一条与高程线平行的直线,作为剖面投影线。然后将剖面

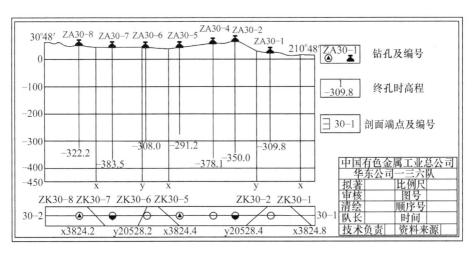

图 9 – 6　勘探线剖面图

端点、地质工程点、主要地质点以规定的图例符号绘制到平面图上,并加编号注记。在剖面上的两端点还应注记剖面线的方位角。最后写明剖面图的名称、编号、比例尺、绘图时间和图内用到的图例符号等。

2. 计算机绘制断面图的方法

外业用全站仪测出剖面上各点的水平距离(或平面坐标)和高程,记录采用电子手簿或全站仪内存记录,内业采用相应的通信程序,将数据传输到计算机,经预处理使数据格式符合绘图软件的要求,运行绘制剖面图软件,即可绘制出剖面图。

现将利用 CASS 软件绘制断面图的两种方法作一简单介绍。

方法一:先用工具条里"多段线"命令,在地形图上,绘制出一条相应的断面线,然后选择"工程应用"里生成里程文件中的"由纵断面线生成",把相应的文件保存为"＊.hdm"格式;根据实际需要,设置各种参数,在"绘断面图"中选择"根据里程文件",系统自动生成各个断面图。

方法二:先用工具条里"多段线"命令,在地形图上,绘制出一条相应的断面线,根据实际需要,如每隔 5 m,10 m,…,画出相应的断面线。然后选择"工程应用"中"绘断面图"下"根据坐标文件",每次选择一个断面线,系统会自动生成相应的断面图,反复这个步骤,最终绘制出所有的断面图。

七、应用地形图切绘剖面图

当矿区已有大比例尺地形图时,对于精度要求不高的剖面图,如供勘探工程位置设计用的剖面图和地表无矿体时的勘探线剖面图,都可以用地形图剖切放大展绘成剖面图,其比例尺可以比地形图的比例尺大一级。当地形图的比例尺与所需的剖面图的比例尺相同时,所有用途的剖面图都可以用大比例尺地形图剖切绘制。

如图 9 – 7 所示,A 和 B 是已展绘到地形图上的剖面线端点,AB 为剖面线,以剖面线端点 A 为起点,量出端点 A 至剖面线、等高线、地物轮廓线以及坐标线交点之间的距

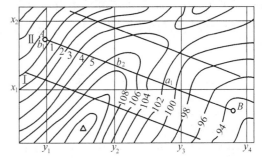

图 9 – 7　地形图与剖面线

离,读出上述各点的高程并作记录。根据剖面读数记录并参照地形图,按上述方法绘制剖面图,如图9-8所示。

当有数字地形图时,可用数字化成图软件按需要自动生成剖面图。

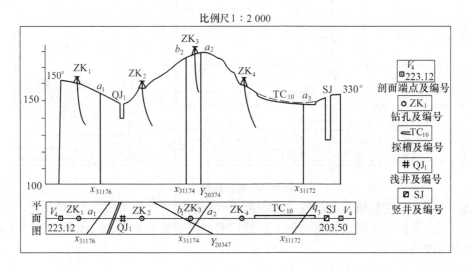

图9-8 切绘剖面

第六节 勘探坑道测量

在地质勘探中为了精确地查明矿体的产状、圈定矿体的范围和勘探高级储量,要在地下开掘出各种类型的坑道以直达矿体,以便了解矿体在地下的埋藏情况。勘探坑道的开掘位置、坑道形式、坑道的相互关系及质量要求都是预先设计好的。为了保证勘探坑道能够正确地进行施工,需要进行一系列的计算和测量工作,这些计算和测量工作统称为坑道测量。

用于探矿的坑道主要有平硐、斜井和竖井三种类型,此外还有一些特殊工程:相向开挖的贯通、地下坑道与钻孔贯通(地下找孔)、地下沿勘探线开挖坑道(沿勘探线开岔)等工程。

勘探坑道测量的任务就是按照坑道中心线的设计方向、设计坡度以及断面形状和尺寸进行施工。

勘探坑道测量的内容和方法与前面所述基本相同,但布置勘探坑道的目的在于详细了解地下矿体形态及其品位分布的情况,与地下开采矿山相比,勘探坑道的断面较小(井下运输任务小),次要坑道较多,测量精度要求相对说来低一些,如贯通坑道两中线在贯通面上的允许偏差为±0.6 m,而地下开采矿山一般定为±0.3 m;勘探坑道内经纬仪导线的精度也较低,一级导线的测角中误差为±22″,一级导线边长往返丈量较差与边长之比不低于1/2 000即可。

一、巷道内工程点设计与测设

1. 放样数据的设计

坑探是探矿的方法之一,有色冶金矿山主巷道通常沿矿体走向布置,为控制矿体水平厚度,常用一定间距的穿脉来控制矿体。图9-9为某大型铅锌矿体的沿脉、穿脉巷道布置图,点位测设方法依图说明。

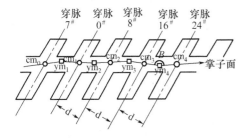

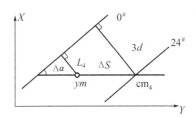

图9－9　工程设地示意图　　　　图9－10　工程计算图

现设 $7^{\#}$,$0^{\#}$,$8^{\#}$,$16^{\#}$,$24^{\#}$ 为地表勘探线,其中 $0^{\#}$ 线为起始勘探线,勘探线方位为南北方向。 ym_1,ym_2,ym_3,$\cdots$,ym_n 为巷道沿脉控制点; cm_1,cm_2,cm_3,$\cdots$,cm_n 为巷道穿脉点,即巷道与勘探线交点; d 为相邻勘探线的间距,一般为固定设计值; α_0 为勘探线方位角。若要测设 cm_4 点,具体数据设计如下。由勘探线设计可知, cm_4 到起始勘探线的间距为 $3d$,到勘探线的距离可用下列公式计算,即

$$L = \Delta y\cos\alpha_0 - \Delta x\sin\alpha_0 = (y_i - y_0)\cos\alpha_0 - (x_i - x_0)\sin\alpha_0 \qquad (9-5)$$

或　　　　　　 $$L = -\Delta y\cos\alpha_0 + \Delta x\sin\alpha_0 = -(y_i - y_0)\cos\alpha_0 + (x_i - x_0)\sin\alpha_0 \qquad (9-6)$$

式中, x_0,y_0 为起始勘探线上的已知点。

式(9－5)适用于测设点位在起始勘探线右侧的情形;式(9－6)适用于测设点位在起始勘探线左侧的情形。

因 ym_4 为靠近 cm_4 的一平面控制点,所以 ym_4 到 $0^{\#}$ 线的间距可用如下公式,即

$$L_4 = \Delta y\cos\alpha_0 - \Delta x\sin\alpha_0 = (y_4 - y_0)\cos\alpha_0 - (x_4 - x_0)\sin\alpha_0$$

计算 ym_4 到 cm_4 的方位、距离,并判断具体位置和相互关系。 ym_4 到掌子面方向的方位角为 α, α 可通过在 ym_4 设测站,观测水平角后事先测定。现在,很显然 cm_4 在 24^{JHJ} 线上,且在 ym_4 到掌子面的连线上,只要计算出 ym_4 到 cm_4 的距离就可放样出 cm_4。从图9－10可知, ym_4 到 cm_4 的距离为 ΔS,起始勘探线 $0^{\#}$ 线的延长线与 ym_4 和 cm_4 连线的延长线夹角为 $\Delta\alpha$。则

$$\Delta\alpha = \alpha - \alpha_0 \qquad (9-7)$$

$$\Delta S = \frac{3d}{\sin\Delta\alpha} - \frac{L_4}{\sin\Delta\alpha} = \frac{3d - L_4}{\sin\Delta\alpha} \qquad (9-8)$$

2. 工程点 cm_4 的测设

(1)在 ym_4 整置仪器,以 ym_3 定向,然后照准掌子面测得水平角 β,得方位角 α, $\alpha = \alpha_{ym_3 - ym_4} + \beta \pm 180^0$;

(2)根据式(9－8)计算 ym_4 到 cm_4 的距离 ΔS;

(3)在方位角为 α 的方向线上量取距离 ΔS,设置标志即可。

第七节　物化探网测设

一、概述

"物探"是地球物理勘探或地球物理探矿的简称,是利用地球本身的某些物理特性来研

究地质现象、解决地质找矿问题的一门技术,是建立在不同物质具有不同物理性质的基础上的。例如,磁铁矿的磁性可以改变它所在地的正常的地球磁场;密度很大的铬铁矿可以使地球的正常引力场发生改变;在人工电场的作用下,黄铜矿、铅锌矿等硫化金属矿的电化学活动就显示出来,而放射性矿物可以使它周围空气中的放射性增强,等等。尽管这些变化有时是十分微弱的,但在科学技术的不断发展中,对于这些变化,人们可以用精密仪器把它们测量出来。目前,基本的物探方法有以岩石、矿石的磁性差异为基础的磁法勘探,以岩石、矿石的密度差异为基础的重力探矿,以岩石、矿石的电性差异为基础的电法勘探,以岩石、矿石的弹性差异为基础的地震勘探,以岩石、矿石的放射性差异为基础的放射性勘探等。进行物探工作时,首先应布设物探网。

二、测网的起始点及基线方向的布设

当前物(化)探网的主要形式有测网法和控制网法。前者常用于大比例尺测网,后者常用于中小比例尺测网,但这两种网都需要首先布基线。

布设基线起始点和基线方向的方法有实地选定、根据地形图布设或按测网基线的设计数据(坐标和方位角)布设三种。

1. 实地选定

实地选定测网基线起始点和基线方向有两种情形:一种是根据地质点和地形情况选定起始点和基线方向。常将起始点选在测区中央且通视良好的地方,以便于向四周扩展测网,也便于与高级控制点进行连测,基线方向要尽可能平行于地质体走向。另一种是根据设计书上给出的测区的大致边界和基线的磁方位角,首先在地形图上初步拟定基线的概略位置,然后到测区结合实际情况选定,即图上设计和实地勘选相结合。起始点选定之后打下木桩,在其上安置仪器,借助于罗盘仪将望远镜的视线标定在设计方向上,然后沿此方向布设基线点。

2. 根据地形图布设

按设计书中圈定的测区范围和基线方向,在地形图(或地质图)上把它们画出来。基线的起始点选在便于安置仪器、通视良好的特征点上,如三角点、山头或道路的交叉点上等。其次,在图上再选定一两个远方目标(三角点,独立树等),将它和测站点连起来,两线之夹角 β 即为测设基线方向的定向角,如图 9 – 11 所示。到现场根据地形图找到基线起始点,在其上安置经纬仪,按 β 角定出基线方向,然后便可以进行基线测量工作。

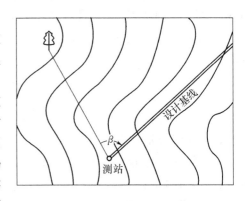

图 9 – 11　根据地形图布设基线

3. 按测网的设计数据布设基线

为了和邻区接图,或者在已作过的测网上进一步工作时,设计书中常给出测网中一个点的坐标和基线的坐标方位角,或者给出两点坐标,此时要以较高的精度布设起始点和基线。在这种情况下,就要根据测区自然状况,控制点分布情况及其他具体条件,确定基线起始点布设方案。通常采用极坐标法、导线法或角线交会法。

三、基线测设

基线测设包括起始基点、控制基点的测设和基线的测设。

起始基点和控制点的测设首先应求出测设数据,如果起始基点、控制基点给出了坐标,利用给出的坐标和已知点的坐标计算出测设数据;如果起始基点、控制基点没有直接给出坐标,可以利用物探网设计图纸,从图上量取测设数据。然后用极坐标法、角度交会或距离交会等方法测设,基点测设于实地后,应埋设标石,并重新测定其坐标,并与设计值比较,应满足《地质勘察测量规程》的要求,否则应重新施测。

基线的测设就是将基线上的全部点测设于实地,当控制基点测设后,将全站仪安置在基线一端的控制点上,瞄准另一端的控制点定向。沿视线方向放棱镜,量出各基点的距离,实地标出各基点,定以木桩并编号。

四、测线的测设

测线的测设就是将测线上的每个测点按设计要求测设于实地。传统的方法常用经纬仪视距导线法,它对于不同的地形条件和不同的比例尺都适用。具体方法是在基线点上安置经纬仪,以相邻基线点定向,然后再转动经纬仪90°,则望远镜的视线方向即为测线方向。在测线方向上根据设计长度测设各测点,并插旗编号。

本 章 小 结

本章介绍了地质勘探过程中的测量工作,主要包括地质填图测量、勘探线剖面测量、地质点探槽、钻孔、探井测量等。通过本章的学习,要求学生能够掌握地质勘探工程测量的任务、程序和基本方法。

习　　题

1. 地质勘探工程测量的主要工作任务是什么?
2. 勘探网点的测量方法有哪些?
3. 地质点的测量方法有哪些?
4. 勘探线剖面测量有哪些步骤? 如何绘制地质剖面图?
5. 物探网布设的方法有哪些?
6. 某勘探工程需要布设一个钻孔 P,其设计坐标为 $x_p = 3\,256\,879.571$ m,$y_p = 35\,586\,393.541$ m。已知设计钻孔附近的测量控制点 A 的坐标为 $x_A = 3\,256\,645.375$ m,$y_A = 35\,586\,451.346$ m,AB 边的方位角为 $\alpha_{AB} = 238°25'28''$,试求用极坐标法布孔所需的测设数据,并绘图说明现场测设方法。

第十章 线路工程测量

城镇建设中的线路工程主要有铁路、公路、供水明渠、输电线路、通信线路、各种用途的管道工程等。这些工程的主体一般在地面上,但也有在地下或在空中的,如地下管道、地铁、架空索道和架空输电线路等。铁路、公路、索道、输电线路及各种管道等线路工程,在勘测设计、施工建造和运营管理的各个阶段进行的测量统称线路工程测量。线路工程测量在勘测设计阶段是为线路工程的各设计阶段提供充分、详细的地形资料;在施工建造阶段是将线路中线及其构筑物按设计要求的位置、形状和规格,准确的测设于地面;在运营管理阶段,是检查、监测线路的运营状态的主要手段,并为线路上各种构筑物的维修、养护、改建、扩建提供资料。不同的线路工程,其测量工作虽各有其自身特点及要求,但在基本原理和方法上有许多共同之处,主要任务如下。

①控制测量:根据线路工程的需要,进行平面控制测量和高程控制测量。

②地形图测绘:根据设计需要,实地测量线路附近的带状地形图。

③中线测量:按照设计要求将线路位置测设于实地。

④纵、横断面图测绘:测定线路中心线方向和垂直于中心线方向的地面高低起伏情况,并绘制纵、横断面图。

⑤施工测量:按照设计要求和施工进度及时放样各种桩点作为施工依据。

此外,有些线路工程还需进行竣工测量、变形观测、既有线路与站场测量等。

相对而言,公路工程和铁路工程规模大、结构复杂,所需进行的测量工作较为细致全面。在勘测设计阶段,测量工作与设计工作紧密结合,先后要完成方案研究、初测与初步设计、定测与施工设计等工作;在施工建设阶段,根据不同施工对象,测量工作可分为线路施工测量、桥梁施工测量和隧道施工测量等。

第一节 公路初测

公路初测是对视察时已选定的路线进行测量,其内容有:沿路线方向进行导线测量、水准测量以及测绘大比例尺带状地形图。初测工作的组织分为大旗组、导线组、水准组和地形组。进行初测前,必须搜集:上级机关批准的任务书和视察报告;路线沿线平面、高程控制点的资料;各种比例尺的地形图和航摄像片;沿线工程地质、交通、气象等有关资料。

下面介绍初测的工作方法与要求。

一、导线测量

1. 选点

初测导线不仅是测绘带状地形图的图根控制,而且是进行路线定测的依据。所以,初测导线必须根据大旗组标定的路线走向布设。导线点应尽可能靠近路线,选在便于测角、测距、控制面积较大且能长期保存的地方,在大、中桥址两岸和隧洞洞口附近均应设点。在《工程测量规范》中规定:一、二级导线平均边长为 200 m,100 m;图根导线边长应不大于测图最大视距的 1.5 倍。导线点选定后,应绘点之记,作好现场记录。

2. 测角

导线水平角用精度不低于 J₆ 级的经纬仪观测 1 个测回。测角中误差 $m_\beta \leqslant 20''$。铁路、公路方位角闭合差 $m_\alpha \leqslant \pm 40\sqrt{n}\ ('')$，$m_\alpha \leqslant \pm 80\sqrt{n}\ ('')$（$n$ 为导线点数）。

3. 测边

导线边长应优先采用电磁波测距仪测定，也可用钢尺测量。当用钢尺进行丈量时应现场测定大气温度。每条导线边丈量的结果必须进行尺长和温度改正。一、二级导线往返丈量的边长校差分别不应超过 1：20 000 和 1：10 000；图根级导线边长相对闭合差应不超过 1：2 000。在困难地段，附合导线相对闭合差，可不大于 1：1 000。

当导线边长不能直接丈量时，可用基线法间接测定。如图 10 - 1 所示，在河的右岸选定 E 点，丈量 BE 的长度，观测三角形 BCE 的内角 α 和 β。当基线 BE 丈量的较差不大于 1/3 000 时，取其平均值，按下式计算导线边 BC 的长度，即

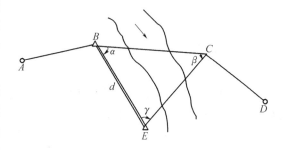

图 10 - 1　基线法测量边长

$$BC = \frac{\sin\gamma}{\sin\beta} \cdot d$$

为保证 BC 长度符合精度要求，三角形的内角应在 30°～150°之间。

初测导线应尽可能与附近的大地控制点或高级小三角点、导线点进行联测，布设成附合导线。如布设自由导线时，应在导线上每隔 30 km 左右，用天文测量或陀螺经纬仪测定真方位角，以控制方位角的传递误差。

二、水准测量

初测阶段的水准测量，分为基平测量和中平测量。前者是沿路线方向建立高程控制，后者是测定初测导线点和里程桩的高程。

1. 基平测量

在路线方向的一般地段，每隔 1～2 km 设立一个水准点，山岭和工程地质复杂地段每隔 0.5～1.0 km 设立一个。桥址两岸、隧洞口或其他大型构筑物附近均需增设水准点。水准点的高程可采用往返测或两组单程的观测方法。往返测或两组单程观测的高程闭合差应不大于 $\pm 40\sqrt{L}$（L 为相邻水准点之间的路线长度，以 km 计），超限时应重测。当水准路线路越过大河或深谷时，采用跨河水准测量，如图 10 - 2 所示。A, B 分别为河流两岸需要测定高程的水准点，Ⅰ，Ⅱ 为测站点，在 Ⅰ 点安置水准仪，先照准标尺 A 并读数，再照准标尺 B 并读数；保持望远镜对光位置不变，将仪器搬到 Ⅱ

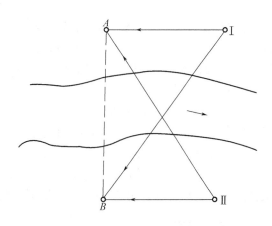

图 10 - 2　跨河水准测量

点,先照准 A 标尺读数,后照准 B 标尺并读数。以上步骤为一个测回。一测回 Ⅰ 两次所得高差的较差,对于河宽小于 100 m 时不能超过 ±100 mm。河宽小于 500 m 的河流,应观测两个测回,两测回高差的较差(mm)应按下式计算允许值为

$$h_{较差} = \pm 4M_\Delta \sqrt{NS}$$

式中 M_Δ——相应水准测量等级每公里高差中数的偶然中误差;

N——测回数;

S——跨河视线长度,km。

当跨越大于 500 m 的河流时,应按《国家水推测量规范》要求观测。为了减少水面折光的影响,提高观测精度,跨河水准的观测时段应选在上午 7 至 9 时,下午 4 时至日落前 1h。

2. 中平测量

中平测量应起闭于基平测量所设置的水准点上。高差闭合差的容许值为 $\pm 50\sqrt{L}$ (mm) (L 为相邻两水准点之间的路线长度,以 km 计)。在水准测量困难的地段,也可用三角高程测量测定中线桩的高程。

三、地形测量

地形测量主要是测绘沿线带状地形图和桥隧等工程的专用图。带状地形图是以初测导线点作为测站点进行测绘,它的比例尺视工程不同而异,公路为 1:2 000 至 1:5 000,铁路为 1:1 000 ~ 1:2 000。测图的宽度应距中线两侧 100 ~ 200 m。为特殊工程测绘的专用地形图的比例尺较大,一般放为 1:500 或 1:1 000,测图范围应根据工程需要确定。

地形点的分布及密度应能反映出地形的变化,满足正确内插等高线的需要。若地面横坡大于 1:3 时,地形点的图上间距一般不大于图上 15 mm。地面横向坡度小于 1:3 时,一般应不大于 20 mm。

第二节　定线测量

一、交点测设

如图 10 - 3 所示,线路中线的转折点称为交点。交点是布设线路、详细测设直线和曲线的控制点,因此,交点测设是定线测量的首要任务。

交点测设方法和定线精度有关。定线精度要求不高,可用图解法直接在图上量取放线数据(角度和距离)。对定线精度要求高或地形复杂的地段,先在图上定线,并给出交点坐标,用解析法反算出放线数据。然后采用极坐标法、直角坐标法、距离交会法或角度交会法测设交点位置。用木桩标定点位,并作好标记。

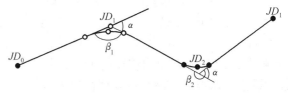

图 10 - 3　定线测量

二、转角测定

转角是线路中线由一个方向偏转到另一个方向时,偏转前后方向间的夹角,也称偏角,

常用 α 表示。偏角有左右之分,偏转后的方向位于原方向左侧时,称为左偏角,用 $\alpha_左$ 表示,偏转后的方向位于原方向右侧时,称为右偏角,用 $\alpha_右$ 表示(如图 10 - 3)。在线路测量中,转角通常是观测线路的右角,按下式计算,即

$$当 \beta < 180°时,\alpha = 180° - \beta$$
$$当 \beta > 180°时,\alpha = \beta - 180°$$

三、里程桩的测设

为了标出线路中线的位置、测定线路的长度或者是满足纵、横断面测量的需要,由线路起点开始,沿中线方向根据地形变化情况每隔 20 ~ 50 m 钉一木桩,叫里程桩。每个里程桩上都写有桩号,表示该桩至线路起点的距离。如某桩号为 80 + 268.50 m,即表示该桩距线路起点为 80 km + 268.50 m。里程桩分整桩和加桩。整桩是按规定每隔 20 ~ 50 m,桩号为整数设置的里程桩;加桩有地物加桩、地形加桩、关系加桩和曲线加桩。地物加桩指在中线上桥梁、涵洞等人工构筑物处和铁路、公路交叉时设置的桩;地形加桩指在中线地形变化点上设置的桩;关系加桩指在中线上转点、交点等处设置的桩;曲线加桩指在曲线起点、中点、终点等处设置的桩。

此外,如遇分段测量、改线或里程计算错误时,均会造成线路里程桩号不连续,叫断链。此时表示里程断续前后关系的桩,称为断链桩。发生断链时,应在测量成果和有关设计文件中注明,并在实地钉断链桩。断链桩不要设在曲线内或构筑物上,桩上应注明线路来去的里程和应增减的长度。一般在等号前后分别注明来向、去向里程,如 1 + 745.50 = 1 + 800.00,断链 54.50 m 里程桩的设置可沿中线用钢尺或皮尺进行丈量确定,也可采用沿路线设置的导线点,根据其坐标值关系,用测设地面点位的方法进行实地测设,即在导线点上安置电磁波测距仪采用极坐标法进行测设。

第三节　圆曲线的测设

圆曲线指的是道路走向改变方向或竖向改变坡度时所设置的连接两相邻直线段的圆弧形曲线。圆曲线一般分两步进行。先测设圆曲线的主点,即起点(直圆点 ZY)、中点(曲中点 QZ)和终点(圆直点 YZ)。然后测试圆曲线的加密点。进行详细测设,定出曲线上的其他各点。

一、圆曲线的相关计算

1. 圆曲线各要素的计算

如图 10 - 4 所示,已知数据为:路线中线交点(JD)的偏角 α 和圆曲线的半径 R, α 是定测时在现场测得的,圆曲线的半径 R 是根据线路的等级和地形情况由设计人员决定的。要计算的圆曲线的元素有:切线长度 T、曲线长 L、外矢距 E 和切线长度与曲线长度之差(切曲差)q。各元素可以按照以下公式计算,即

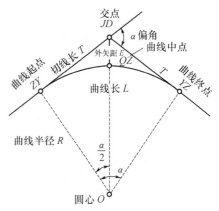

图 10 - 4　圆曲线示意

$$
\left.\begin{array}{l}
T = R \cdot \tan \dfrac{\alpha}{2} \\[2mm]
L = R \cdot \alpha \cdot \dfrac{\pi}{180°} \\[2mm]
E = R\left(\sec \dfrac{\alpha}{2} - 1\right) \\[2mm]
q = 2T - L
\end{array}\right\} \qquad (10-1)
$$

式中　T_n——切线长,JD 至 ZY(或 YZ)的线段长度;

$\quad\quad\;\;L$——曲线长,ZY 至 YZ 的圆弧长度;

$\quad\quad\;\;E$——外矢距,QZ 至 JD 的线段长度;

$\quad\quad\;\;q$——切曲差,始、末两端切线总长与曲线长度之差值,即 $q = 2T - L$。

圆曲线的主点包括:

ZY 点(直圆点),按线路里程增加方向由直线进入圆曲线的分界点;

QZ 点(曲中点),圆心和交点之连线与圆曲线的交点,圆曲线的中点;

YZ 点(圆直点),按线路里程增加方向由圆曲线进入直线的分界点。

2. 圆曲线主点里程的计算

曲线上各点的里程都是从一已知里程的点开始沿曲线逐点推算的。一般已知交点 JD 的里程,它是从前一直线段推算而得,然后再由交点的里程推算其他各主点的里程。由于路线中线不经过交点,所以圆曲线的终点、中点的里程必须从圆曲线起点的里程沿着曲线长度推算。根据交点的里程和曲线测设元素,就能够计算出各主点的里程,如图 10-4 所示。

$$
\left.\begin{array}{l}
ZY_{DK} = JD_{DK} - T \\[2mm]
YZ_{DK} = ZY_{DK} + L \\[2mm]
QZ_{DK} = YZ_{DK} - \dfrac{L}{2} \\[2mm]
JD_{DK} = QZ_{DK} + \dfrac{q}{2}（校核）
\end{array}\right\} \qquad (10-2)
$$

例 10-1,已知某圆曲线设计选配的半径 $R = 500$ m、实测转向角 $\alpha_Y = 28°45'20''$,交点的里程为 $K6 + 899.73$,试计算该圆曲线的要素、推算各主点的里程。

解:由式(10-1)可求得圆曲线要素为

$$T = R \cdot \tan \frac{\alpha}{2} = 500 \times \tan \frac{28°45'20''}{2} = 128.17 \text{ m}$$

$$L = R \cdot \alpha \cdot \frac{\pi}{180°} = 500 \times 28°45'20'' \times \frac{\pi}{180°} = 250.94 \text{ m}$$

$$E_0 = R\left(\sec \frac{\alpha}{2} - 1\right) = 500 \times \left(\sec \frac{28°45'20''}{2} - 1\right) = 16.17 \text{ m}$$

$$q = 2T - L = 2 \times 128.17 - 250.94 = 5.40 \text{ m}$$

由 (10-2) 式推算得各主点的里程为

JD	$K6 + 899.73$
$- T$	128.17
ZY	$K6 + 771.56$
$+ L/2$	125.47
QZ	$K6 + 897.03$
$+ L/2$	125.47
YZ	$K7 + 022.50$

检核计算:$YZ_{里程} = JD_{里程} + T - q$

JD	$K6 + 899.73$
$+（T-q）$	122.77
YZ	$K7 + 022.50$

二、圆曲线主点的测设

在圆曲线元素及主点里程计算无误后，即可进行主点测设，如图 10 – 5 所示，其测设步骤如下。

1. 测设圆曲线起点（ZY）和终点（YZ）

在交点 JD_2 上安置仪器，后视中线方向的相邻点 JD_1，自 JD_2 沿着中线方向量取切线长度 T，得曲线起点 ZY 点位置并插钎。逆时针转动照准部，测设水平角（$180° - \alpha$）得 YZ 点方

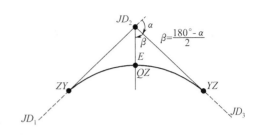

图 10 – 5　圆曲线主点测设示意图

向，然后从 JD_2 出发，沿着确定的直线方向量取切线长度 T，得曲线终点 YZ 点位置并插钎。为避免粗差，需测量插测钎点与最近的直线桩点距离，如果两者的水平长度之差在允许的范围内，则在插测钎处打下 ZY 桩与 YZ 桩。

2. 测设圆曲线的中点（QZ）

仪器在交点 JD_2 上照准前视点 JD_3 不动，水平度盘置零，顺时针转动照准部，使水平度盘读数为 β（$\beta = (180° - \alpha)/2$），得曲线中点的方向，在该方向从上交点 JD_2 丈量外矢距 E，得曲线的中点 QZ，插上测钎。主点放样后，可用偏角法检核所放主点是否正确。如图 10 – 5 所示，曲线终点对起点切线的偏角为 $\alpha/2$，曲线中点对起点切线的偏角为 $\alpha/4$。也可按丈量与相邻桩点距离的方法进行校核，如果误差在允许的范围内，则在插测钎处打下 QZ 桩。

三、圆曲线的详细测设

当地形变化比较小，而且圆曲线的长度小于 40 m 时，测设圆曲线的三个主点就能够满足设计与施工的需要。如果圆曲线较长，或地形变化比较大时，则在完成测定三个圆曲线的主点以后，还需要在曲线上测设 10 m，20 m 的整桩与加桩。这就是圆曲线的详细测设。

圆曲线详细测设的方法比较多，如直角坐标法、偏角法、弦线偏距法等。下面仅介绍直角坐标法、偏角法两种常用的方法。

1. 直角坐标法

直角坐标法又称切线支距法，是以圆曲线的起点 ZY 或终点 YZ 为坐标原点，以切线 T 为 x 轴，以通过原点的半径为 y 轴，建立独立坐标系，如图 10 – 6 所示。若知圆曲线上加桩点 P_i 点在切线坐标系中的坐标 (x_i, y_i)，便可根据直角坐标法放样出 P_i 点。

若桩点 P_i 到 ZY（或 YZ）点的弧长为 l_i，则其对应的圆心角 φ_i 为

$$\varphi_i = \frac{l_i}{R} \cdot \frac{180°}{\pi} \qquad (10 - 3)$$

桩点 P_i 点的坐标 (x_i, y_i) 为

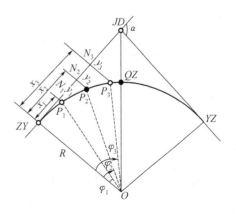

图 10 – 6　直角坐标法详细测设圆曲线

$$x_i = R\sin\varphi_i$$
$$y_i = R(1 - \cos\varphi_i) = 2R\sin^2\left(\frac{\varphi_i}{2}\right) \right\}　\tag{10-4}$$

把式(10-3)代式(10-4)中,按级数展开取前三项得圆曲线 l_i 的参数方程式为

$$x_i = l_i - \frac{l_i^2}{6R^2} + \frac{l_i^5}{120R^4}$$
$$y_i = \frac{l_i^2}{2R} - \frac{l_i^4}{24R^3} + \frac{l_i^6}{720R^5} \right\}　\tag{10-5}$$

实际上,一般取公式的前两项即可保证计算精度。

有了曲线点的坐标,就可以用直角坐标法放样曲线上的各点。该法适应于经纬仪配合钢尺或经纬仪配合测距仪,其测设方法有如下两种方法。

(1)在交点 JD 处安置仪器

将仪器安置在交点 JD 上,照准 ZY(或 YZ)定向;自 JD 沿着 ZY(或 YZ)切线方向依次测定 JD 至 N_i 的水平距离 $S_{JD} = T - x_i$,得 P_i 点的纵坐标 x_i,在纵坐标轴上的垂足 N_i;过 N_i 作垂线量取 y_i 即可确定对应的 P_i 点的位置。曲线的另一半按同样的方法进行测设。

(2)在 ZY(或 YZ)点安置仪器

将仪器安置在 ZY(或 YZ)点上,照准交点 JD 定向;自 ZY(或 YZ)沿切线方向依次量取 x_i 得 P_i 点在纵坐标上的垂足 N_i;过 N_i 作垂线量取 y_i 即为对应的 P_i 点的位置,直到 QZ 点为止。曲线的另一半按同样的方法进行测设。

在以上的测设中,当支距 y_i 值较小时,可用定角器确定切线的垂线方向;当 y_i 较大时,应在垂足 N_i 点安置经纬仪测设直角来确定垂线方向;当 y_i 较大而且测距困难时,应平移切线,以便于量取支距 x_i 和 y_i。从平移后的切线量取支距时应减去切线的平移值 q,实际量取值为($y_i - q$)。如曲线主点和加桩点同时进行测设,则两次测定的 QZ 点在允许误差范围之内,取其中点作为 QZ 点打桩。如之前已测定 QZ 点,则需要和已测点进行检核。

2. 偏角法

(1)偏角的计算

如图10-7所示,偏角法是以方向与距离来交会点位的。点的偏角就是弦线与切线的夹角。由平面几何中圆弧的弦切角等于所对圆心角 φ_i 的一半可得偏角 δ_i。

$$\delta_i = \frac{\varphi_i}{2} = \frac{180°}{2R\pi} \cdot s_i = 28.6479° \cdot \frac{s_i}{R}　\tag{10-6}$$

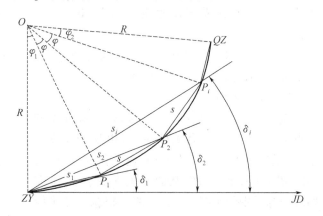

图10-7　圆曲线偏角放样

式中　R——曲线半径;
　　　s_i——弦长。

这里用了弦长来代替弧长,为使二者差别小到可忽略不计,弦长 s 应根据半径 R 的大小来确定。通常当 $R < 50$ m 时,取 $s = 5$ m;$R > 50$ m 时,取 $s = 10$ m;$R > 150$ m 时,取 $s = 20$ m。

在实际工作中,一般要求圆曲线点的里程尾数为弦长 s 的整数倍。在测设曲线时,一般都是从曲线的起点和终点分别向曲中点测设。由于起点、终点和曲中点的里程往往不是 s

的整数倍,所以从起点和终点测设的第一个圆曲线点时的偏角,它的弦长为非整数。

如图 10 - 8 所示。测设前首先分别由起点到曲中点和终点到曲中点计算并编制两个偏角累计表。设偏角累计值 δ_2 由起点(或终点)开始测设的第一个圆曲线点的偏角为 $\dfrac{\varphi_2}{2}$;最后一个点与 QZ 点的偏角为 $\dfrac{\varphi_2}{2}$;曲线中间的等分偏角为 $\dfrac{\varphi}{2}$,则偏角累计值按(10 - 6)式计算得,

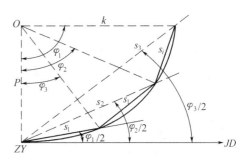

图 10 - 8　圆曲线偏角计算

$$
\left.
\begin{aligned}
\delta_1 &= \frac{\varphi}{2} \\
\delta_2 &= \delta_1 + \frac{\varphi}{2} = \delta_1 + \delta \\
\delta_3 &= \delta_1 + 2\frac{\varphi}{2} = \delta_1 + 2\delta \\
&\cdots\cdots \\
\delta_n &= \delta_1 + (n-2)\frac{\varphi}{2} + \frac{\varphi_n}{2}
\end{aligned}
\right\}
\tag{10 - 7}
$$

并以 $\delta_n = \delta_1 + (n-2)\dfrac{\varphi}{2} + \dfrac{\varphi_n}{2} = \dfrac{180° - \alpha}{4}$ 进行检核。式中,α 为线路的偏转角;φ_1 为第一段弧长所对圆心角;φ,δ 为规定弧长 C 所对圆心角和偏角;φ_n 为最末段弧长所对圆心角。

(2)测设步骤

①安置经纬仪于曲线的 ZY 点(或 YZ 点),照准转折点 JD,水平度盘置零;

②设置 δ_1 角,在视线方向上量取弦长(与 φ_2 对应的弦 s_1),定出曲线上的 P_1 点;

③设置 δ_2 角定向,由 P_1 点起量取弦长 s(对应于 φ 的弦)使其另一端位于经纬仪视线上,定出曲线点 P_2。按此法,依次定出其他点,直至曲中点为止。

④用同法测设曲线的另一半至曲中点闭合。若不闭合,其横向误差(径向)不得大于 ±10 cm,纵向误差不得大于 1/2 000。当曲线的闭合差在允许的范围之内,可按曲线上各点距曲线起点长度的大小成比例地进行改正。如图 10 - 9 所示。

偏角法放样时,当在起点或终点上不能一次测完所有的点时,可以将仪器移至已测设的点上继续测设。

偏角法放样圆曲线的计算和操作都比较简单、灵活,且可以自行闭合、自行检核,该方法适应于用经纬仪和钢尺放样。

当使用经纬仪和测距仪时,可以用极坐标法进行测设。放样距离为曲线起点 $ZY(YZ)$ 至各点的弦长 s_i,如图 10 - 8 所示。s_i 的计算公式为

图 10 - 9　闭合差改正

$$s_i = 2R\sin\delta_i \tag{10 - 8}$$

式中　s_i——起点 $ZY(YZ)$ 点至 P_i 点的弦长；

δ_i——起点 $ZY(YZ)$ 点至 P_i 点的累计角；

R——曲线半径。

3. 全站仪切线坐标放样测设方法

全站仪坐标放样测设就是利用全站仪坐标放样的功能，根据曲线点的坐标值进行放样的方法。曲线点的坐标分为两种，一种是曲线点的切线坐标。这种坐标系是相对每个曲线的独立坐标，是分别建立在曲线的两条切线之上的两个独立的坐标系，其坐标由式（10-4）或式（10-5）计算。另一种是线路坐标，它是把曲线点在切线坐标系中的坐标转化为线路控制测量坐标系中的坐标。

（1）在交点 JD 设站

将全站仪安置在 JD ，操作仪器进入坐标放样模式；输入测站坐标 $JD(T,0)$，输入后视点的坐标 $ZY(YZ)(0,0)$；照准后视点 ZY（或 YZ）设置方位角（或照准 ZY（YZ）点定向，直接设置方位角为 $0°00'00''$）；输入放样点的坐标 $P_i(x_i,y_i)$；按坐标放样键进行坐标放样，根据仪器显示的提示移动棱镜直到满足为止。QZ 至 ZY 和 QZ 至 YZ 的曲线要分别进行测设。

（2）在 ZY 或 YZ 点设站

将全站仪安置在 ZY（或 YZ 点），输入测站坐标 ZY（或 YZ）$(0,0)$，输入后视点的坐标 $JD(T,0)$；照准后视点 JD 设置方位角；（或照准 JD 定向，并设置方位角为 $0°00'00''$）；输入放样点的坐标 $P_i(x_i,y_i)$，按坐标放样键进行坐标放样，根据仪器显示的提示移动棱镜直到满足为止。

（3）全站仪自由设站法

当在测设过程中遇到障碍物不通视、或不能安置仪器时，可利用全站仪的坐标测量、后方交会等功能，以曲线上已测设的主点、交点以及其他已测设的点为已知点测定自由设站点的坐标，进而测设曲线上其余各点。

第四节　综合曲线的测设

综合曲线的基本线型是在圆曲线与直曲线之间加入缓和曲线，成为具有缓和曲线的圆曲线。缓和曲线的形式可采用回旋线、三次抛物线及双纽线等。目前我国公路设计中，多以回旋线作为缓和曲线。如图 10-10 所示，图中虚线部分为一转向角为 α、半径为 R 的圆曲线 AB，今欲在两侧插入长度为 l_0 的缓和曲线。圆曲线的半径不变而将圆心从 O' 移至 O 点，使得移动后的曲线离切线的距离为 p，在顺着 JD 与圆心的方向上移动量为 $p \cdot \sec\dfrac{\alpha}{2}$。曲线起点沿切线向外侧移至 E 点，设 $DE=m$，同时将移动后圆曲线的一部分（图中的 $\overset{\frown}{CF}$）取消，从 E 点到 F 点之间用弧长为 l_0 的缓和曲线代

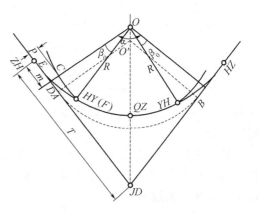

图 10-10　具有缓和曲线的圆曲线

替，故缓和曲线大约有一半在原圆曲线范围内，另一半在原直线范围内，缓和曲线的切线角

β_0 即为 $\overgroup{CF}$ 所对的圆心角。

一、综合曲线元素计算

综合曲线的元素包括综合曲线的切线长 T、曲线长 L、外矢距 E 和切曲差 q。此外还有三个常数 β_0, p, m。

1. 综合曲线元素及计算公式

根据设计的缓和曲线长度 l_0 和圆曲线半径 R,求缓和曲线的切线角 β_0、圆曲线的内移 p 和切线外移量 m 的计算公式如下:

$$\left.\begin{aligned}
\beta_0 &= \frac{l_0}{2R} \cdot \frac{180°}{\pi} = \frac{l_0}{2R}\rho'' \\
p &= \frac{l_0^2}{24R} - \frac{l_0^4}{2\,688R^3} \approx \frac{l_0^2}{24R} \\
m &= \frac{l_0}{2} - \frac{l_0^3}{240R^2} \approx \frac{l_0}{2}
\end{aligned}\right\} \tag{10-9}$$

在计算出缓和曲线的倾角 β_0、圆曲线的内移值 p 和切线外移量 m 后,就可以计算综合曲线的其他要素:

$$\left.\begin{aligned}
\text{切线长度} \quad & T = (R + p)\tan\frac{\alpha}{2} + m \\
\text{曲线长度} \quad & L = \frac{\pi R(\alpha - 2\beta_0)}{180°} + 2l_0 \\
\text{外矢距} \quad & E = (R + p)\sec\frac{\alpha}{2} - R \\
\text{切曲差} \quad & q = 2T - L
\end{aligned}\right\} \tag{10-10}$$

2. 综合曲线主点里程的计算

具有缓和曲线的圆曲线主点包括:

ZH(直缓点),直线与缓和曲线的连接点;

HY(缓圆点),缓和曲线和圆曲线的连接点;

QZ(曲中点),曲线的中点;

YH(圆缓点),圆曲线和缓和曲线的连接点;

HZ(缓直点),缓和曲线与直线的连接点。

从已知里程的点开始沿曲线逐点推算曲线上各点的里程。一般已知 JD 的里程,它是从前一线段推算而得,然后再从 JD 的里程推算各控制点里程。

$$\left.\begin{aligned}
ZH_{DK} &= JD_{DK} - T \\
HY_{DK} &= ZH_{DK} + l_0 \\
QZ_{DK} &= HY_{DK} + (L/2 - l_0) \\
YH_{DK} &= QZ_{DK} + (L/2 - l_0) \\
HZ_{DK} &= YH_{DK} + l_0
\end{aligned}\right\} \tag{10-11}$$

计算检核条件为,$HZ_{DK} = JD_{DK} + T - q$。

例 10-2,已知 $JD = K5 + 324.00$,$\alpha_{右} = 22°00'$,$R = 500$ m,缓和曲线长 $l_0 = 60$ m。求算缓和曲线主点里程桩桩号。

解　（1）计算综合曲线元素

由式（10 – 9）和式（10 – 10）计算得

缓和曲线的切线角　　　　$\beta_0 = \dfrac{l_0}{2R} \cdot \dfrac{180°}{\pi} = 3°26.3'$

圆曲线的内移值　　　　$p = \dfrac{l_0^2}{24R} - \dfrac{l_0^4}{2\,688R^3} = \dfrac{l_0^2}{24R} = 0.3\ \text{m}$

切线外移量　　　　　　$m = \dfrac{l_0}{2} - \dfrac{l_0^3}{240R^2} \approx \dfrac{l_0}{2} = 30.00\ \text{m}$

切线长度　　$T = (R + p)\tan\dfrac{\alpha}{2} + m = 127.24\ \text{m}$

曲线长度　　$L = R(\alpha - 2\beta) \cdot \dfrac{\pi}{180°} + 2l_0 = 251.98\ \text{m}$

外矢距　　$E = (R + p)\sec\dfrac{\alpha}{2} - R = 9.66\ \text{m}$

切曲差　　$q = 2T - L = 2.5\ \text{m}$

（2）计算曲线主点里程桩桩号

由式（10 – 11）计算得

JD	$K5 + 324 - T$	127.24
ZH	$K5 + 196.76$	
$+ l_0$	60.00	
HY	$K5 + 256.76$	
$+ (L + 2L_0)/2$	65.99	
QZ	$K5 + 322.75$	
$+ (L - 2L_0)/2$	65.99	
YH	$K5 + 388.74$	
$+ l_0$	60.00	
HZ	$K5 + 448.74$	

检核计算：

JD	$K5 + 324.00$
$+ T$	127.24
$- D$	2.50
HZ	$K5 + 448.74$

3. 综合曲线主点里的测设

计算出综合曲线的元素后，即可按单圆曲线主点的测设方法测设 ZY, QZ 及 HZ 各点。至于 HY 和 YH 两主点，可采用偏角法测设，求出其切线坐标后，可用切线支距法进行测设。

二、综合曲线的详细测设

1. 直角坐标法（切线支距法）

（1）切线坐标系的建立

如图 10 – 11 所示。以缓和曲线的起点 ZH（或终点 HZ）为原点，过 ZH（或 HZ）点的切线为 x 轴，通过该点的缓和曲线半径方向为 y 轴，建立的独立坐标系称切线坐标系。根据独立坐标系的坐标 x_i, y_i 来测设曲线上的细部点 P_i。

（2）缓和曲线上点的切线坐标计算

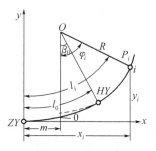

图 10 – 11　切线支距法测设综合曲线

如图 10 - 11 所示,从 ZH(或 HZ)点开始,缓和曲线段上各点坐标计算公式为

$$\begin{cases} x_i = l_0 - \dfrac{l_i^5}{40R^2 l_0^2} + \dfrac{l_i^9}{3\ 456R^4 l_0^4} - \cdots\cdots \\[3mm] y_i = \dfrac{l_i^3}{6Rl_0} - \dfrac{l_i^7}{336R^3 l_0^3} + \dfrac{l_i^{11}}{42\ 240R^5 l_0^5} - \cdots\cdots \end{cases} \tag{10 - 12}$$

式中　l_i——第 i 个细部点距 ZH(或 HZ)点的缓和曲线长;

　　　l_0——缓和曲线全长。

实际应用上式时,一般只取前一、二项,x 取前二项,y 取前一项即可。但对于高速干道或一级道路,由于精度要求较高,应用公式时应注意取舍,以免影响计算精度。

将 $l_i = l_0$ 代入上式即可得到 HY 点和 YH 点的坐标为

$$\left. \begin{aligned} x_0 &= l_0 - \frac{l_0^3}{40R^2} \\[2mm] y_0 &= \frac{l_0^2}{6R} \end{aligned} \right\} \tag{10 - 13}$$

(3)圆曲线上点的切线坐标

圆曲线段各点坐标计算公式为

$$\left. \begin{aligned} x_i &= R\sin\varphi + m \\ y_i &= R(1 - \cos\varphi_i) + P \\ \varphi_i &= \frac{180°}{\pi R}(l_i - l_0) + \beta_0 \end{aligned} \right\} \tag{10 - 14}$$

把上式转化为以 l_i 参数的方程式为

$$\left. \begin{aligned} x_i &= l_i - 0.5l_0 - \frac{(l_i - 0.5l_0)^3}{6R^2} + \cdots + m \\[2mm] y_i &= \frac{(l_i - 0.5l_0)^2}{2R} - \frac{(l_i - 0.5l_0)^4}{24R^3} + \cdots + p \end{aligned} \right\} \tag{10 - 15}$$

例 10 - 3　已知线路 $JD = K5 + 324.00$,线路转角 $\alpha_{右} = 22°00'$,$R = 500$ m,缓和曲线长 $l_0 = 60$ m。计算缓和曲线切线支距法测设数据。

解　利用上述综合曲线坐标计算公式,计算测设数据见表 10 - 2。

表 10 - 2　切线支距法测设综合曲线数据计算表

点号	桩号	l_i/m	x/m	y/m	曲线说明	说明
ZH	$K5 + 196.76$	0	0.00	0.00	$JD = K5 + 324.00$	
百米桩	$K5 + 200.00$	3.24	3.24	0.00	$\alpha_{右} = 22°00'$	
1	$K5 + 206.76$	10	10.00	0.01	$R = 500$ m	
2	$K5 + 216.76$	20	20.00	0.04	$l_0 = 60$ m	
3	$K5 + 226.76$	30	30.00	0.15	$\beta_0 = 3°26'3''$	
4	$K5 + 236.76$	40	40.00	0.36	$x_0 = 59.98$ m	
5	$K5 + 246.76$	50	49.99	0.69	$y_0 = 1.2$ m	
					$p = 0.30$ m	

表 10 - 2　（续）

点号	桩号	l_i/m	x/m	y/m	曲线说明	说明
HY	$K5+256.76$	60	59.98	1.20		
6	$K5+266.76$	70	69.96	1.90		
7	$K5+276.76$	80	79.92	2.80		
8	$K5+286.76$	90	89.86	3.90		
9	$K5+296.76$	100	99.97	5.19		
百米桩	$K5+300.00$	103.24	102.98	5.65		
10	$K5+316.76$	120	119.51	8.38		
QZ	$K5+322.75$	126	125.40	±9.48	$m=30.0$ m	
$10'$	$K5+328.74$	120	119.51	-8.38	$T=127.24$ m	
$9'$	$K5+338.74$	110	109.66	6.69	$L=251.98$ m	
$8'$	$K5+348.74$	100	99.77	-5.19	$E=9.66$ m	
$7'$	$K5+358.74$	90	89.86	-3.90	$D=2.50$ m	
$6'$	$K5+368.74$	80	79.91	-2.80	$\varphi=2°17.5'$	
YH	$K5+388.74$	60	59.98	-1.20		
$5'$	$K5+398.74$	50	49.99	-0.69		
百米桩	$K5+400.00$	48.74	42.73	-0.64		
$4'$	$K5+408.74$	40	40.00	-0.36		
$3'$	$K5+418.14$	30	3.00	-0.15		
$2'$	$K5+428.74$	20	20.00	-0.04		
$1'$	$K5+438.74$	10	10.00	-0.01		
HZ	$K5+448.74$	0	0.00	0.00		

　　有了曲线对应的坐标值 (x_i, y_i)，就可采用切线支距法或全站仪切线坐标法测设曲线上的各点。

　　2. 偏角法

　　采用偏角法测设综合曲线，通常是由 ZH（或 HZ）点测设缓和曲线部分，然后再由 HY（或 YH）测设圆曲线部分。因此，偏角值可分为缓和曲线上的偏角值和圆曲线上的偏角值。

　　（1）缓和曲线上各点偏角值计算

　　如图 10 - 12 所示，P_i 为缓和曲线上一任意一点，p_i 点和缓和曲线起点的连线与切线的夹角 δ_i 即为该点的偏角。由于缓和曲线上各点的偏角值很小，故可用下式进行计算，即

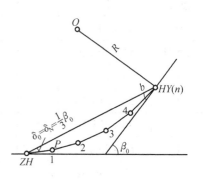

图 10 - 12　偏角法测设综合曲线

$$\delta_i \approx \tan \delta_i = \frac{y_i}{x_i} \qquad (10-16)$$

式中,x_i,y_i 为缓和曲线上 i 点的直角坐标。

将 $(10-12)$ 式缓和曲线方程中的第一项代入上式,则有

$$\delta_i = \frac{\dfrac{l_i^3}{6Rl_0}}{l_i} = \frac{l_i^2}{6Rl_0} \qquad (10-17)$$

对于 HY(或)YH 点,则有

$$\delta_0 = = \frac{l_0^2}{6Rl_0} = \frac{l_0}{6R} = \frac{1}{3}\beta_0 \qquad (10-18)$$

实际应用中,设计缓和曲线全长一般都选用 10 m 的整倍数。为计算和编制表格方便,缓和曲线上测设的点都是间隔 10 m 的等分点,即 $l_2 = 2l_1$,$l_3 = 3l_1$,$\cdots$,$l_n = nl_1$。设 δ_1 为缓和曲线上第一等分点的偏角;δ_i 为第 i 个等分点的偏角,则按式 $(10-17)$ 可得

$$\left.\begin{array}{l} \delta_1 = 1^2 \cdot \delta_1 \\ \delta_2 = 2^2 \cdot \delta_1 \\ \delta_3 = 3^2 \cdot \delta_1 \\ \qquad \vdots \\ \delta_n = n^2 \cdot \delta_1 \end{array}\right\} \qquad (10-19)$$

在求出 δ_1 后,即可按上式求出缓和曲线上各加密点对应的偏角值。

（2）圆曲线部分的偏角计算

综合曲线中圆曲线偏角的计算和单纯圆曲线相同。

（3）综合曲线测设步骤

①缓和曲线上点的测设。在 ZH(或 HZ)点安置仪器,后视切线方向,水平度盘置零,以偏角 δ_i 方向和缓和曲线 l_i 长交会出 i 点。

②圆曲线部分的测设。圆曲线部分测设时,一般以 HY(或 YH)点为测站点,测设方法与单纯圆曲线测设方法相同。

在图 $10-13$ 中,HY 点切线偏角为 δ_0,缓和曲线总偏角为 β_0,总偏角方向和 HY 点切线方向的夹角为 $(\beta_0 - \delta_0)$。在 HY 点设站,后视 ZH 点,设置水平度盘读数为 $(\beta_0 - \delta_0)$,左曲线时(切线在曲线的左侧),水平度盘设置为 $360° - (\beta_0 - \delta_0)$,倒镜后当水平度盘读数为零时,即得 HY(或 YH)点的切线方向。下面以实例说明测设的方法步骤。

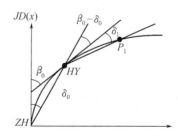

图 10 – 13　偏角法测设综合曲线

例 10 – 4,已知线路 $JD\ DK = K25 + 247.192$,$\alpha_{右} = 19°05'$,$R = 600$ m,缓和曲线长 $l_0 = 50$ m。计算偏角法测设综合曲线的测设数据,并说明测设方法步骤。

测设数据（偏角值）计算详见表 10 – 3。

测设步骤如下：

①如图 10-13 所示,在 ZH 点上安置经纬仪,以切线方向定向,使度盘读数为零;

②拨偏角 $\delta_1 = 0°01'55''$,沿视线方向量取 $l_1 = 10$ m,定第 1 点;

③拨偏角 $\delta_2 = 0°07'38''$ 由第 1 点量取 $l_2 = 10$ m,并使 l_2 的末端与视线的方向相交,则交点即为定第 2 点;

④按上述方法依次测设缓和曲线上以后各点直至 HY 点,并以主点(HY)进行检核;

⑤将仪器迁至 HY 点,以 ZH 点定向,度盘读数设置为 $360° - (\beta_0 - \delta_0) = 358°24'30''$ 倒镜后,再转动照准部使水平度盘读数为零,此时望远镜视线方向即为 HY 点的切线方向;

⑥按圆曲线详细测设方法测设综合曲线上的圆曲线部分;

⑦同样方法测设综合曲线的另一半,测设后要进行检核,并对闭合差进行调整,其方法与圆曲线的调整相同。

表 10-3　偏角法测设综合曲线数据计算表

点名	桩号	弦长	曲线偏角		备注	曲线计算说明
			缓和曲线	圆曲线		
ZH	K25+121.31				测站	$JD = K25+247.192;\alpha_{右} = 19°05'$
JD			0°00'00''		后视	$R = 600$ m;$l_0 = 50$ m;$T = 125.882$ m
1	+131.31	10	0°01'55''			$L = 249.840$ m;$E = 8.593$ m
2	+141.31	10	0°07'38''			$\beta_0 = \dfrac{50}{2\times600}\cdot\rho = 2°23'15''$
3	+151.31	10	0°17'11''			$\delta_0 = \dfrac{1}{3}\beta_0 = 0°47'45''$
4	+161.31	10	0°30'33''			$\delta_1 = \dfrac{l_1^2}{6Rl_0} = \dfrac{10^2}{6\times600\times50}\cdot\rho$
HY	K25+171.31	10	0°47'45''			$= 0°01'55''$
HY	K25+171.31				测站	$\beta_0 - \delta_0 = 1°35'30''$
ZH			358°24'30''		后视	$\delta_N = N^2\delta_1$
1	+180.00	8.69		0°24'54''		圆曲线偏角计算:
2	+190.00	10.		0°53'33''		$\delta_i = \dfrac{s_i}{2R}\cdot\rho$
3	+200.00	10.		1°22'12''		
4	+210.00	10.		1°55'51''		$\delta_1 = \dfrac{8.69}{2\times600}\cdot\dfrac{180°}{\pi} = 0°24'54''$
5	+220.00	10.		2°19'30''		
6	+230.00	10.		2°48'09''		$\delta = \dfrac{10}{2\times600}\cdot\dfrac{180°}{\pi} = 0°28'03''$
7	+240.00	10.		3°16'47''		
QZ	K25+246.23	6.23		3°34'38''		$\dfrac{6.23}{2\times600}\cdot\rho = 0°18'03''$

三、全站仪任意设站测设曲线

随着全站仪在道路勘测中的应用越来越普及,利用极坐标法测设曲线将越来越重要。这种测设曲线的方法,其优点是测量误差不累计,测设的点位精度高。尤其是在曲线主点不能设站或测设曲线遇障碍时,将测站设置在中线外任意一点测设曲线,将给现场的测设工作带来很大方便。

全站仪线路控制测量坐标自由设站是把由直线段、圆曲线段、缓和曲线段组合而成的曲线上的各点归算到统一的线路控制测量坐标系中。具体方法是把曲线的切线支距坐标经坐标旋转转换成线路控制测量坐标。

如图 10 - 14 所示，α 为线路的转向角，d 为道路中心线至边线的距离。以 ZH 为坐标原点建立切线支距坐标系。

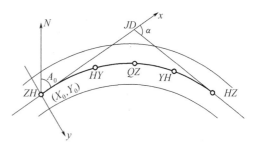

图 10 - 14　任意设站坐标法测设缓和曲线

在线路控制测量坐标系中，ZH 至 JD 的方位角 A_0，可由该两点的导线测量坐标反算得到。当设计给定了曲线的 JD（交点）坐标（X_{JD}，Y_{JD}），ZH 与 JD 连线的方位角 A_0 以及 ZH 点的里程 L_0 和曲线单元的左右偏情况（用 ξ 表示，$\xi = -1$ 表示左偏，$\xi = +1$ 表示右偏），那么只要输入曲线上任意一点的里程 L_p，就可以求出曲线单元上任意一点的设计坐标。有了统一的坐标，即可求出仪器架设在导线点或其他任意支点上测设曲线的放样元素了。

第五节　竖曲线的测设

一、概述

线路纵断面是由许多不同坡度的地段连接而成的。两相邻坡段的交点称为变坡点。为了行车安全，在两相邻坡度之间应加设竖曲线。竖曲线可分为凸形竖曲线和凹形竖曲线（图 10 - 15）。连接两相邻坡度的竖曲线，可用圆曲线，也可以用抛物线。目前，我国铁路、公路上多采用圆曲线连接。

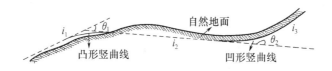

图 10 - 15　凹形竖曲线和凸形竖曲

我国《标准轨距铁路设计技术规范》中规定，在新建线路上，只能采用同一种性质的竖曲线。当采用圆曲线型竖曲线时，在Ⅰ，Ⅱ级铁路上当相邻两坡段的代数差大于 3‰时必须设置竖曲线，竖曲线的半径不小于 10 000 m；在Ⅲ级铁路上相邻坡段的代数差大于 4‰时应设置竖曲线，其半径不小于 5 000 m。在不过分加大工作量的情况下，为了改进交通条件，竖曲线的半径应当尽可能地加大。现行的《公路工程技术标准》规定，各级公路在纵坡变坡处均应按规定设置圆曲线型竖曲线。

二、圆形竖曲线元素计算

如图 10 - 16 所示，LV 为坡度 i_1，VM 的坡度为 i_2，两坡度交于 V 点，则圆曲线型竖曲线的切线长 T 和曲线长 L 的计算公式为

$$T = R \cdot \tan \frac{\alpha}{2} \left.\vphantom{\begin{array}{c}1\\1\end{array}}\right\} \qquad (10 - 33)$$
$$L = R \cdot \alpha$$

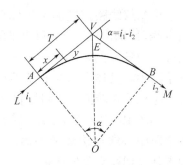

图 10 - 16　圆形竖曲线

式中，α 为纵向转折角。

由于允许坡度的数值较小，纵断面上的转折角 α 可认为

$$\alpha = \Delta i = i_1 - i_2 \qquad (10 - 34)$$

Δi 为正时为凸形曲线，反之为凹形曲线，由于 α 角很小，所以 $\tan \frac{\alpha}{2} \approx \frac{\alpha}{2} = \frac{1}{2}(i_1 - i_2)$；又因 $y_{\max} \approx E$，有 $E = T^2/2R$

则为曲线元素可按下列近似公式计算，即

$$T = R \cdot \tan \frac{\alpha}{2} = \frac{1}{2}R \cdot \Delta i \left.\vphantom{\begin{array}{c}1\\1\\1\end{array}}\right\}$$
$$L = R \cdot \alpha = R \cdot \Delta i = 2T \qquad (10 - 35)$$
$$E = \frac{T^2}{2R}$$

由于 α 很小，故可认为曲线上各点的 y 坐标方向与半径方向一致，也可认为是切线上与曲线上的高程差。从而得

$$(R + y)^2 = R^2 + x^2$$

故有

$$2Ry = x^2 - y^2$$

由于 y^2 与 x^2 相比较，其值甚微，可略去不计。故有 $2Ry = x^2$

所以

$$y_i = \frac{x_i^2}{2R} \qquad (10 - 36)$$

算得高程差 y_i，即可按坡度线上各点的高程，计算各曲线点的高程。

实际上 $x^2 = 2Ry$ 就是二次抛物线的方程，由此可知，采用圆曲线形竖曲线与二次抛物线形竖曲线两者无太大的差异。

设 H_V' 为变坡点 V 的高程，则坡度线上的高程计算公式为

$$H_i' = H_V' + (T - x_i) \cdot i \qquad (10 - 37)$$

设计高程为

$$H_i = H_i' \pm y_i \qquad (10 - 38)$$

例 10 - 5　已知线路坡度为 $-6‰$，及 $+10‰$，变坡点里程为 $DK2 + 360.00$；变坡点的高程为 $H_V' = 539.19$ m，竖曲线半径 $R = 5\,000$ m。在竖曲线上每隔 10 m 设置一曲线点，并计算各点高程。

①计算竖曲线的元素。

曲折角　　　　　　　$\Delta i = i_1 - i_2 = -0.006 - 0.010 = -0.016$

　　　　　　　　　　$T = R\Delta/2 = 5\,000 \times 0.016/2 = 40$ m

曲线长　　　　　　　$L = 2T = R\Delta i = 2 \times 5\,000 \times 0.016 = 80$ m

外矢距　　　　　　　$E = T^2/2R = 40^2/2 \times 5\,000 = 0.16$

②计算竖曲线起、终点的里程。

变坡点	DK2 + 360	
− T	40	
竖曲线起点	DK2 + 320.00	
+ C	80.00	
竖曲线终点	DK2 + 400.00	

③根据变坡点的高程 及坡度 i_1, i_2 按曲线间隔 10 m 计算坡度线上的高程。

④根据 x_i 计算 y_i, 由于 Δi 为负, 该曲线为凹曲线。设计高程为 $H_i = H_i' + y_i$ 各项计算结果列于表 10 − 4。

表 10 − 4　竖曲线计算

点号	桩号	x/m	y/m	坡度上各点之高程 $H_i' = H_v' + (T − x_i) \cdot i$	竖直线上各点之高程 $H_i = H_i' \pm y_i$
始点	DK2 + 320.00	0	0	539.43	539.43
	+ 330	10	0.01	539.37	539.38
	+ 340	20	0.04	539.31	539.35
	+ 350	30	0.09	539.25	539.34
变坡点	DK2 + 360	40	0.16	539.19	539.35
	+ 370	30	0.09	539.29	539.38
	+ 380	20	0.04	539.39	539.43
	+ 390	10	0.01	539.49	539.50
终点	DK2 + 400	0	0	539.59	539.59

三、竖曲线的放样方法

①竖曲线上各点的放样, 可根据纵断面图上标注的里程和高程, 以附近已放样的整桩为依据, 量取各点的 x 值(水平距离), 并设置标桩。

②根据附近已知的高程点进行各曲线点设计高程的放样。先测定各点(标桩)的高程, 再与各点的设计高程计算填挖高度, 即 h_i = 竖曲线设计高程 − 桩点高程, 正为填, 负为挖。

③将填挖高度标记在标桩上, 作为施工依据。

第六节　桥梁控制测量

一、概述

桥梁施工项目, 应建立桥梁施工专用控制网。对于跨越宽度较小的桥梁, 也可利用勘测阶段所布设的等级控制点, 须经过复测, 并满足桥梁控制网的等级和精度要求。桥梁施工控制网等级的选择, 应根据桥梁的结构和设计要求合理确定, 并符合表 10 − 5 的规定。

表 10 – 5 桥梁施工控制网等级的选择

桥长 L/m	跨越的宽度 l/m	平面控制网的	高程控制网
$L > 5\ 000$	$l > 1\ 000$	二等或三等	二等
$2\ 000 \leqslant L \leqslant 5\ 000$	$500 \leqslant l \leqslant 1\ 000$	三等或四等	三等
$500 < L < 2\ 000$	$200 < l < 500$	四等或一级	四等
$L \leqslant 500$	$l \leqslant 200$	一级	四等或五等

注:1. L 为桥的总长;2. l 为跨越的宽度指桥梁所跨越的江、河、峡谷的宽度。

桥梁施工控制网分为施工平面控制网和施工高程控制网。

桥梁平面控制网通常分两级布设。首级控制网主要控制桥的轴线;为了满足施工中放样每个桥墩的需要,在首级网下需要加设一定数量的插点或插网,构成第二级控制。由于放样桥墩的精度要求较高,故第二级控制网的精度应不低于首级网。

桥梁平面控制网设计应进行精度估算,以确保施测后能满足桥轴线长度和桥墩台中心定位的精度要求。在桥梁控制网施测时,应及时检查外业观测资料,以杜绝错误的产生。在整个控制网的测量工作完成后,应整理全部外业观测成果,并进行平差计算。当闭合差超限时,应查明原因,并及时组织返工。

桥梁高程控制网提供具有统一高程系统的施工控制点,使两端线路高程准确衔接,同时为满足高程放样的需要服务。

二、桥梁平面控制网的建立

1. 桥梁平面控制网的布设形式

桥梁施工平面控制网,宜布设成自由网,并根据线路测量控制点定位。为确保桥轴线长度和墩台定位的精度,大桥、特大桥必须布设专用的施工平面控制网。按观测要素的不同,桥梁施工平面控制网可布设成三角网、边角网、精密导线网、GPS 网等。

2. 桥梁平面控制网坐标系和投影面的选择

为了施工放样时计算方便,桥梁控制网常采用独立坐标系统,其坐标轴采用平行或垂直桥轴线方向,坐标原点选在工地以外的西南角上,这样桥轴线上两点间的长度可以方便的由坐标差求得。

对于曲线桥梁,坐标轴可选为平行或垂直一岸轴线点(控制点)的切线。若施工控制网与测图控制网发生联系时,应进行坐标换算,统一坐标系。

桥梁控制网选择桥墩顶平面作为投影面,以便平差计算获得放样需要的控制点之间的实际距离。在平差之前,包括起算边长和观测边长及水平角观测值都要化算到桥墩的平面上。

三、桥梁施工高程控制网的布设

1. 高程控制网的精度

无论是公路桥、铁路桥或公路铁路两用桥,在测设桥梁施工高程控制网前都必须收集两岸桥轴线附近国家水准点资料。对城市桥还应收集有关的市政工程水准点资料;对铁路及公路两用桥还应收集铁路线路勘测或已有铁路的水准点资料,包括其水准点的位置、编号、等级、采用的高程系统及其最近测量日期等。

桥梁高程控制网的起算高程数据是由桥址附近的国家水准点或其他已知水准点引入。这只是取得统一的高程系统，而桥梁控制网仍是一个自由网，不受已知高程点的约束，以保证网本身的精度。

由于除放样桥墩、台高程的精度除受施工放样误差的影响外，控制点间高差的误差亦是一个重要的影响因素，因此高程控制网必须要有足够高的精度。对于水准网，水准点之间的联测及起算高程的引测一般采用三等水准测量。跨河水准测量中当跨河距离小于 800 米时采用三等水准测量，大于 800 米则应采用二等水准测量。

2. 水准点的布设

水准点的选点与埋设工作一般都与平面控制网的选点与埋设工作同步进行，两岸的水准测量路线，应组成一个统一的水准网，每岸水准点应不少于 3 个。水准点应包括水准基点和工作点。水准基点是整个桥梁施工过程中的高程基准，因此在选择水准点时应注意其隐蔽性、稳定性和方便性。即水准基点应选择在不致被损坏的地方，同时要特别避免地质不良、过往车辆影响和易受其他振动影响的地方。此外还应注意当覆盖层较浅时，可采用深挖基坑或用地质钻孔的方法使之埋设在基岩上；在覆盖层较深时，应尽量采用加设基桩（即开挖基坑后打入若干根大木桩的方法）以增强埋石的稳定性。水准基点除了考虑其在桥梁施工期间使用之外，要尽可能做到在桥梁施工完毕交付运营后能长期用于桥梁沉降观测之用。

为了方便桥墩高程放样，在距水准点较远（一般大于 1 km）的情况下，应增设施工水准点。施工水准点可布设成附合水准路线。施工高程控制点在精度要求低于三等时，也可用三角高程建立。

在桥墩施工过程中，单靠水准基点难以满足施工放样的需要，因此需在靠近桥墩附近再设置水准点，通常称为工作基点。这些点一般不单独埋石，而是利用平面控制网的导线点或三角点的标志作为水准点。采用强制对中观测桥墩时，则是将水准标志埋设在观测墩旁的混凝土中。

第七节　桥梁墩、台测量

一、桥轴线长度精度和桥梁墩台定位精度的确定

为保证桥梁与相邻线路在平面位置上正确衔接，必须在桥址两岸的线路中线上埋设控制桩，两岸控制桩的连线称为桥轴线，控制桩之间的水平距离称为桥轴线长度。桥轴线长度可采用精密钢尺量距或光电测距方法测定。对于中、小型桥梁，桥轴线长度测量的限差为1/5 000。

桥梁控制网是为保证桥轴线的放样、桥梁墩台中心定位和轴线测设的精度而布设。因此，首先要知道桥轴线长度、墩台中心定位精度要求的计算方法。

1. 桥梁轴线长度的精度

计算桥轴线长度应满足的精度，需要知道桥轴线的长度，同时要考虑桥墩的大小及跨越结构的形式。桥梁结构的不同，在制造、拼装和安装上存在误差也不同，它们都影响桥梁全长的误差。例如，钢桁梁存在着杆件制造误差、杆件组合拼装误差以及钢材因温度升降而胀缩的误差等；架设钢梁时支点沿桥中线方向与支座位置产生偏差，以及支座安装定位的误

差,影响相邻钢梁端部间隙的加大与减小。这些因素关系复杂,要全面、周密的考虑有困难,可以用不同桥梁形式和长度及其拼装上的综合误差与支座安装误差作为依据,估算控制网精度。

桥梁跨越结构的形式一般分为简支梁和连续梁。简支梁在一端桥墩上设固定支座,另一端桥墩上设活动支座;连续梁只在一个桥墩上设活动支座。在钢梁架设过程中,它的最后长度误差来源于杆件加工装配时的误差和安装支座的误差。

《铁路钢桥制造规则》规定:钢桁梁节间长度制造容许误差为 ± 2 mm,两节间拼装孔距误差为 ± 0.5 mm,则每一间的制造和拼接误差为 $\Delta l = \pm \sqrt{2^2 + 0.5^2}$ mm $= \pm 2.12$ mm(一般取 2 mm),由 n 个节间拼接的桁式钢梁构成一跨或一联,其长度误差包括拼装误差 ΔL 和支座安装容许误差 δ。对于连续梁及长跨(大于 64 m)简支钢桥,其长度拼接误差 ΔL 按规范取为

$$\Delta L = \pm \sqrt{n \Delta l^2} \tag{10-39}$$

而 δ 目前一般取 $\delta = \pm 7$ mm。故每跨(联)钢梁安装后的容许误差为

$$\Delta d = \pm \sqrt{\Delta L^2 + \delta^2} = \pm \sqrt{n \Delta l^2 + \delta^2} \tag{10-40}$$

而对于钢板梁及段跨(小于等于 64 m)简支钢桁梁、钢筋混凝土梁预应力混凝土梁等结构形式,其长度拼装误差 ΔL 按规范取为

$$\Delta L = \pm \frac{1}{5\,000} L \tag{10-41}$$

式中,L 为梁长。

故计算每跨(联)钢梁安装后的容许误差为

$$\Delta d = \pm \sqrt{\Delta L^2 + \delta^2} = \pm \sqrt{\left(\frac{L}{5\,000}\right)^2 + \delta^2} \tag{10-42}$$

设桥梁全长有 N 跨(联),则对于等跨的情况其全长的极限误差为

$$\Delta D = \pm \sqrt{N} \Delta d \tag{10-43}$$

对于不等跨时其全长的极限误差为

$$\Delta D = \pm \sqrt{\Delta d_1^2 + \Delta d_2^2 + \cdots\cdots + \Delta d_N^2} \tag{10-44}$$

取 1/2 的极限误差为中误差,则全桥轴线长的相对中误差为

$$\frac{m_D}{D} = \frac{\Delta D}{2D} \tag{10-45}$$

对长度相同的桥梁,因桥式及跨度不同,精度要求也不相同。一般来说,连续梁比简支梁精度要求高,大跨距比小跨距精度要求高。

2. 桥梁墩台中心的精度

桥墩中心位置偏移,将为架设造成困难,而且会使墩上的支座位置偏移,改变桥墩的应力,影响墩台的使用寿命和行车安全。因此,建立控制网不但要保证桥轴线长度有必要的精度,而且要保证墩台中心定位的精度。工程上对放样桥墩的位置要求是:钢梁墩台中心在桥轴线方向的位置中误差应不大于 $1.5 \sim 2.0$ cm。

二、桥梁的墩、台中心定位和轴线测设

在桥梁施工测量中,测设墩、台中心位置的工作称为桥梁墩、台中心定位,为了进行墩、台施工的细部放样,还需要测设其纵、横轴线。准确地测设桥梁墩台的中心位置和它的纵横轴线,是桥梁施工阶段最主要的工作之一,这个工作称为墩、台定位和轴线测设,下面对直线

桥梁和曲线桥梁进行介绍。

1. 直线桥梁墩、台中心定位

直线桥梁的墩、台中心都位于桥轴线的方向上，墩、台定位所依据的资料为桥轴线控制桩的里程和桥梁墩、台的设计里程。

如图 10-17 所示，已知桥轴线控制桩 A，B 及各墩、台中心的里程，相邻两点的里程相减，即可求得其间的距离，由此距离可测设出墩、台的中心位置。墩、台中心定位的方法，可根据河宽、河深及墩、台位置等

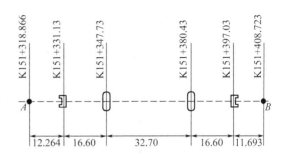

图 10-17　直线桥

具体情况，采用直接测距法或角度交会法。测设墩、台的顺序最好从一端到另一端，并在终端与桥轴线的控制桩进行校核。

（1）直接测距法

当桥梁墩、台位于无水河滩上或浅水河道时，可采用直接测距法。

当水面较窄且用钢尺可以跨越丈量时，根据计算出的距离，从桥轴线的一个端点开始，用检定过的钢尺测设出墩、台中心点，并附合于桥轴线的另一个端点上进行校核，精度应符合要求。

使用全站仪或测距仪测设时，将仪器安置于桥轴线的一个控制桩上，瞄准另一控制桩，此时望远镜所指方向即为桥轴线方向，在此方向上移动棱镜，通过测设距离，分别定出各墩、台中心。为确保测设点位的准确，测设后应将仪器迁至另一控制点上再测设一次进行校核。

如在桥轴线控制桩上测设遇有障碍，也可将仪器置于任何一个控制点上，利用墩、台中心的坐标计算测设数据，用极坐标法进行测设。

（2）角度交会法

角度交会法应在三个方向上进行，按照对定位精度的估算，交会角应以接近 90° 为宜，图 10-18 为一直线桥梁，由于墩位有远有近，若只在固定的 C 和 D 点设站测设就无法满足这一要求。在布设主网时增设节点 C' 点 D'，目的是为了使交会角接近 90°。图中交会墩 T_1，T_2 时，利用 C 和 D 点，而交会墩 T_3 时，则利用节点 C' 和 D'。对于直线桥来说，交会的第三个方向最好采用桥轴线方向。因为该方向可直接照准而无须测角。

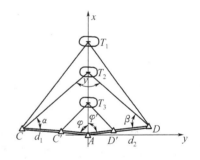

图 10-18　直线桥梁角度交会

测设前应根据三个测站点和测设的墩台中心点的坐标，分别计算出测设元素，图 10-18 中测设 T_2 时，测设元素 α，β 和 φ 角（对直线桥 φ 角不必计算）。

在桥墩施工过程中，随着工程的进展需要多次交会墩台的中心位置。为了简化工作，提高精度，可把交会的方向延伸到对岸，并用觇牌固定。在以后交会时，只要直接照准对岸的觇牌即可。觇牌的位置如图 10-19 所示，为避免混淆，应在相应的觇牌上表示出桥墩的编号。

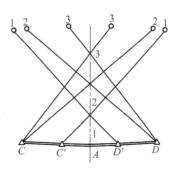

图 10-19　照准对岸的觇牌

为了精确设立觇牌的位置,应按精密角度测设的方法进行,钉好觇牌后,应再一次精密测出其角度值(按精度估算中拟定观测方案进行)。与计算的测设角度相比较,差值应小于3″~5″。否则需重设觇牌。待桥墩浮出水面后,即可将这个方向转移到桥墩上,而不再使用觇牌。

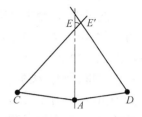

理论上三个交会方向应交会于一点,由于不可避免地存在误差,实际上这三个方向会形成一个示误三角形(图10-20)。对于直线桥梁,如果示误三角形在桥轴线方向上

图 10-20　示误三角形

的边长不大于2 cm,最大边长不超过3 cm。则取E'在桥轴线上的投影位置E作为墩中心的位置。对于曲线桥,如果示误三角形的最大边长不大于2.5 cm,则取三角形的重心作为墩中心的位置。

2. 曲线桥墩、台中心定位

(1)曲线桥墩台中心位置测设资料计算

由于曲线桥的路线中线是曲线,而所用的梁是直的,因此路线中线与梁的中线不能完全吻合,如图10-21所示。梁在曲线上的布置,是使各跨梁的中线连接起来,成为与路线中线基本相符的折线。墩、台中心一般就位于这条折线转折角的顶点上。测设曲线墩、台中心,就是测设这些顶点的位置。

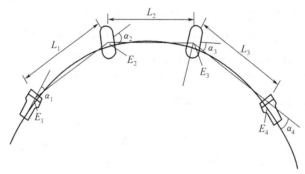

图 10-21　曲线桥线路中心线与梁的中线不能完全吻合

如图10-21所示,在桥梁设计中,梁中心线的两端并不位于路线中线上,而是向外侧移动了一段距离E,这段距离E称为偏距。如果偏距E为以梁长为弦线的中矢值的一半,这种布梁方法称为平分中矢布置。如果偏距E等于中矢值,称为切线布置。两种布置参见图10-22。此外,相邻两跨梁中心线的交角α称为偏角。

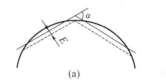 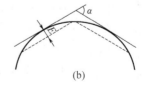

(a)　　　　　　　　(b)

图 10-22　桥梁的布置方法
(a)平分中矢布置;(b)切线布置

每段折线的长度L称为桥墩中心距。偏角α、偏距E和桥墩中心距L是测设曲线桥墩、台位置的基本数据。

①偏距 E 的计算。当梁在圆曲线上时，切线布置偏距计算公式为

$$E = \frac{L^2}{8R} \qquad (10-46)$$

平分中矢布置偏距计算公式为

$$E = \frac{L^2}{16R} \qquad (10-47)$$

当梁在缓和曲线上，切线布置偏距计算公式为

$$E = \frac{L^2}{8R} \cdot \frac{l_\mathrm{T}}{l_\mathrm{S}} \qquad (10-48)$$

平分中矢布置偏距计算公式为

$$E = \frac{L^2}{16R} \cdot \frac{l_\mathrm{T}}{l_\mathrm{S}} \qquad (10-49)$$

式中　L——桥墩中心距；

　　　R——圆曲线半径；

　　　l_T——缓和曲线长；

　　　l_S——计算点至 ZH（或 HZ）的长度。

其中墩中心距 L 由下式计算

$$L = l + 2a + B\alpha/2 \qquad (10-50)$$

式中　l——梁长；

　　　a——规定的直线桥梁缝的一半；

　　　α——桥梁偏角即两孔梁中线的转向角，rad；

　　　B——梁的宽度。

当相邻两孔梁的跨距不等，或虽是等跨距，但位于缓和曲线上，则所示的 E 值不等，导致两孔梁的工作线不能交于桥墩中心，为避免出现这种情况，应采用相同的 E 值，因此规定了当相邻梁跨都小于 16 m 时，按小跨度梁的要求确定 E 值；而大于 20 m 时则按大跨度梁的要求确定。

②偏角 α 的计算。梁工作线偏角 α 主要由两部分组成，一是工作线所对应的路线中线的弦线偏角；二是由于墩、台 E 值不等而引起的外移偏角。另外，当梁一部分在直线上，一部分在缓和曲线上，或者一部分在缓和曲线上，一部分在圆曲线上时，还须考虑其附加偏角。

计算时，可将弦线偏角、外移偏角和其他附加偏角分别计算，然后取其和。

如图 10-23 所示，偏心距 E、偏角 α 及墩中心距 L，在设计文件中已经给出，但在测设以前仍应按上述计算方法重新进行校核计算。图 10-23 中在每个桥墩处注记了偏距 E 和墩中心的桩号，桩号下面注记了该桥墩偏角，两墩间注记了墩中心距长，如 3 号桥墩注记了桩号为 $K9+763.20$，$E=11$ cm，偏角 $\alpha = 3°07'56''$，3 号到 4 号墩中心距为 32.80 m。

在测设之前，应对使用方法的测设精度进行估算，在测设时应按照估算设计的观测方案进行。最常用的方法是极坐标法和交会法。

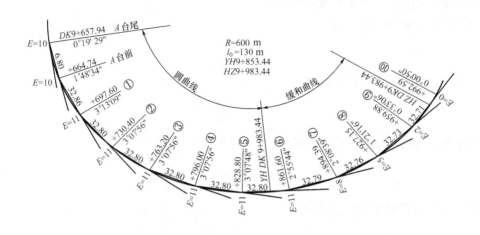

图 10 – 23　设计文件中给出的偏心距 E、偏角 α 及墩中心距 L

（2）曲线桥梁墩台中心坐标计算

如图 10 – 24，T 为桥墩中心，利用设计文件中已经给出的该墩的桩号 J 可求得其坐标 x_J，y_J 和切线方位角 α_J 的精确值。由于墩中心 T 到中桩 J 的偏距 E 在设计文件中也已给出，且这一偏距是点 T 到曲线的垂距，故图中桥墩的纵轴线方位角 α_T 为

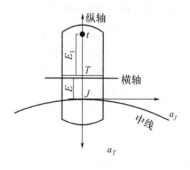

图 10 – 24　桥墩中心坐标

$$\alpha_T = \alpha_J + 90° \qquad (10 – 51)$$

此方位角永远指向线路前进方向的右侧。于是求得墩台中心 T 的坐标为

$$x_T = x_J - E\cos\alpha_T \qquad (10 – 52)$$
$$y_T = y_J - E\sin\alpha_T \qquad (10 – 53)$$

在纵轴线上离墩台中心 T 的距离为 E_1 处取一点 t，则 t 的坐标为

$$x_t = x_T - E_1\cos\alpha_T \qquad (10 – 54)$$
$$y_t = y_T - E_1\sin\alpha_T \qquad (10 – 55)$$

T 的坐标用于测设墩台中心，而 t 坐标则用于确定墩台的纵轴线。

待各墩中心坐标算出后，通过相邻两坐标可反算出墩中心距和墩中心线方位角以及偏角。它可用于对设计文件中给定的墩中心距和桥梁偏角的检核，当两者不符时应查明原因。

（3）曲线桥墩台中心定位的方法

测设墩台中心的方法有直接测距法、偏角法、导线法、极坐标法及前方交会法。直接测距法和前方交会法与直线桥梁的相同，不再详述，下面介绍一下极坐标法。

极坐标法测距方便、迅速，在一个测站上可以测设所有与之通视的点，且距离的长短对工作量和工作方法没有什么改变，测设精度高，是一种较好的测设方法。

测设时，可选择任意一个控制点设站（当然应首选网中桥轴线上的一个控制点），并选择一个照准条件好、目标清晰和距离较远的控制点作定向点。再计算放样元素，放样元素包括测站到定向控制点方向与到放样的墩台中心方向间的水平角 β 及测站到墩台中心的距离 D。

测设时，根据估算时拟定的测回数，按角度测设的精密方法测设出该角值 β 在墩台上得到一个方向点,然后在该方向上精密地放样出水平距离 D 的墩台中心。为了防止错误,最好用两台全站仪在两个测站上同时按极坐标法测设该墩台中心(如条件不允许时,则迁站到另一控制点上同法测设),所得两个墩中心的距离差的允许值应不大于 2 cm。取两点连线的中点得墩中心。同法可测设其他墩台中心。

3. 桥墩台轴线测设

在测设出墩、台中心位置后,还应测设墩、台的纵横轴线,作为放样墩、台细部的依据。

(1)纵轴线与横轴线的测设

在直线桥上,墩、台的纵轴线是指过墩、台中心与线路方向相一致的轴线;墩、台的横轴线,是指过墩、台中心,垂直于线路方向的轴线。直线桥上由于墩、台的纵轴线与桥轴线相重合,因而就利用桥轴线两端的控制桩来标志纵轴线的方向,一般不再另行测设。墩、台的纵轴线与横轴线垂直,测设横轴线时,在墩、台中心点上安置仪器,自桥轴线方向测设90°角,即为横轴线方向。由于在施工过程中经常需要恢复墩、台的中心定位桩和纵、横轴线的位置,因此需要在施工范围以外钉设护桩,如图 10－25 所示。

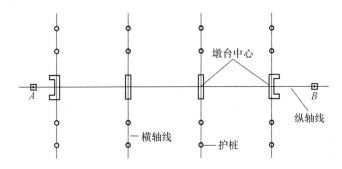

图 10－25　用护桩标定墩台纵、横轴线位置

位于水中的桥墩,由于不能安置仪器,也不能设护桩,可在初步定出的墩位处筑岛或建围堰,然后用交会法或全站仪极坐标法精确测设墩位并设置轴线。

(2)纵轴线与横轴线的方向

在曲线桥上,墩台纵轴线位于桥梁偏角 α 的分角线上。纵轴线测设是在墩、台中心架设仪器,照准相邻的墩、台中心,测设 $\alpha/2$ 角,即为纵轴线的方向;横轴线测设时,自纵轴线方向测设90°角,即为横轴线方向。

(3)纵横轴线的护桩

墩、台中心的定位桩在基础施工过程中要被挖掉,实际上,随着工程的进行,原定位桩常被覆盖或破坏,但又经常需要恢复以便于指导施工。因而需在施工范围以外钉设护桩,以方便恢复墩台中心的位置。在墩台每侧的纵、横轴线上,各钉设至少三个木桩作为护桩。在曲线桥上相近墩台的护桩纵横交错,使用时极易弄错,所以在桩上一定注意要注明墩台的编号。曲线桥梁的纵横轴线及护桩如图 10－26 所示。

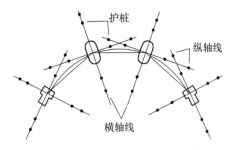

图 10－26　曲线桥墩台纵横轴线及护桩

第八节 桥梁的施工测量

一、基础施工测量

中、小型桥梁的基础,最常用的是明挖基础和桩基础,其构造如图 10 - 27 所示。

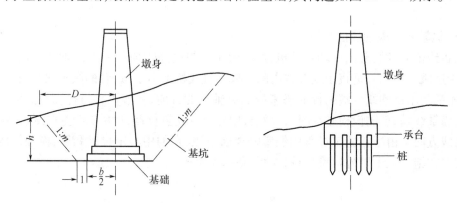

图 10 - 27 明挖基础和桩基础

1. 明挖基础的施工测量

明挖基础是在墩、台位置处先挖基坑,将坑底整平以后,在坑内砌筑或灌注基础及墩、台身,当基础及墩、台身修出地面后,再用土回填基坑。

根据墩、台纵横轴线及基坑的长度和宽度,按挖深、坡度、土质情况等条件计算基坑上口尺寸,放样基坑开挖边界线。

当基坑开挖到一定深度后,应根据水准点高程在坑壁上测设距基底设计面一定高度(如 1 m)的水平桩,作为控制挖深及基础施工中掌握高程的依据。当基坑开挖到设计标高以后,应将坑底整平,必要时还应夯实,然后投测墩、台轴线并安装模板。

立模时,在模板的外面需预先画出它的中心线,然后将经纬仪安置在轴线上较远的一个护桩上,以另一个护桩定向,这时经纬仪的视线即为轴线方向,根据这一方向校正模板的位置,直至模板中线位于视线的方向上。当模板的位置在地平面以下时,也可以用经纬仪在基础的两边临时设放两个点,根据这两点,用线绳及垂球来指挥模板的安装工作,如图 10 - 28 所示。

2. 桩基础的施工测量

桩基础的施工测量工作主要有:测设桩基础的纵横轴线,测设各桩的中心位置,测定桩的倾斜度和深度,以及承台模板的放样等。

墩、台的纵横轴线即为桩基础的纵横轴线,可按前面所述的方法测设。各桩中心位置的测设是以桩基础的纵横轴线为坐标轴,用支距法测设,如图 10 - 29 所示。在桩基础灌注完以后、修筑承台以前,对每个桩的中心位置应再进行测定,作为竣工资料。

每个钻孔桩或挖孔桩的深度用不小于 4 kg 的重锤及测绳测定,桩的打入深度则根据桩的长度推算。在钻孔过程中测定钻孔导杆的倾斜度,用以测定孔的倾斜度,并利用钻机上的调整设备进行校正,使孔的倾斜度不超过施工规范要求。桩基础承台模板的放样方法与明挖基础模板放样相同。

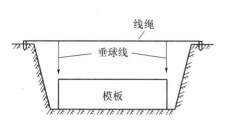

图 10-28　模板放样

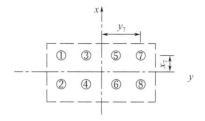

图 10-29　桩位测设

二、墩、台施工测量

墩、台施工测量,是以墩、台纵横轴线为依据,进行墩、台身的细部放样。如果墩、台身是用浆砌圬工,则在砌筑每一层时,都要根据纵横轴线来控制它的位置和尺寸。如果是用混凝土灌注,则需在基础顶面和每一节顶面上都要测设出墩、台的中心及其纵横轴线,作为下一节立模的依据。

桥墩、台砌筑至一定高度时,应根据水准点在墩、台身的每侧测设一条距顶部一定高差(如 1 m)的水平线,用以控制砌筑高度。

当墩、台身砌筑完毕时,测设出墩、台中心及纵横轴线,以便安装墩帽或台帽的模板、安装锚栓孔、安装钢筋。模板立好后应再一次进行复核,以确保墩帽或台帽中心、锚栓孔位置等符合设计要求,并在模板上标出墩、台帽顶面标高,以便灌注。墩帽、台帽施工时,应根据水准点用水准仪控制其高程(偏差不超过 ±10 mm),根据轴线桩用经纬仪控制两个方向的平面位置(偏差不大于 ±10 mm),墩台间距或跨度用钢尺或测距仪检查,误差应小于1/5 000。

支承垫石是墩、台帽上的高出部分,供支承梁端之用。支承垫石的放样是根据设计图纸所给出的数据,通过纵横轴线测设出,在灌注垫石时,应使混凝土面略低于设计高程 1 ~ 2 cm,以便用砂浆抹平到设计标高。

三、桥梁施工放样检测与竣工测量

1. 桥梁下部结构的施工放样检测

桥梁的高程施工放样检测较简单,由水准点上用水准仪直接检测就可。但一定要注意检查计算设计高程,以免出现计算错误。桥梁的下部施工放样一般由桩基础、承台(系梁)、立柱、墩帽等的放样组成,检查时技术要求不一,一般按照规范要求或图纸要求检查,简述如下。

①桩基础:一般单排桩要求轴线偏位 ±5 cm,群桩要求轴线偏位 ±10 cm。检查时用全站仪或经纬仪加测距仪检查桩中心的放样点,再用小钢尺量桩中心的偏位。

②承台(系梁)的轴线偏位 ±15 mm。检查时可先量取承台(系梁)的中心位置,再用全站仪或经纬仪加测距仪检查。

③立柱、墩帽轴线偏位 ±10 mm。检查时可先量取立柱、墩帽的中心位置再用全站仪或经纬仪加测距仪检查。

2. 桥梁上部结构的施工放样检测

桥梁的上部结构形式较多,较常见的有 T 梁、板梁、现浇普通箱梁、现浇预应力箱梁、悬浇预应力箱梁等,要根据不同的形式检查。

在本阶段的测量工作主要是高程的控制,如 T 梁、板梁、现浇普通箱梁、现浇预应力箱梁的顶面标高直接影响到桥面的厚度,桥面的厚度直接影响桥梁使用。悬浇预应力箱梁的高程控制更是要影响贯通的高差及桥面的厚度。

3. 桥梁竣工测量

桥梁的竣工测量主要根据规范、图纸要求,对已完成的桥梁进行全面的检测,主要检测的测量项目有轴线、高程、宽度等。

四、桥梁施工和运营期间的变形监测

桥梁变形按其类型可分为静态变形和动态变形,静态变形是指变形观测的结果只表示在某一期间内的变形值,它是时间的函数。动态变形是指在外力影响下而产生的变形,它是表示桥梁在某个时刻的瞬时变形,是以外力为函数来表示的对于时间的变化。桥梁墩台的变形一般来说是静态变形,而桥梁结构的挠度变形则是动态变形。

对桥梁墩台的静态变形观测,即对各墩台空间位置(桥墩台上观测点的三维坐标变化)的观测,包括以下两个方面。

①各墩台的垂直位移观测,其中包括各墩台沿水流方向(或垂直于桥轴线方向)和沿桥轴线方向的倾斜观测。

②各墩台的水平位移观测,其中各墩台在上、下游的水平位移观测称为横向位移观测;各墩台沿桥轴线方向的水平位移观测称为纵向位移观测。两者中,以横向位移观测更为重要。

桥梁变形观测的方法需根据桥梁变形的特点、变形量的大小、变形的速度等因素合理选用,目前桥梁变形观测的方法有四种。一是大地控制测量方法,又称常规地面测量方法,它是变形观测的主要手段。其主要优点是,能够提供桥墩台和桥跨越结构的变形情况,能够以网的形式进行测量并对测量结果进行精度评定。二是特殊测量方法包括倾斜测量和激光准直测量。三是地面立体摄影测量方法。四是 GPS 动态监测方法。后三种测量方法与第一种方法相比,具有外业工作量少,容易实现连续监测和自动化等优点。

桥梁变形观测通常要求观测次数既能反映出变化的过程,又不遗漏变化的时刻。一般在建造初期,变形速度比较快,观测频率要大一些;经过一段时间后,变形逐步稳定,观测次数可逐步减少;在掌握了一定的规律或变形稳定后,可固定其观测周期;在桥梁遇到特殊情况时,如遇洪水、船只碰撞时应及时观测。

从对变形观测的分析中可归纳出桥梁变形的过程、变形的规律和幅度,分析变形的原因,判断变形是否异常。如属异常,应采取措施,防止事故发生,并改善营运方式,以保证安全。其次,可以验证地基与基础的计算方法,桥梁结构的设计方法,对不同的地基与工程结构规定合理的允许变形值,为桥梁设计、施工、管理和科学研究工作提供资料。

研究桥梁墩台的空间位置变化和桥跨结构的挠度变化情况,可以通过对变形观测网的观测来实现。观测点布设在桥梁墩台选定的位置上,根据观测点在垂直方向和水平方向的位移值即可分析研究桥梁的变形情况。基准点位于桥梁承压范围之外,被视为稳定不动的点。工作基点全部位于承压区之内,用以直接测定观测点变形。

第九节　隧道贯通测量

一、隧道贯通误差及其限差

采用两个或多个相向或同向的掘进工作面分段掘进隧道,使其按设计要求在预定地点彼此连通,称为隧道贯通。在隧道施工中,由于洞外控制测量、联系测量、洞内控制测量以及细部放样的误差,使得两个相向开挖的工作面的施工中线,不能理想地衔接而产生错开,即为贯通误差。贯通误差在线路中线方向上的投影长度为纵向贯通误差,在垂直于中线方向的投影长度为横向贯通误差,在高程方向(竖向)的投影长度为高程贯通误差。纵向贯通误差影响隧道中线的长度,只要它不低于线路中线测量的精度($\leqslant L/2\ 000$,L 为隧道两开挖洞口间的长度),就不会造成对线路坡度的有害影响,因此规范中没有单独列出纵向贯通要求。高程贯通误差影响隧道的纵坡,一般应用水准测量的方法测定,较易达到限差要求。横向贯通的精度至关重要,倘若横向贯通误差过大,就会引起隧道中线几何形状的改变,严重者会使衬砌部分侵入到建筑限界内,影响施工质量并造成巨大的经济损失。

公路、铁路勘测规范中对隧道贯通误差的规定如表 10 - 11 和表 10 - 12 所示。

表 10 - 11　公路隧道贯通误差的限差

两开挖洞口间长度/m	< 3 000	3 000 ~ 6 000	> 6 000
横向贯通限差/mm	150	200	视仪器设备及施工需要另行规定,并报有关部门核准
高程贯通限差/mm	70		

表 10 - 12　铁路隧道贯通误差的限差

两开挖洞口间长度/km	< 4	4 ~ 8	8 ~ 10	10 ~ 13	13 ~ 17	17 ~ 20	> 20
横向贯通限差/mm	100	150	200	300	400	500	根据实际条件另定
高程贯通限差/mm	50						

二、隧道贯通误差的测定

隧道贯通后,应及时地进行贯通测量,测定实际的横向、纵向和竖向贯通误差。由隧道两端洞口附近的水准点向洞内各自进行水准测量,分别测出贯通面附近的同一水准点的高程,其高程差即为实际的高程贯通误差(竖向贯通误差)。

洞内平面控制应用中线法的隧道,当贯通之后,应从相向测量的两个方向各自向贯通面延伸中线,并各钉设临时桩 A 和 B,如图 10 - 30 所示。量测出两临时桩 A,B 之间的距离,即得隧道的实际横向贯通误差;A,B 两临时桩的里程之差,即为隧道的实际纵向贯通误差。该法对于直线隧道和曲线隧道都适用。

用导线作洞内平面控制的隧道,可在实际贯通点附近设置一临时桩点 P ,如图 10 - 31 所示,分别由贯通面两侧的导线测出其坐标。由进口一侧测得的 P 点坐标为 (x_J, y_J),由出口一侧测得的 P 点坐标为 (x_C, y_C),则实际贯通误差为

图 10 – 30　中线临时桩　　　　　图 10 – 31　贯通点附近临时桩

$$f = \sqrt{(x_C - x_J)^2 + (y_C - y_J)^2} \tag{10 – 56}$$

如果是直线隧道,通常是以线路中线方向作为 x 轴,此时横向、纵向贯通误差分别为

$$\begin{cases} f_横 = y_C - y_J \\ f_纵 = x_C - x_J \end{cases} \tag{10 – 57}$$

如果是曲线隧道,其贯通面方向是指贯通面所在曲线处的法线方向。如图 10 – 32 所示,$\alpha_贯$ 为贯通面方向的坐标方位角,α_f 为实际贯通误差方向的坐标方位角,φ 为贯通面方向与实际贯通误差 f 的夹角,$\alpha_f = \tan^{-1} \dfrac{y_C - y_J}{x_C - x_J}$,$\varphi = \alpha_f - \alpha_贯$。横向、纵向贯通误差分别为

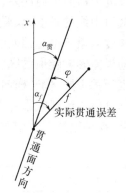

图 10 – 32　贯通方向与贯通误差的夹角

$$\left.\begin{array}{c} f_横 = f \cdot \cos\varphi \\ f_纵 = f \cdot \sin\varphi \end{array}\right\} \tag{10 – 58}$$

若贯通误差在容许范围之内,就可认为测量工作已达到预期目的。然而,由于贯通误差将导致隧道断面扩大及影响衬砌工作的进行,因此,要采用适当的方法将贯通误差加以调整,进而获得一个对行车没有不良影响的隧道中线,作为扩大断面、修筑衬砌以及铺设路基的依据。调整贯通误差,原则上应在隧道未衬砌地段上进行,一般不再变动已衬砌地段的中线。所有未衬砌地段的工程,在中线调整之后,均应以调整后的中线指导施工。

第十节　地下管线工程测量

地下管线种类繁多,有上水、下水、煤气、热力、工业管道及电力、电信、电缆等管线。本节重点介绍城市地下管道工程测量。

一、选择方案

城市地下管线的布设应在城市总体规划的基础上进行,当管线的起、终点和必经点确定后,便可选择路径。设计管线方案时,可参考以下几点:

①了解所设管线的衔接性质及转向规格。如上、下水管道铸铁管弯管转角有 90°,45°,22.5°,11.25° 等规格。当设计管线转角点间距较短时,管径大于 500 mm 的线路转角与其定型弯管的转角差不应超过 1°,管径小于 500 mm 时,可放宽至 2°,但以不影响施工质量为原则,选线时应予考虑。

②城市地下管线一般均与规划道路平行布设,尽量不设置在交通频繁的车行道下面,另外,埋设较深及易燃有害管线应远离建筑物。

③由于各种管线的性质和施工方法不同,其对测量的要求也各有其特点。如城市下水管道坡度小,靠重力自流排水,对高程精度要求较高;而有压上水管道及易弯曲的电力、电信电缆等对高程精度要求不高。当一条道路上同时有多条管线时,应以控制精度要求高者为准。

④城市管线带状地形图的宽度应以能满足各种管线的布置为原则。对城市道路及两侧较平坦者,可不测带状地形图。

⑤采用城市控制系统,以保证各种地下管线平面位置和竖向标高按规划意图测设到实地,方便于城市规划建设。

这样,根据地物、地貌以及管道的连接方式和布置特点,便可选定管线的行径、转点和主要交叉点。

二、中线测量

管线的中线测量包括中线的设置和里程桩的测设。

1. 中线测设

城市地下管线一般与规则道路平行布设。当实地有规则道路中线控制桩时,可按其几何关系移轴测定管线位置。

当规划道路中线只有其线路的解析坐标资料时,可根据设计管线和规划道路中线的关系,推算出设计管线中线点的坐标,然后沿线布设工程导线,再根据导线点测设管线中线点。如图 10-33 所示,根据导线点 N_i、拨角 β_i、量距 d_i,则得待放管线中线点 Z_i。

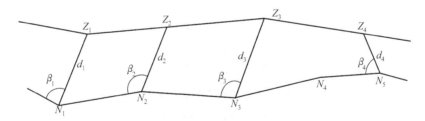

图 10-33 中线测设

2. 里程桩测设

中线量距钉设里程桩时,应注意不同性质管线的里程起算点是不同的。如下水管道的下游出水口为里程起点;上水管道以水源为里程起点;电力、电信则以电源作为里程起点。在建筑区,通常为每 20 m 或 30 m 钉一整里程桩,一般地区每 50 m 钉一整里程桩。当设计给定管线的检修井间距或以各种构筑物作为控制中线位置时,可以检修井或构筑物作为中线里程桩,一般不钉整里程桩。当地形变化和穿越其他工程时,应设加桩。

量距一般可用测距仪或钢尺,自管线起点开始向终点方向丈量,用钢尺时要丈量两次,以防差错。测角一般用 J_6 型经纬仪,读至 0.1′。

三、纵、横断面图测绘

纵断面图的绘图比例尺在建筑区一般为纵向 1:50,横向 1:500;一般地区为纵向 1:100,

横向 1:1 000。当线路较长或地形变化较大时,也可采用纵向 1:200,横向 1:2 000。纵断面图的横向比例尺应与线路带状地形图比例尺一致,如图 10-34 为下水管道纵断面图,为与线路地形图注记方向一致。故倒绘(即起点在图的右侧)。

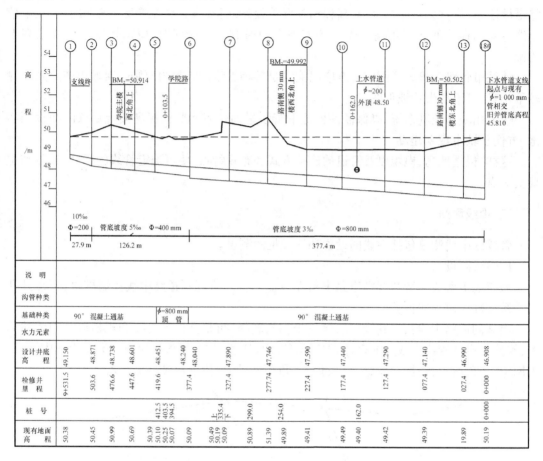

图 10-34 下水管道纵断面图

由于地下管线埋设不深或开挖较窄,一般不测绘其横断面图。

四、地下管道施工测量

在纵断面图上完成管道设计之后,即着手进行管道施工测量,在破土动工之前,应做好一切准备工作,它包括熟悉图纸和现场情况、校核中线位置、为恢复中线而测设施工控制桩以及为引测高程方便而进行的水准点加密(一般沿线每隔约 150 m 设一临时水准点)。现介绍施工中主要测量工作如下。

1. 槽口放线

槽口放线是根据挖土深度、地形情况、管径大小以及土质情况,计算开槽宽度,并在地面上定出槽口边线位置,作为开槽的依据。

当地面平缓时,如图 10-35 所示,开槽宽度 B 按下式计算,即

$$B = b + 2m \times h$$

当地面有起伏时,如图 10-36 所示,中线两侧槽口并不一致,半槽口宽度可用下式计算,即

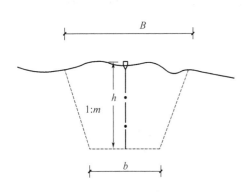

图 10－35　平缓地段槽口

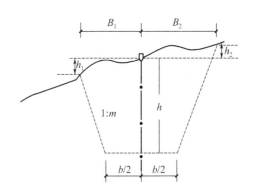

图 10－36　起伏地段槽口计

$$\begin{cases} B_1 = \dfrac{b}{2} + m \cdot (h - h_1) \\[2mm] B_2 = \dfrac{b}{2} + m \cdot (h - h_2) \end{cases} \qquad (10-59)$$

其放样方法与路基边桩放样方法相同。

2. 施工控制桩的测设

管道施工测量的主要任务是根据工程进度要求,测设控制管道中线和高程位置的施工控制桩。其方法有坡度板法和平行轴腰桩法(平行轴桩控制中线,其对应的槽坡腰桩控制坡度),今以坡度板法为例予以说明。

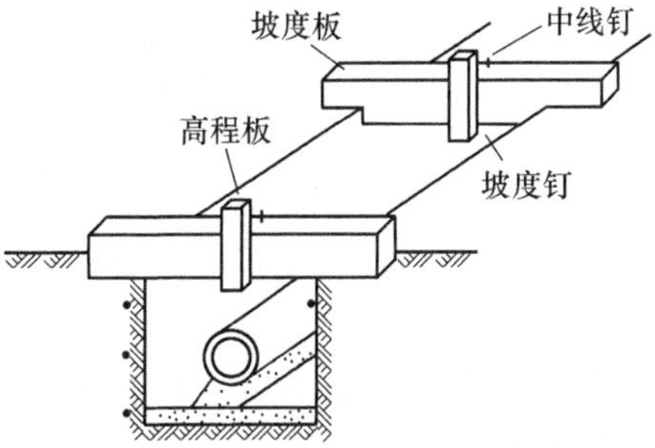

(1)埋设坡度板

坡度板应在开槽前埋设,跨槽口每隔 10～15 m 埋设一块,如图 10－37 所示,遇检修井、支线等构筑物时加设坡度板。坡度板埋设牢固后,将管道中心线投到板上,并钉上小钉,再将里程桩号写在板的侧面。各中线钉连线即为管道中心方向。

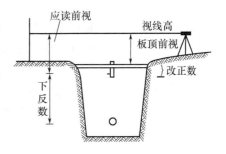

图 10－37　坡度板立体

(2)测设坡度钉

为了控制管道的埋设深度和坡度,还要根据附近水准点,用水准仪在高程板上钉设坡度钉。如图 10－38 所示,测设坡度钉用的是"应读前视法",其作法如下。

① 后视水准点,求得视线高程。

② 选定下反数,计算坡度钉的"应读前视"。

应读前视 = 视线高程 －(管线设计高程 + 下反数) 　　　　(10－60)

图 10－38　坡度板投影图

③ 立尺于坡度板顶,读出板顶前视读数,算出钉坡度钉需要的改正数。

改正数 = 板顶前视 － 应读前视 　　　　(10－61)

式中,若改正数为正,表示由板顶向上量距打钉;若改正数为负,表示由板顶向下量距打钉。

或立尺于高程板侧面,上下移动尺子,直至尺子读数为应读前视值时,在尺子底缘划线,此线即是坡度钉位置。

④ 钉好坡度钉后,再检测一次,误差应在 ±2 mm 以内。

五、顶管施工测量

当地下管线要穿过地面建筑物(如房屋、铁路、公路等)时,为了维护原有的建筑物,或不影响正常的交通,常采用顶管法施工。其方法是先在暗挖道的两端开挖工作基坑,并于工作坑内安装管道导轨,将顶管放在导轨上,用顶镐将顶管沿管道中线方向顶进土中,然后将管内土方挖出,砌筑成管道,如图 10－39 所示,其工作步骤如下。

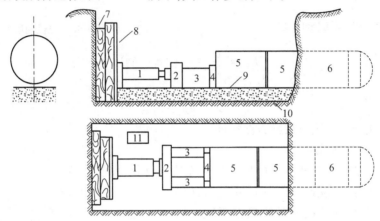

图 10－39　顶管施工

1—千斤顶;2—横向顶铁;3—纵向顶铁;4—半环形顶铁;5—钢筋混凝土管;
6—工作管;7—后背顶木;8—后背钢板;9—导轨;10—混凝土基础;11—油泵

1. 中线桩测量

先挖顶管工作坑,然后将管道中线引测到坑壁上,并打入大铁钉,以标志中线位置,如图 10－40 所示。

2. 高程测量

在工作坑内顶进端两边引测两个临时水准点,其高程误差不大于 ±5 mm,以确定顶进管的高程与坡度。

如图 10－41 所示,顶管半径为 R,导轨间距为 A,则可求得轨道接触处到顶管中心的高差 h',或到管底的高差 $R-h'$,由此可求得轨顶高程应为

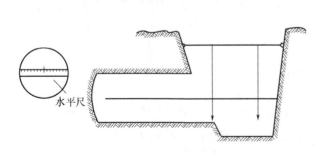

图 10－40　中线桩测量

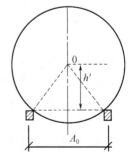

图 10－41　导轨高程计算

轨顶高程 = 管底设计高程 + $(R - h')$

据此,便可确定导轨的高程和坡度,再根据中线钉确定导轨中线位置。

第十一节　架空送电线路测量

架空送电线路测量可概括为两个阶段,即踏勘和终勘定位。其作业步骤为:室内选线、实地踏勘和终勘定位。室内选线是利用地形图选择可行性方案,为实地踏勘准备资料;实地踏勘是根据室内选出的方案到现场踏勘对照,并确定最佳方案;终勘定位是按选定方案进行实地测量和定位。

一、图上选线

线路的进出线变电站确定之后,便可进行图上选线。图上选线一般在1:50 000 比例尺地形图上进行,在图上标明线路的起、终点,线路必经点,以及为避免困难而设置的线路转角点,并根据地形图反复比较,选出若干个可行性方案。选线时可根据以下选线基本原则进行。

表 10 – 13　交叉跨越安全距离　　　　　　　　　　　　　（单位:m）

经过地区与交叉跨越	线路电压/kV		
	35 ~ 110	154 ~ 220	330
居民地	7.0	7.5	8.5
非居民地区	6.0	6.5	7.5
交通困难地区	5.0	5.5	6.5
铁路(轨顶)	7.5	8.5	9.5
公路	7.0	8.0	9.0
通信线	3.0	4.0	5.0
电力线	3.0	4.0	5.0
通航河道	6.0	7.0	8.0

①路径长度要短。据此整个线路要尽可能接近于直线,即要尽量减少转折角,需设转折角时其转折角不应过大。一般线路转角在5°以下时,转角杆塔可用直线杆塔代替。转角一般不应超过45°,特殊情况下不应超过60°。

②架空高压送电线路与其他线路工程交叉跨越时,应采取正交形式,特殊情况下交角不得小于30°,与其他架空线路(如电力、电信等)交叉跨越时,应从其挡距中间通过,且高压应在低压上面通过,并保持送电线最大弧垂与地面及交叉跨越物有一定的安全距离,见表10 – 13。当其跨越河流时,应尽量避开支流汇合处,河道弯曲处及渡口码头等地方。

③架空高压送电线路与铁路、公路、架空索道平行布设时,其间距不得小于一根杆塔的高度,同一杆塔上高压送电线路两条边线之间的距离不得小于以下数值:35 kV 以下为4 m;35 ~ 110 kV 为5 m;110 ~ 154 kV 为6 m;154 ~ 220 kV 为7 m。110 kV 以上的高压送电线路与平行布设的电力线、电信线的最小间距:对于普通电信线不应小于200 m,对于国际通信

或铁路通信线不应小于 400 m,对于同级电力线不应小于 30 m。

二、外业踏勘

当图上选线完成后,便进行现场踏勘,根据实地情况,选定最优方案。

根据情况现场踏勘可分为沿线踏勘、重点踏勘和仪器初勘三种方式。沿线踏勘是沿线路全面进行踏勘,并收集资料;重点踏勘是仅对沿线复杂的地形、地物和较大跨越处进行踏勘;仪器初勘是使用仪器对地形复杂和不通视地段进行勘测。

外业踏勘的主要内容如下:

①沿图上选定的路径,调查沿线地形变化,将新建的居民地、工矿企业、通信线、输电线、地上管道、地下管道、铁路、公路、水库、机场、园林等,补绘在地形图上;

②了解沿线可供施工运输及运营维修利用的道路情况;

③了解沿线地质情况,特别是河流大跨越处和地质复杂地段;

④线路与现有通信线、输电线交叉跨越处要调查原线的杆型,导线的型号、条数和排列形式,通信线路的等级,输电线的电压等。

图上选定的路径方案,经过实地踏勘和对收集的资料分析研究后,选择出理想的推荐方案。

三、定线测量

定线测量是在图上选线的基础上,用仪器定出线路方向和转角位置并用方向桩标定。若沿线有三角点或导线点时,可用支距穿线法或拨角定线法定出线路方向和转角点。当图上选线完成后,便进行现场踏勘,根据实地情况,选定最优方案。

若在直线方向上有障碍物而不通视时,可用矩形法或等腰三角形法传递直线,如图 10 – 42 所示(A,B 为已知点位)。

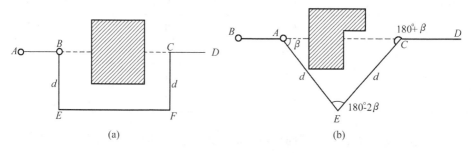

(a)　　　　　　　　　(b)

图 10 – 42　几何法跨越障

(a)矩形法;(b)等腰三角形法

若两相邻点不通视附近又无三角点可利用时,通常用正倒镜投点法。若无法使用正倒镜投点法时,可用间接施测法,如图 10 – 43 所示,E 和相邻点 A,B 通视,E 点设站,用视距法测定距离 d_1,d_2,并观测角,解算三角形则得距离 AB 和角度 α,β,这样 A(或 B)点设站便可定出 AB 方向上的方向桩 C(或 D)点。

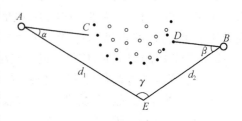

图 10 – 43　间接施测法跨越障

四、中线测量

为了测绘线路断面图,进行杆塔设计,尚需测量中线桩之间距、高差以及各中线点的转角。距离可用测距仪或用视距法测定,当视距法无法进行或精度不够时,可用三角解析法求距;高差可用三角高程或视距测高法测定;角度观测一个测回。以上测量均可采用 J₆ 型经纬仪。

五、断面测量

为了确定导线对地面的必要净空,还要进行两方向桩之间的断面测量和沿中线的带状平面图测量。

1. 中线断面测量

中线断面也就是纵断面,其是输电线路排杆定位的主要依据。断面点的施测以能控制地形变化为原则,间距一般为 100 m,地形变化处适当加点。当线路穿越树林、房屋和其他架空线路时,必须施测树、房的高度和线位的净高。断面图绘在透明厘米方格纸上,横向(距离)比例尺为 1∶2 000 或 1∶5 000,纵向(高差)比例尺为 1∶200 或 1∶500。其平距可有视距法测定,高差用视距求高法测定。

2. 边线断面测量

在确定电杆位置时,除考虑线路中心导线对地距离外,还应考虑线路两侧导线(边线)的对地距离是否满足要求,因此一般设计规定,当边线地面高出中线断面0.5 m时,除测中线断面外还应测出边线纵断面。

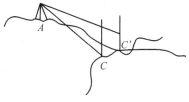

如图 10 - 44 所示,A 点设站,测出中线断面点 C 点,立尺员向高处测量出一点 C',使 CC' 垂直于 AC,且 CC' 的水平距离等于线间距离。在 C' 立尺,观测 AC' 距离和竖直角,计算 A,C' 之间高差。

图 10 - 44　边线断面测量

3. 风偏断面测量

如图 10 - 45 所示,A,B 为杆塔位桩,中线断面点 C 处的横断面为 C,D,E 三点的连线,λ 为绝缘子串长,f_c 为 C 处导线的最大弧垂,d 为最大风偏时导线对地面的安全距离,θ 为最大风偏角,l 为线间距离,从图中可以看出,无风时边线断面上对地距离满足要求,但在风作用下使边导线左右摇摆后,导线对地距离就不能满足要求了。

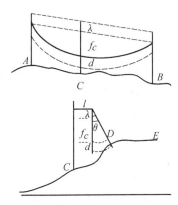

为了确定风偏后,边导线对地距离是否满足要求,则需测量横断面,即风偏断面。其测量方法同一般横断面测量。绘制风偏断面图的纵横比例尺一般为 1∶500。

图 10 - 45　风偏断面测量

4. 平面和交叉跨越测量

中线两侧如有经济作物、建筑物等应测其位置和高度,影响不大者可目估勾绘,施测范围可根据情况而定,平面图的比例尺一般为 1∶5 000。

送电线路与公路、铁路、河道交叉时,要施测路面、轨顶、河底、水面及洪水位高程等。送电线路跨越或接近房屋时,应测量交叉点屋顶高,或测量接近房屋的距离和屋顶高。送电线路与电力线、通信线等交叉时,应测出杆塔高度及线高。

六、杆塔定位测量

平断面测量后,设计人员利用定位横板在线路平断面图上排定杆塔位置,确定杆塔型式。这样测量人员便可从平断面图上图解得出方向桩与杆塔桩之间的距离和高差,并以方向桩为基准,在线路方向上用视距法定出杆塔位桩。

杆塔位桩的测设应满足下列要求:

①杆塔位桩应在两方向桩的连线上,横向偏离值应不大于 50 mm;

②杆塔位桩钉好后,挡距和高差应按测值计算出来,不得使用图解值。当挡距内对地安全距离余度不大时,应实测挡距、高差和危险断面点,以进行校核。

本 章 小 结

本章主要介绍了各种线路工程的任务、方法、以及各种曲线的详细测设。对于线路工程中的桥梁工程、隧道工程、管线工程以及架空线路工程作了详细的介绍。

定线测量主要包括交点测设、转角的测定以及各里程桩的测设。在线路工程中的常见曲线测设中,主要采用的方法一般有直角坐标法、偏角法以及全站仪法。对于桥梁工程测量,主要包括桥梁工程的控制测量、桥梁墩、台测量以及桥梁的施工测量。隧道贯通测量是当两个或多个相向或同向的掘进工作面分段掘进隧道时,为了使隧道工程按设计要求在预定地点彼此连通而进行的测量工作。管线工程测量的主要工作包括中线测量、断面图的测绘、地下管道施工测量、管顶施工测量等。架空线路的测量主要包括定线测量、中线测量、断面测量以及杆塔定位测量。

习　　题

1. 如何进行公路勘测?

2. 线路中线定线测量的主要内容是什么?

3. 道路主点有哪些,中线测量的常用方法有哪几种?

4. 直线和曲线部分的中线分别如何测定?

5. 圆曲线及带有缓和曲线的曲线主点坐标如何计算,曲线主点和各碎部点如何测设?

6. 道路纵横断面测量的内容是什么,如何绘制断面图?

7. 竖曲线各主点的里程、高程如何计算,如何测设?

8. 管线初步规划设计时,需要进行哪些主要的测绘工作?

9. 地下管线施工时,如何控制管槽施工开挖深度?

10. 试述顶管施工测量的施测过程。

11. 如何进行地下管道施工测量?

12. 已知某圆曲线设计选配的半径 $R = 500$ m,实测转向角 $\alpha_Y = 29°15'30''$,交点的程为

$K6 + 899.73$,试计算该圆曲线的要素、推算各主点的里程。

13. 已知 $JD = K5 + 336.00$,$\alpha_右 = 21°50'$,$R = 500$ m,缓和曲线长 $l_0 = 60$ m。

求:(1)计算综合曲线主点里程桩桩号;(2)计算综合曲线切线支距法测设数据;(3)计算偏角法测设综合曲线的测设数据;并说明测设方法步骤。

第十一章　水利工程测量

第一节　水利工程测量概述

测量工作贯穿于水利工程建设的始终,水利工程测量是为水利工程建设服务的专项测量,为水利工程规划设计提供所需的地形资料。包括规划时提供中、小比例尺地形图及有关信息,建筑物设计时测绘大比例尺地形图。在施工阶段要进行施工放样,将图上设计好的建筑物按其位置、大小测设于地面,以便据此施工。在施工过程中及工程建成后运行管理中,需要进行变形观测以对建筑物的稳定性及变化情况进行监测,确保工程安全。

拦河筑坝、开渠引水、排洪排涝,是人民战胜旱涝、发展农业生产的重要途径。随着我国城市化与新农村的发展,城市生活、工农业用水量与日俱增,因此修渠筑堤、新建、改建运河和围垦工程等,是水利建设中较常见的工程。在这些工程中,从水源到用户之间,必须通过渠道输水,或修筑堤坝达到围垦的目的。可以说,在新时期的水利工程测量中,渠道测量是较为典型的测量工作。本章主要针对于渠道修建工程中的渠道测量进行介绍。

渠道测量的目的是根据规划和初步设计的要求,在地面顶上沿选定的中心线及其两侧测出纵、横断面,并绘制成图,以便在图上设计。然后,计算工作量,编制概预算,作为方案比较或作为施工的依据。

一般情况下,渠道工程测量的主要工作为:渠道选线、中线测量、测量纵横断面图及土石方量的计算。

第二节　渠 道 选 线

1. 踏勘选线

渠道选线的任务就是要在地面上选定渠道的合理路线,标定渠道中心线的位置。渠线的选择直接关系到工程效益和修建费用的大小。一般应考虑有尽可能多的土地能实现自流灌、排,而开挖和填筑的土石方量和所需修建的附属建筑物要少,并要求中小型渠道的布置与土地规划相结合,做到田、渠、林、路协调布局,为采用先进农业技术和农田园田化创造条件,同时还要考虑渠道沿线有较好的地质条件,少占良田,以减少修建费用。

具体选线时除考虑其选线要求外,应依渠道大小的不同按一定的方法步骤进行。对于灌区面积大,线路较长的渠道一般应经过实地踏勘、室内选线、外业选线等步骤;对于灌区面积较小、线路不长的渠道,可以根据已有资料和选线要求直接在实地踏勘选线。

（1）实地踏勘

踏勘前最好先在地形图(比例尺一般为1:10 000～1:100 000)上初选几条渠线,然后依次对所经地带进行实地踏勘,了解和搜集有关资料(如土壤、地质、水文、施工条件等),并对渠线某些控制性的点(如渠首、沿线沟谷、跨河点等)进行简单测量,了解其相对位置和高程,以便分析比较,选取渠线。

（2）室内选线

室内选线是在室内进行图上选线，即在合适的地形图上选定渠道中心线的平面位置，并在图上标出渠道转折点到附近明显地物点的距离和方向（由图上量得）。如该地区没有合适的地形图，则应根据踏勘时确定的渠道线路测绘沿线宽约 100~200 m 的带状地形图，其比例尺一般为 1:5 000 或 1:10 000。

在山区丘陵区选线时，为确保渠道的稳定，应力求挖方。因此，环山渠道应先在图上根据等高线和渠道纵坡初选渠线。并结合选线的其他要求对此线路作必要修改，定出图上的渠线位置。

（3）外业选线

外业选线是将室内选线的结果转移到实地上，标出渠道的起点、转折点和终点。外业选线还要根据现场的实际情况，对图上所走渠线作进一步研究和补充修改，使之完善。实地选线时，一般应借助仪器选定各转折点的位置、对于平原地区的渠线应尽可能选成直线，如遇转弯时，应在转折处打下木桩。在丘陵山区选线时，为了较快地进行选线，可用经纬仪视距法或全站仪测出有关渠段或转折点间的距离和高差。由于视距法的精度不高，对于较长的渠线为避免高程误差累积过大、最好每隔 2~3 km 与已知水准点校核一次。如果选线精度要求高，则用水准仪测定有关点的高程，全站仪或 RTKGPS 测定渠线平面位置。

渠道中线选定后，应在渠道的起点、各转折点和终点用大木桩或水泥桩在地面上标定出来。并绘略图注明该标志与附近固定地物的相互位置和距离，以便寻找。

2. 水准点的布设与施测

为了满足渠线的标高测量和纵断面测量的需要，在渠道选线的同时，应每隔 1~3 km 沿渠线附近在施工范围以外布设水准点，并组成附合或闭合水准路线，当路线不长（15 km 以内）时，也可组成往返观测的支水准路线。水准点的高程一般用四等水准测量的方法施测（大型渠道有的采用三等水准测量）。

第三节　中线测量

中线测量的任务是沿定测的线路中心线丈量距离，设置百米桩及加桩，并根据测定的交角 α、设计的曲线半径 R 和缓和曲线长度 l_0，计算曲线元素，放样曲线的主点和曲线的细部点。

中线测量时，仪器安置在线路起点，以直线上的控制标桩定向，沿视线方向丈量距离，每百米设置一个百米桩；凡在纵向或横向坡度变化处，以及线路中心线与河流、沟渠、道路、房屋、电线相交处，均应钉设加桩，以便断面测量时应用。隧道顶部只设地形变换点的加桩。设立百米桩及加桩时，其横向偏差不得大于 10 厘米。

中线和切线的距离丈量采用检定过的钢尺丈量两次，相邻两转点间两次测量的相对较差不得超过 $\frac{1}{2\,000}$。满足限差要求后，丈量切线长度，取两次丈量的结果的平均值。

线路的转点和曲线主点，与线路交点一样均应设置控制桩和标志桩。控制桩与地面齐平，标志桩打在线路前进方向的右侧约 30 厘米处，其上应注明转点号及里程。百米桩及加桩只钉立板桩，其上注明该桩的里程，字头向着线路起点的方向。如第 37 号转点，应写为 ZD_{37}，里程的写法与交点的标志桩相同。

第四节　纵断面测量

在渠道的设计、施工时为了解渠道狭长地带内的地面起伏变化情况,也需要测量纵断面图。渠道的纵断面测量是测出渠道中心线上各里程桩及加桩的高程。现将纵断面测量的方法分别介绍如下。

1. 纵断面测量

纵断面测量用水准测量的方法进行。在纵断面测量开始之前,沿渠道方向每隔 1~2 公里应埋设一个水准点,作为施工时的高程控制点,它的高程可按四等水准测量的要求施测。进行纵断面水准测量时,里程桩一般可作为转点。在每个测站上都要把两里程桩间加桩的高程一并测出,测读加桩上立尺的读数,称为间视,读数读到厘米。纵断面水准测量计算高程时,采用视线高的计算方法。

图 11 – 1 为纵断面水准测量的示意图,表 11 – 1 为相应的记录。施测方法如下。

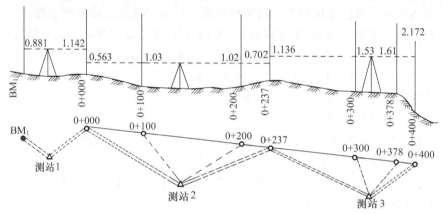

图 11 – 1　纵断面水准测量

表 11 – 1　纵断面水准测量手簿

测点	后视读数/m	视线高程/m	前视读数/m 中间点	前视读数/m 转点	测点高程/m	备注
BM_1	0.881	86.983			86.102	已知
$0+000(TP_1)$	0.563	86.404		1.142	85.841	
$0+100$			1.03		85.37	
$0+200$			1.02		85.38	
$0+237(TP_2)$	1.136	86.838		0.702	85.702	
$0+300$			1.53		85.31	
$0+378$			1.61		85.23	
$0+400(TP_3)$	1.303	85.969		2.172	84.666	
$0+440(TP_4)$	0.412	85.604		0.777	85.192	
$0+500$			0.45		85.15	

表 11 - 1 （续）

测点	后视读数/m	视线高程/m	前视读数/m		测点高程/m	备注
			中间点	转点		
0 + 600			0. 10		85. 50	
0 + 700			0. 40		85. 20	
（TP_5）	0. 101	83. 964		1. 741	83. 863	
0 + 730			0. 03		83. 93	
0 + 760（TP_6）	3. 356	84. 358		2. 962	81. 002	
0 + 780（TP_7）	1. 691	85. 593		0. 456	83. 902	
0 + 800			0. 09		85. 50	
0 + 900			0. 39		85. 20	
1 + 000			0. 49		85. 10	
BM_2				0. 362	85. 231	（85. 215）
$\sum$	9. 443			10. 314		
校核	9. 443 - 10. 314 - 0. 871				85. 231 - 86. 102 - 0. 871	

　　安置水准仪于测站 1，后视水准点 BM_1，读得后视读数为 0. 881，前视里程桩 0 + 000（作为转点）读得前视读数为 1. 142。将水准仪搬至测站 2，后视 0 + 000，读数为 0. 563，分别立尺于加桩 0 + 100，0 + 200，读得间视读数为 1. 03 和 1. 02（记入间视栏内），再立尺于里程桩 0 + 237 读得前视读数为 0. 702。然后将水准仪搬至测站 3，同法测得后视、间视和前视读数。这样继续前进，直至测完整个路线为止。在每个测站上测得的所有读数都应分别记入手簿的相应栏内。每测至水准点附近，都要与水准点联测，作为校核。

　　视线高法计算方法如下：

　　视线高程 = 后视点高程 + 后视读数；

　　测点高程 = 视线高程 - 前视读数。

　　计算校核：

　　后视读数之和 - 转点前视读数之和 = 9. 443 - 10. 314 = - 0. 871 m；

　　BM_2 的高程 - BM_1 的高程 = 85. 231 - 86. 102 = - 0. 871 m。

　　干渠由一水准点开始沿渠线施测，附合到另一水准点，可按附合水准路线计算闭合差，并进行闭合差调整。如果是支渠，由一已知高程的里程桩，沿路线往返观测时，则可按支水准路线计算闭合差。本例中，附合水准路线计算闭合差 85. 231 - 85. 215 = 0. 016 m。

　　2. 纵断面图的绘制

　　纵断面图一般绘在毫米方格纸上。以水平距离为横轴，其比例尺通常取 1∶1 000 ~ 1∶10 000，根据渠道大小而定；高程为纵轴，为了能明显地表示出地面起伏情况，其比例尺比距离比例尺大 10 ~ 50 倍，可取 1∶50 ~ 1∶500，依地形类别而定。图 11 - 2 所绘纵断面图其水平距离比例尺为 1∶5 000，高程比例尺为 1∶100，由于各桩点的地面高程一般都很大，为了节省纸张和便于阅读，图上的高程可不从零开始，而从一合适的数值（如 72 m）起绘。根据各桩点的里程和高程在图上标出相应地面点的位置,依次连接各点绘出地面线。再根据设计的渠首高程和渠道比降绘出渠底设计线。至于各桩点的渠底设计高程,则是根据起点里程(0 + 000)的渠底设计高程、渠道比降和离起点的距离计算求得,注在图下"渠底高程"一行的相应点处,然后根据各桩点的地面高程和渠底高程,即可算出各点的挖深或填高数。分别填在图中的相应位置。

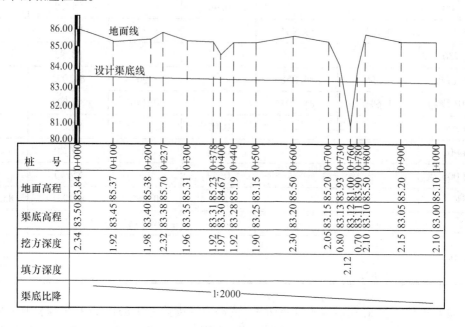

桩　　号	0+000	0+100	0+200	0+237	0+300	0+378	0+400	0+440	0+500	0+600	0+700	0+730	0+760	0+780	0+800	0+900	1+000
地面高程	83.84	85.37	85.38	85.70	85.31	85.23	84.67	85.19	83.15	85.50	85.20	83.93	81.00	83.90	85.50	85.20	85.10
渠底高程	83.50	83.45	83.40	83.38	83.35	83.31	83.30	83.28	83.25	83.20	83.15	83.13	83.12	83.11	83.10	83.05	83.00
挖方深度	2.34	1.92	1.98	2.32	1.96	1.92	1.97	1.92	1.90	2.30	2.05	0.80		0.70	2.10	2.15	2.10
填方深度													2.12				
渠底比降					1:2000												

图 11 – 2　渠道纵断面图

第五节　横断面测量

渠道的横断面测量,是测出在各里程桩、加桩处与渠道中线垂直方向的地面坡度变化点的位置与高程。

一、横断面图施测的密度和宽度

横断面施测的密度应根据线路的地形、地质情况和设计需要而定。一般在曲线控制点、公里桩、百米桩以及线路纵、横向地形明显变化处均应测绘横断面。重点工程地段,横断面的测绘应适当加密。

横断面测绘的宽度以满足设计要求及考虑填挖方和排水的需要而定,一般每侧不少于30 m。

二、横断面方向的标定

1. 直线段的标定

在直线段上,横断面的方向与线路中心线垂直,如图 11 – 3 所示。

标定方向常采用十字方向架。如图

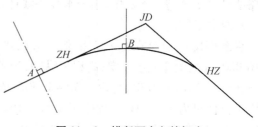

图 11 – 3　横断面方向的标定

11－4所示。工作时,将方向架的竖杆立于横断面的中心线桩 A 点上,以方向架对角线上的两个小钉,瞄准线路中心线的标桩 JD 点,并固定十字架,这时方向架的另外两个小钉的连线 AC 方向即为横断面方向,如图 11－4 所示。

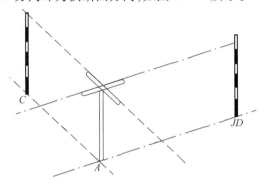

图 11－4　十字架标定

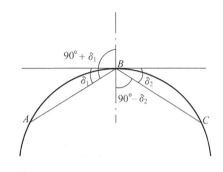

图 11－5　经纬仪法标定横断面的方向

2. 曲线段的标定

在曲线段上,横断面的方向与该点处曲线的切线方向相垂直,如图 11－5 中 B 点。标定的方法常采用以下两种。

（1）经纬仪法

如图 11－5 所示,将经纬仪设置在 B 点,选取曲线上的 C 点作为后视点,计算出 AB 弧长（或 BC 弧长）所对应的偏角 δ_1（或 δ_2）,顺拨 $90° + \delta_1$（或 $90° - \delta_2$）,即得 B 点处的横断面方向。

（2）方向架法

采用方向架法标定曲线 B 点处的横断面方向时,如图 11－6 所示,选取 C,A 两点,且弧长 AB ＝BC,后将方向架置于 B 点,分别以 A 点和 C 点作为后视点,放出 BA 方向和 BC 方向的垂直方向 Bd 和 Be,且 Bd ＝Be 则 d 点和 e 点既经求出,丈量 de 的距离,求出其中点位置 f。则 Bf 即为 B 点的横断面方向。

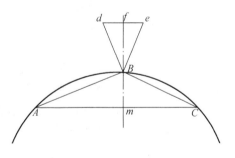

图 11－6　方向架法标定横断面的方向

应用方向架标定横断面方向的还可以先量出 AC 弦长,并沿 AC 方向量取距离,且 $A_m = \frac{1}{2}AC$,得 m 点。则 mB 方向即为横断面方向。但应注意利用方向架在曲线上标定横断面方向的只适用于圆曲线。

三、横断面测量的方法

1. 水准施测法

当横向坡度变化较小、测量精度要求较高时,横断面测量常采用水准施测法。如图11－7所示。

中心标桩 A 点（DK8 ＋

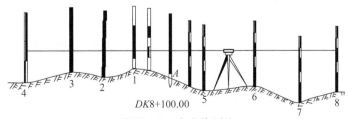

DK8+100.00

图 11－7　水准施测法

100.00)处的横断面,可用方向架定出横断面方向后在此方向上插两根花杆,并在适当位置安置水准仪。持水准尺者在线路中线标桩上以及在两根花杆所标定的横断方向内选择的坡度变化点上逐一立尺,并读取各点的标尺读数,用皮尺量出各点间的距离,然后将这些观测数据记入横断面测量手簿中,如表11-2所示。各点的高程可由视线高程推算而得。

表11-2　水准施测法横断面测量手簿

桩号 DK8+100							高程 125.47(m)						
左侧							右侧						
高程	前视	仪器高程	后视	累计距离	点间距离	测点	测点	点间距离	累计距离	后视	仪器高程	前视	高程
		126.72	1.25	0		DK8+100	DK8+100		0	1.25	126.72		
					8.1			7.9					
125.70	1.02			8.1		1	5		7.9			1.68	125.04
					7.0			13.2					
125.24	1.48			15.1		2	6		21.1			1.57	125.15
					8.0			11.5					
125.36	1.36			23.1		3	7		32.6			2.03	124.69
					9.2			9.6					
125.17	1.55			32.3		4	8		42.2			1.92	124.80

　　如果横断面方向上坡度较大,一次安置仪器不能施测线路两侧的坡度变化点时,可用两台水准仪分别施测左、右两侧的断面。水准法施测横断面的精度较高,但在横向坡度大或地形复杂的地区则不宜采用。

　　2. 经纬仪施测法

　　当横向坡度变化较大,地形比较复杂时,横断面的施测常采用经纬仪法进行。首先在横断面的中线标桩 B 点(DK8+700)上安置经纬仪(图11-8),先标定出横断面方向,并将水平度盘制动。持尺者在经纬仪视线方向内的坡度变化点上立尺,取视距读数 l、中丝读数 z、垂直角 α,并用钢卷尺量出仪器高 i。测点至中线标桩点的水平距离按下式计算,

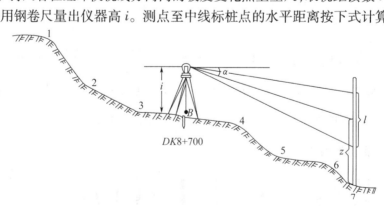

图11-8　经纬仪施测法

$$D = K \cdot l \cdot \cos^2\alpha \tag{11-1}$$

式中　D——水平距离;
　　　　K——视距仪的乘常数;

l——视距读数;

α——垂直角。

测点的高程按下式计算,即

$$H = H_0 + i + K \cdot l \cdot \cos\alpha \cdot \sin\alpha - z$$
$$= H_0 + i + \frac{1}{2}K \cdot l \cdot \sin2\alpha - z \tag{11-2}$$

式中　H——测站点的高程;

　　　H_0——中标桩高程;

　　　i——仪器高;

　　　z——中丝读数;

　　　α——垂直角。

经纬仪法施测横断面的记录格式如表 11-3 所示。水平距离栏内算得的距离均为测点到中线标桩的距离,绘制横断面图时,可以直接利用。

表 11-3　横断面测量手簿

桩号 DK8 +700		高程 124.42(m)			i = 1.42			
观测点		视距读数	垂直角 /(° ′)	水平距离	中丝读数	计算高差 $h' = D \cdot tg\alpha$	高差 $h = h' + i - z$	测点高程	备注
左	右								
1		7.6	8　50	7.41	3.42	1.15	-0.85	123.57	
2		20.5	12　15	19.58	3.42	4.25	2.25	126.67	
3		47.0	15　30	43.60	3.42	12.10	10.10	134.52	
	4	5.6	-7　40	5.50	3.42	-0.74	-2.74	121.68	
	5	18.6	-11　06	17.91	3.42	-3.51	-5.51	118.91	
	6	27.4	-14　10	25.76	3.42	-6.50	-8.50	115.92	
	7	39.0	-17　06	35.70	3.42	-10.96	-12.96	111.46	

四、横断面图的绘制

横断面图是路基设计的依据资料,绘图的比例尺一般取 1∶200 为宜。考虑到要根据横断面图计算断面面积,故在横断面图上纵向和横向取相同的比例尺。

图 11-9 为一横断面图,图标栏的尺寸均以 mm 为单位注记在图上。其绘图方法如下。

①根据外业测量的资料,计算出各测点至线路中线标桩的水平距离和高程。

②根据毫米方格纸上横断面的宽度,在距离栏内定出中线标桩的位置,并在它的正下方写明中线标桩的里程。然后,由中线标桩向左右两侧绘出各测点,相邻两点间的距离取位至 0.1 m。

③在地面高程栏内填写各测点的高程。

④根据中桩高程,挖填高度和断面情况选定初始高程(即设计高程栏的顶线高程)。

为了便于绘图,最好使毫米方格纸上的粗线高程为整米。由各测点的相应位置绘制高程坐标线,各顶点的连线即为横断线,如图 11 - 9 的细实线所示。为了防止差错,地面线宜在现场点绘。

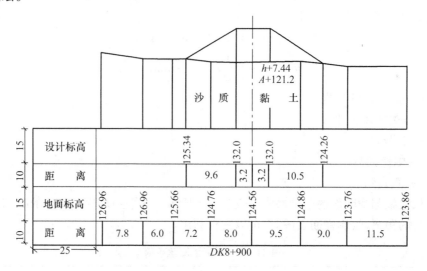

图 11 - 9　横断面图

⑤地面线绘出后,设计人员依据路基设计高程和有关设计资料进行路基设计,并在图上注明填(+ h)、挖(- h)高度和横断面面积(A)。在铁路设计中有大量的横断面需要绘制,这时常将许多横断面图绘制在一张透明方格纸上,而且中心线均在同一条竖直线上,图标栏也不画出。但每个断面图上均需注明所在里程,路基宽度,填挖高度和断面面积。

第六节　路基土方量的计算

线路进行纵、横断面设计以后,为了估算工程造价和编制施工组织计划,需要计算出路基工程的土石方量。填土部分的土石方称为填方,挖土部分的土石方称为挖方。

路基工程的土石方量计算常将两相邻横断面所夹路基土石方体积看成柱体,取两个横断面的面积平均数作为柱体的底面积,两横断面之间的距离作为柱体的高。因此,要计算路基土石方量就必须首先计算路基的横断面面积。

一、计算横断面面积

计算路基横断面面积通常采用以下方法。

1. 积距法

如图 11 - 10,在比例尺为 1∶200 的横断面图上,以高为 l 的间隔(相当于实地 l 米)将横断面图分成若干梯形和三角形,没这些线段的长度分别为 $\alpha_1,\alpha_2,\alpha_3,\cdots,\alpha_n$。则横断面面积 A 为

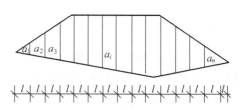

图 11 - 10　积距法计算横断面面积

$$A = l \cdot \left(\frac{\alpha_1}{2}\right) + l \cdot \left(\frac{\alpha_1 + \alpha_2}{2}\right) + \cdots + l \cdot \left(\frac{\alpha_{n-1} + \alpha_n}{2}\right) + \frac{\alpha_n}{2} \cdot l' \qquad (11 - 3)$$

$$= l \cdot (\alpha_1 + \alpha_2 + \alpha_3 + \cdots + \alpha_{n-1}) + l \cdot \frac{\alpha_n}{2} + l' \cdot \frac{\alpha_n}{2}$$

由于最后一个三角形的面积很小,常将 l' 看成与 l 等长,这时有

$$A = l \cdot (\alpha_1 + \alpha_2 + \alpha_3 + \cdots + \alpha_n) \qquad (11-4)$$

若 $l = 5$ 毫米(相当于实地 1 米),则有

$$A = \alpha_1 + \alpha_2 + \alpha_3 + \cdots + \alpha_n \qquad (11-5)$$

在实际工作中,α 值之和常用两脚规在图上逐次累加,即首先量出 α_1,然后保持两脚的开度不变,将两脚规放在 α_2 线段的延长线上,且使两脚规中的一个脚尖与 α_2 线段的起点对齐。如图 11-11 所示,另一脚固定,改变两脚规的开度,将一个脚尖移至 α_2 线段的顶端,这时两脚规上的积距为 $\alpha_1 + \alpha_2$。以此法求出所有线段之和 $\alpha_1 + \alpha_2 + \alpha_3 + \cdots + \alpha_n$,并按 1∶200 的比例尺化算为实际距离,即得该断面图之断面面积。有时也用毫米方格纸折成窄条作为量尺,代替两脚规量取积距,直接求得面积。应用这种方法使操作更为方便,同时也避免了两脚规松动和脚尖扎破图纸的缺点。

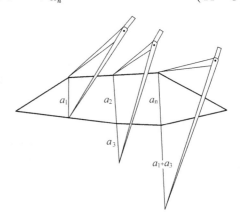

图 11-11 两脚规量距示意图

2. 混合法

当断面面积较大,应用积距法不方便时,常将该横断面分划成一个规则的几何图形,如正方形,长方形和梯形,用简单的公式求算其面积。其余部分用积距法求出,两者之和即为该横断面的面积。

3. 求积仪法

对于形状极不规则且面积较大的横断面,其面积可用求积仪量测。

二、计算土石方量

土石方量计算是将按一定的断面将土石方分割成若干个小的体积。假定相邻两断面间为一棱柱体,如图 11-12 所示,其高为两断面间的中线长度,底面积取相邻断面之平均值。棱柱体的体积按下式求,即

$$V = \frac{1}{2}(A_1 + A_2) \cdot l \qquad (11-6)$$

式中　V——两相邻断面间体积;

　　　A_1, A_2——两相邻断面的面积;

　　　l——两相邻断面间的中线长度。

整个工程的土石方量为

$$V_{总} = \frac{A_1}{2} \cdot l_1 + \frac{A_1 + A_2}{2} \cdot l_2 + \cdots + \frac{A_n}{2} \cdot l_{n+1} \qquad (11-7)$$

在实际工作中,土石方数量的计算一般采用列表计算法或图解计算法,并根据填挖平衡和运输距离最短的原则。尽可能移挖

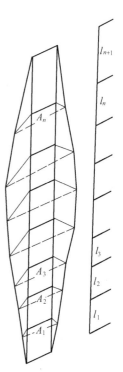

图 11-12 土石方量计算

作填,减少废方和借方,做好土石方量的调配。当线路起点至终点有地形图时,可采用软件(如南方 CASS7.0)进行土方计算,这样,计算工作量会大大降低,具体可参照第六章第七节的内容,或参考相关软件使用手册。

本 章 小 结

　　本章主要介绍了水利工程测量中渠道测量,包括渠道选线,中线测量,纵、横断面图的测量。渠道选线主要经过实地踏勘、室内选线、外业选线等步骤。中线测量主要是沿线路中心测设百米桩、加桩以及放样曲线的主点和曲线的细部点。纵、横断面测量分别是要测出渠道中心线以及垂直于中心线上的坡度变化及各关键位置的高程。水利工程中的土石方量计算通常是将两相邻横断面所夹土石方体积看成柱体,利用柱体的底面积乘以高的方式计算体积,然后将各个柱体的体积求和得到整个土方量的计算。

习　　题

　　1. 渠道中线测量包括哪些内容,如何进行?

　　2. 渠道纵、横断面测量如何进行?

　　3. 如何绘制渠道纵断面图?

　　4. 如何计算土方量?

第十二章　房地产测量

第一节　房地产测量概述

一、房地产测量的概念

房地产测量主要是采集和表述房屋和房屋用地的有关信息,为房产产权、产籍管理,房地产的开发、利用、交易,征收税费以及城镇规划建设、住房制度改革和城市地理信息系统提供数据和资料。房地产测量是测绘技术与房地产管理业务相结合的测量工作,它以房产调查为依据,测绘技术为手段,从控制到碎部精确测定各类房屋和房屋用地的坐落、用地四至、权属界址点的坐标、面积大小,房屋的界址、境界及其附属物,绘制房产图。

二、房地产测量的任务

房地产测量的主要任务是通过调查和测绘工作来确定城镇房屋的坐落、权属、权界、权源、数量、质量和现状等,并以文字、数据和图集的形式表示出来。它的目的是搞清房地产的产权、产籍,使用权的范围、界限和面积,房屋的分布、坐落和形状,建筑物的结构、层数和建成年份,以及房屋用途和土地的使用情况等基础资料,为房地产产权、产籍管理,房地产的开发利用、征收税费以及城镇的规划建设提供基础依据,促进房产开发、管理、维修的经济效益和社会效益。其具体任务包括房屋权属调查、房屋用地调查、建立房地产数据集、绘制房产行政管理所使用的房产图集、房地产图件和资料的整理。

三、房地产测量的作用

房屋和房屋用地是人类生产和生活的重要场所,是人类赖以生存的基本物质要素。房地产测量获得的表述房屋和房屋用地的有关信息,是房地产管理工作必要的基础资料和数据。准确而完整的房地产测量成果是审查、确认房屋的产权、产籍和保障产权人合法权益的重要依据。因此,房地产测量是房地产管理工作的重要基础。归纳起来房地产测量的作用有以下几个方面。

1. 法律方面的作用

房地产测绘为房地产的产权、产籍管理、房地产开发提供房屋和房屋用地的权属界址、产权面积、权源及产权纠纷等资料,是进行产权登记、产权转移和产权纠纷裁决的依据,确认以后的房地产成果资料具有法律效力。

2. 财政经济方面的作用

房地产测绘的成果包括房地产的数量、质量、利用状况等资料,是为进行房地产评估、征收房地产税费、房地产开发、房地产交易、房地产抵押以及保险服务等方面提供数据和资料。

3. 社会服务方面的作用

房地产测绘不仅为房地产业服务,也为城镇规划、建设、市政工程、公共事业、环保、绿化、治安、消防、文教卫生、水利、交通、财政税收、金融、保险、工商管理、旅游、街道照明、通信、燃气供应等城镇事业提供基础资料和有关信息,是保证信息共享、避免重复测绘、重复投入的重要措施。

4. 测绘技术方面的作用

房地产测绘属大比例尺地图测绘,但它不同于通常意义上的大比例尺地形测量。它具有更多的信息源,量大、涉及面广、内容繁多、图表复杂,并具有一定意义上的政府行为。它是建立现代城市地理信息系统重要的基础信息,同时也是城市大比例图更新的重要基础资料。

四、房地产测量的内容与特点

1. 房地产测量的主要内容

房地产测量的主要内容包括房地产平面控制测量、房产面积测算、房产要素调查与测量、房地产变更调查与测量、房产图测绘和建立房产信息系统。随着房地产市场的快速发展和现代测绘技术的广泛应用,房地产测绘的技术手段和方法也越来越多,房地产测绘的内容也越来越丰富。

2. 房地产测量的特点

房地产测量属于测绘科学的分支,应该遵循测绘工作的从整体到局部、从高级到低级、先控制后碎部的原则。房地产测绘与一般测量不同之处在于它的专业性强,主要表现在如下。

(1)房地产测量技术要求的统一性

房地产测量作为关系到产权人财产利益的政府行为,必须严格执行统一的技术法规,以保证不动产图件的统一性。不仅在毗邻的四至间不出现矛盾,在同一城市的行业间也不能出现房产图表示上的矛盾,这就要求坐标统一、分幅统一、界址点和房产表示精度的统一以及房产图图式符号的统一。

(2)房地产测量的法律性

房地产管理不仅依靠行政行为和经济手段,更重要的是以法制手段规范产权人和不动产行为人的社会义务和权利,因此房产图和房地产测量的法律意义要贯彻到不动产测量的始终。

(3)房地产测量的精确性

房地产测量对房屋特征点(即界址点)的精度要求比地形测量更严,尤其建成区的中心地段。房地产界址点的精度分为三级,各级界址点相对于邻近控制点的点位中误差和间距超过 50 m 的相邻界址点的间距误差不超过表 12 - 1 的规定。

表 12 - 1　房地产界址点的精度要求

界址点等级	界址点相对于邻近控制点的点位误差和相邻界址点间的间距误差	
	限差/m	中误差/m
一	± 0.04	± 0.02
二	± 0.10	± 0.05
三	± 0.20	± 0.10

(4)房地产测量成果更新的频繁性

随着经济的发展和人民生活水平的提高,房地产要素不断地在发生变化,要保持房地产成果资料的现势性,更好地为我们的房地产管理和城市规划等提供准确的资料,当房地产要素变化后,要及时同步地进行变更测量。

第二节　房产要素测量

一、房产要素测量的内容

1. 界址测量

界址测量是指对界址点和丘界线所进行的测量,最主要的内容就是测定界址点的坐标。

（1）界址点坐标的测量

界址点坐标测量的方法主要有解析法、图解法、航测法、全站仪法和 RTKGPS 自动获取法。其中解析法是界址点坐标测定的重要方法。界址点坐标的测量工作可以单独进行,也可以在全野外数据采集时和其他房产要素测量同时进行测定。界址点坐标测量时应使用表12－2所示的界址点观测手簿,记簿时界址点的观测序号直接采用观测草图上的预编界址点号。

表 12 - 2　界址点观测手簿

丘　号	界址点编号	标志类型	等　级	坐标/m		点位说明
				x	y	
⋮	⋮	⋮	⋮	⋮	⋮	⋮

填表者：　　　　　　　　检查者：　　　　　　　　填表日期：

（2）丘界线测量

丘界线的边长可直接用界址点的坐标反算求得,如果没有界址点的坐标时,可采用钢尺进行丈量,将丘界线测量结果标示在房产分丘图上。对于不规则的弧形丘界线,可按折线分段计算或分段丈量,并将其折线分段标注于分丘图上。

2. 境界测量

对于行政境界的测量,主要包括国界线及各级行政区划界限、特殊地区界限和保护区界线的测绘。实际上应该是收集已有资料进行描绘。

测绘国界要根据国家正式签订的边界条约或边界议定书及其附图,按实地位置精确绘出。其他界线的成果主要有以下几项：

①界桩登记表；

②界桩成果表；

③边界点位置和边界线走向说明；

④边界协议书及附图；

⑤各级行政区域和特殊地区及保护区界线详细图集部分。

在收集和使用上述成果时,要特别注意更新与修测的成果资料,同时还应该注意上述成果资料的批准部门和批准时间。

境界线分已定界和未定界的两种情况,描绘时应按实际情况用不同的符号进行描述。

房地产测绘人员无权测定各级行政区域界线,只能将其描述或测绘至房产分幅图上或分丘图上,并使房地产测绘成果与其保持一致,不得产生矛盾。

3. 房屋及其附属测量

(1)房屋的测量

进行房屋的测量时,对于不同产别、不同建筑结构、不同层数的房屋应分别测量和表示。房屋按外墙勒角以上墙角为准,依水平投影进行测量。在测量房屋四面墙体外侧或测量房屋墙角点坐标时,应表明房屋墙体的归属,是自有墙、共有墙还是借墙。

(2)房屋附属设施的测量

①有柱走廊应以柱子的外围为准进行测绘;

②无柱走廊应按围护结构外围或外轮廓的投影进行测绘;

③架空通廊应按围护结构的外围进行测绘;

④门廊应以柱或围护物的外围进行测绘;

⑤挑廊和阳台均以围护结构外围为准,围护结构不规则的或难以确定的,以底板投影为准进行测绘;

⑥独立柱和单排柱的门廊、雨篷、货棚、车棚、站台,均以顶盖的投影为准,并测绘出柱子的位置;

⑦门墩、台阶均以外围投影为准进行测绘;

⑧门顶应以顶盖的投影为准进行测绘;

⑨室外楼梯应以外围投影为准进行测绘。

(3)房角点测量

房角点的测量与界址点相同,房角点的类别代码为4。房角点测量,可在墙角设置标志,也可以不设标志,可以房角外墙勒脚以上(100 ± 20)cm处的墙角为测点,测定其坐标。正规的矩形房屋,可直接测定房屋的3个房角点的坐标,另一个房角点的坐标可通过计算求出。

(4)独立地物测量

对于独立地物的测量,应根据地物的几何图形测定出定位点的位置。

①亭应以柱子的外围为准进行测绘;

②塔、烟囱、罐应以底部外围轮廓为准进行测绘;

③水井、消火栓应以该地物的中心为准进行测绘。

4. 交通、水域测量

(1)铁路、道路、桥梁的测绘

①铁路应以两铁轨外沿为准进行测绘;

②道路应以两边路沿为准进行测绘;

③桥梁应以桥头和桥身的外围投影为准进行测绘。

(2)水域的测绘

①河流、湖泊、水库等水域均应以岸边线为准进行测绘;

②沟渠、池塘均应以坡顶为准进行测绘。

二、房地产要素测量的主要方法

房地产要素测量的方法主要有两种:野外解析法测量、航空摄影测量。

1. 野外解析法测量

野外解析法测量是指利用极坐标法、正交法、距离交会法或方向交会法等在野外对房地产要素进行采集,画好草图,内业通过计算机处理、编辑成图。具体采取哪种方法要根据实地的情况而选定,以方便为原则。但是不论采用哪种方法,必须要保证所测各点相对于房地产平面控制点的点位中误差不超过 ±0.05 m,最大限差为 ±0.10 m。对于一级界址点坐标的测量,一般应采用极坐标法、距离交会法或方向交会法,不宜使用正交法,否则难以达到精度要求。极坐标法是目前城镇地物点测定的主要方法。

2. 航空摄影测量

航空摄影测量是指利用航空相片为原始资料,对相片上的影像进行分析、判读和测量,从而确定地面上物体的形状、大小和空间位置,最后测绘成地形图、房地产图。

用航空摄影的方法进行城市房地产测量有些不利因素,如由于城市建筑物又密集又高大,树木又多又高,因而航空摄影像片的阴影较多,浓黑阴影会盖住一些地物要素,既影响测量的精度,又加大了补测工作的难度,点位精度也达不到一、二级界址点精度要求。

第三节　房屋建筑面积测量

房屋建筑面积亦称"房屋展开面积",是房屋各层建筑面积的总和。房屋建筑面积包括使用面积、辅助面积和结构面积三部分。房屋建筑面积的测算是房产面积测算中基本的内容,在操作中比较难把握,所以测量规范中对房屋建筑面积的测算作了详细的规定。

根据房产测量规范和其他计算房屋建筑面积的有关规定和规则,能够计算建筑面积的房屋原则上应具备以下普遍性的条件:

①应具有上盖;

②应有围护物;

③结构牢固,属于永久性建筑物;

④层高在 2.20 m 或 2.20 m 以上;

⑤可作为居住者生产或生活的场所。

其中,层高系指房屋的上下两层楼面,或楼面至地面,或楼面至楼顶面的垂直距离。楼板面至屋顶面的垂直高度也包括楼板面至房屋顶平台面的高度,但房屋顶面或平台面都不应包括隔热层的高度。

一、房屋建筑面积的量算范围

房产测量规范中对不同情况的房屋建筑面积的测算作了较详细的规定,可按其量算范围分为全计算、半计算和不计算三种。

1. 计算全部建筑面积的范围

①永久性结构且层高不低于 2.20 m 的单层房屋,按一层计算建筑面积;多层房屋按各层建筑面积的总和计算。

②房屋内的技术层、夹层、插层及其梯间、电梯间等其高度在 2.20 m 以上部位计算建筑面积。

③穿过房屋的通道,房屋内的门厅、大厅,均按一层计算面积;门厅、大厅内的回廊部分,层高在 2.20 m 以上的,按其水平投影面积计算。

④楼梯间、电梯(观光梯)井、提物井、垃圾道、管道井等均按房屋自然层计算面积。

⑤房屋天面上,属永久性建筑,层高在 2.20 m 以上的楼梯间、水箱间、电梯机房及斜面结构屋顶高度在 2.20 m 以上的部位,按其外围水平投影面积计算。

⑥地下室、半地下室及其相应出入口,层高在 2.20 m 以上的,按其外墙(不包括采光井、防潮层及保护墙)外围水平投影面积计算。

⑦依坡地建筑的房屋,利用吊脚做架空层,有围护结构的,按其高度在 2.20 m 以上部位的外围水平面积计算。

⑧跳楼、全封闭的阳台按其外围水平投影面积计算。

⑨属永久性结构有上盖的室外楼梯,按各层水平投影面积计算。

⑩与房屋相连的有柱走廊,两房屋间有上盖和柱的走廊,均按其柱的外围水平投影面积计算。

⑪房屋间永久性封闭的架空通廊,按外围水平投影面积计算。

⑫有柱或有围护结构的门廊、门斗,按其柱或围护结构的外围水平投影面积计算。

⑬玻璃幕墙等作为房屋外墙的,按其外围水平投影面积计算。

⑭属永久性建筑的有柱的车棚、货棚等按柱的外围水平投影面积计算。

⑮有与室内相通的伸缩缝的房屋,其伸缩缝计算建筑面积。

2. 计算一半建筑面积的范围

①与房屋相连、有上盖无柱的走廊、檐廊,按其围护结构外围水平投影面积的一半计算。

②独立柱、单排柱的门廊、车棚、货棚等属永久性建筑的,按其上盖水平投影面积的一半计算。

③未封闭的阳台、挑廊,按其围护结构外围水平投影面积的一半计算。

④无顶盖的室外楼梯按各层水平投影面积的一半计算。

⑤有顶盖不封闭的永久性的架空通廊,按外围水平投影面积的一半计算。

3. 不计算建筑面积的范围

①层高小于 2.20 m 以下的夹层、插层、技术层和层高小于 2.20 m 的地下室和半地下室。

②突出房屋墙面的构件、配件、装饰柱、装饰性的玻璃幕墙、垛、勒角、台阶、无柱雨棚等。

③房屋之间无上盖的架空通廊。

④房屋的天面、挑台、天面上的花园、泳池。

⑤建筑物的操作平台、上料台及利用建筑物的空间安置箱、罐的平台。

⑥骑楼、过街楼的底层用作道路的街巷通行的部分。

⑦利用引桥、高架桥、高架路、路面作为顶盖建造的房屋。

⑧活动房屋、临时房屋、简易房屋。

⑨独立烟囱、亭、塔、罐、池、地下人防干支线。

⑩与房屋室内不相通的房屋间伸缩缝、沉降缝。

二、房屋建筑面积的测量与计算方法

房屋建筑面积测量的主要目的是获取房屋各个部分的实际尺寸数据,然后再根据服务对象的需要,利用采集的数据进行房屋建筑面积的计算和产权附图的绘制。

房屋建筑面积数据及房屋产权附图是房屋产权产籍管理、核发权证、进行房产交易的一个非常重要的基本资料,一经确定就具有法律效力。因此,房屋建筑面积测算是一项技术性强、精度要求高的工作,其结果直接关系到国家、开发商、产权人各方权益。

房屋建筑面积一般是以一幢房屋为基本单元进行测量和计算的。在某一幢房屋内,根据不同的产权分割情况,其内容又不相同。通常我们所指的某一幢房屋的建筑面积,即指层高 2.2 m 以上(含 2.2 m)的房屋外墙外围水平投影面积、多层建筑物的建筑面积为各层建筑面积总和。此外,还包括阳台、走廊、室外楼梯等房屋附属结构的水平投影面积。

如果此房屋毗邻异产,如房改房、商品房等,那么房屋建筑面积的内容即为此房屋内各产权人所拥有的房屋产权建筑面积。产权人房屋产权建筑面积又由房屋内此产权单元的套内建筑面积(亦称实得建筑面积)和应分摊的幢内公共建筑面积组成。因此,测量项目包括整幢(层),套(单元)的建筑面积,应分摊的公用建筑面积,套内建筑面积及层高等分项指标。

房屋建筑面积的测量方法主要有以下 3 种。

(1)坐标解析法

坐标解析法是利用房角点的坐标计算房屋面积的方法。

(2)实地量距法

实地量距法是在实地用长度测量工具量取有关图形的边长而计算出这个图形的面积。实地量距是目前房地产测量中最普遍的面积测算方法。在测算房屋面积时,现在都是采用实地量距法。

对于规则图形,如矩形、长方形的房屋或房间,都是直接量取边长,很简单地算出其面积。对于不规则图形的面积测算时,可以将其分解成几个简单的几何图形,然后分别计算出这些图形的面积,再算出总面积。

(3)图解法

图上量算面积的方法很多,最简单的方法是求积仪法,但求积仪法精度太低。还有常用的几何图形法,即在图上量取有关图形的长度计算出图形的面积,也可量取图形的坐标计算图形的面积。但这些方法都因精度太低,房产测量现在几乎都不采用。

第四节　房屋共有建筑面积的分摊

共有共用面积是指为多个产权人共同拥有、共同使用的楼梯、过道、公共门厅等以及为整栋建筑服务的公共用房和管理用房的建筑面积,以及套与公共建筑之间的分隔墙,外墙(包括山墙)水平投影面积一半的建筑面积。

根据共有建筑面积的使用功能,共有建筑面积主要可分为 3 类:

①全幢共有共用的建筑面积,是指为整幢服务的共有共用的建筑面积,此类共有建筑面积由全幢进行分摊。

②功能区共有共用的建筑面积,是指专为某一功能区服务的共有共用的建筑面积,如某幢楼内专为某一商业区或办公区服务的警卫值班室、卫生间、管理用房等。这一类专为某一功能区服务的共有建筑面积,应由该功能区内分摊。

③层共有的建筑面积,由于功能设计的不同,共有建筑面积有时也不相同,各层的共有建筑面积不同时,则应区分各层的共有建筑面积,由各层各自进行分摊。例如,各层的卫生间、公共走道等各不相同时,可分层各自进行分摊。

如果一幢楼各层的套型一样,共有建筑面积也相同,如普通的住宅楼,则没有必要对共有建筑进行分类,而是以幢为单位进行一次共有建筑面积的分摊,直接求得各套的分摊面积。

对于多功能的综合楼或商住楼,共有建筑面积的分摊比较复杂,一般要进行二级或三级甚至更多级的分摊。因此,在对共有建筑面积进行分摊之前,应首先对本幢楼的共有建筑面积进行认定,决定其分摊层次和归属。对共有建筑面积分摊的认定要填写认定表进行确认。

一、共有面积分摊原则

共有面积分摊的基本原则是:

①有合法权属分割文件或协议的,应按文件或协议规定进行分摊;

②无权属分割文件或协议的,或权属分割文件、协议不合法的,可按相关房屋的建筑面积按比例进行分摊;

③参加分摊后产权各方建筑面积之和应等于相应的栋、区域、层的权属建筑面积。

二、不同情况下的共有建筑面积的处理

1. 可以分摊的共有建筑面积

①共有的电梯井、管道井、垃圾井、观光井(梯)、提物井。

②共有的楼梯间、电梯间。

③为本幢建筑服务的变电室、水泵房、设备间、值班警卫室。

④为本幢建筑服务的公共用房、管理用房。

⑤共有的门厅、大厅、过道、门廊、门斗。

⑥共有的电梯机房、水箱间、避险间。

⑦共有的室外楼梯。

⑧共有的地下室、半地下室。

⑨套与公共建筑之间的分隔墙,以及外墙(包括山墙)水平投影面积的一半。

2. 不应分摊的建筑面积

①作为人防工程的建筑面积。

②独立使用的地下室、半地下室、车库、车棚。

③为多幢服务的警卫室、设备用房、管理用房。

④用作公共休息用的亭、走廊、塔等建筑物及绿化区。

⑤用作公共事业的市政建设的建筑物。

三、共有共用面积的分摊计算

1. 共有建筑面积分摊计算的基本公式

按相关建筑面积比例进行分摊,计算各单元应分摊的面积,按下式计算,即

$$\left.\begin{array}{l} \Delta P_i = K \cdot P_i \\ K = \sum_{i=1}^{n} \Delta P_i \Big/ \sum_{i=1}^{n} P_i \end{array}\right\} \qquad (12-1)$$

式中,ΔP_i 为各户应分摊的共有共用面积,P_i 为各户参加分摊的面积,$\sum_{i=1}^{n} \Delta P_i$ 为需要分摊

的面积，$\sum\limits_{i=1}^{n}P_i$ 为参加分摊的各户面积总和，K 为分摊系数。

2. 住宅楼共有建筑面积的分摊计算

（1）住宅楼房屋的共有建筑面积计算

整幢房屋的建筑面积扣除整幢房屋各套套内建筑面积之和，并扣除作为独立使用的地下室、车棚、车库、为多幢服务的警卫室、管理用房以及人防工程等面积，即为整幢住宅楼的共有建筑面积。

（2）住宅楼的共有建筑面积的分摊

住宅楼的共有建筑面积以幢为单位进行分摊，根据整幢的共有建筑面积和整幢套面积的总和求取整幢住宅楼的分摊系数，再根据各套房屋的套内建筑面积，求得各套房屋的分摊面积。

3. 多功能综合楼共有建筑面积的分摊

多功能综合楼是指具有多种用途的建筑物，这幢建筑物内有住宅、商业用房和办公用房等多种用途，各共有建筑面积的功能与服务对象也并不相同。因此，对多功能综合楼就不能和普通住宅楼一样，用一个分摊系数一次进行分摊，而是应按照谁使用谁分摊的原则，对各共有建筑面积按照各自的功能和服务对象分别进行分摊，即进行多级分摊。

按照国家标准《房产测量规范》的规定，采取由上而下的分摊模式，即首先分摊整幢的共有建筑面积，把它分摊至各功能区；功能区再把分到的分摊面积和功能区原来自身的共有建筑面积加在一起，再分摊至功能区内各个层；然后再把功能区分别的分摊面积和层原来自身的共有建筑面积加在一起，最后分摊至各套或各户。套内建筑面积加上分摊面积，就得到了各套或各户的房屋建筑面积。如果各功能区内各层的结构相同，共有建筑面积也相同，则可免去层这一级分摊，由功能区直接分摊至套或户。

共有建筑面积的分摊，执行按比例分摊的原则，由上而下依次进行，即先分摊幢，然后分摊功能区，再分摊层，最后把共有建筑面积分摊至套或户。

第五节　变　更　测　量

房地产变更是动态变更，它是房地产产权管理工作中经常性的工作内容之一，为保障已建制的房地产资料的现势性，必须进行房地产变更测量，提供准确的房地产变更测量成果，包括权利位置的定位图籍和权属面积等数据。

房产变更测量系指房屋发生买卖、交换、继承、新建、拆除等涉及权界调整和面积增减变化而进行的更新测量。变更测量分为房屋现状变更测量和房屋权属变更测量两类。

变更测量应根据房产现状变更或权属变更资料，先进行房产变更调查，依据变更登记文件，由当事人或关系人到现场指定变更后的权界。并经复核丈量确认后再进行变更后的权界测定、房产图的修测和面积量算，并及时调整丘号、界址点号、幢号和户号等，进而办理房产产权转移变更登记，换发产权证件，以及对原有的产籍资料进行更新，以保持其现势性。

一、变更测量的方法

变更测量前应收集城建、城市规划等部门的相关资料，确定修测范围，并根据原图上平面控制点的分布情况和控制点的现状，选择变更测量的方法。变更测量应在房产分幅图原图或二底图上进行,根据原有的邻近平面控制点或埋石界址点上设站施测。若现状变更范围较小,可根据现存图根点、界址点、固定地物点等用钢卷尺丈量相关的距离进行修测;现状变更范围较大的,应先补测图根控制点,然后进行房产图的修测。新扩大的建成区,应先布设相应等级的平面控制网,再进行房产图的测绘。

二、变更测量的精度要求

变更测量的精度包括:房地产图图上精度和解析精度。图上精度指的是分幅图图上精度;解析精度指的是新增界址点的点位精度及面积计算精度。

1. 图上精度

国家标准《房产测量规范》对房地产分幅平面图的精度作出了规定:模拟方法测绘的房地产分幅平面图上的地物点相对于临近控制点的点位中误差不超过图上 ±0.5 mm。

现状变更测量后,经修测、补测的分幅图与变更前的分幅图图上精度要求达到一致。

2. 解析精度

国家标准《房产测量规范》对全野外采集数据或野外解析测量等方法所测的房地产要素点和地物点,相对于临近控制点的点位中误差不超过 ±0.05 m。

权属变更测量后,新测定的变更要素点的点位中误差不得大于 ±0.05 m。新测定的界址点精度应保证相应等级界址点的同等精度。房地产变更测量后,房地产面积的计算精度应完全符合相应等级房地产面积精度要求。

三、房地产编号的变更与处理

丘号、丘支号、幢号、界址点号、房角点号、房产权号、房屋共有权号都是房地产产权产籍管理常用的管理号,不能重号。变更测量后,相关的房地产编号必须及时调整。其中,房产权号、房屋共有权号除了整幢房屋拆除需注销其房产权号,一般不予调整。

不分独立丘或组合丘,用地合并或重划,均应重新编丘号。新增丘号、丘支号按编号区内最大丘号、丘支号依次续编。相邻丘的合并,四周外围界址点点号维持原编的点号;同丘分割,新增的界址点点号按编号区内最大界址点号号续编。毗连房屋合并或同幢房屋的分割(设立房屋共有权的商品房除外)应重新编号,新增幢号和新建房屋,按丘内最大的幢号续编;房屋部分拆除原幢号保留,若整幢房屋拆除则幢号注销。

第六节　成果资料的检查验收

房地产测绘资料是在房地产测绘的设计、生产过程中形成,由各用户申请登记,经过主管部门逐户审核确认后,作为核发房产所有证权证与国有土地使用权证的图纸和资料成果。其特点如下:

①具有延续性,是房地产历史和现状的真实记录;

②具有基础性,是进行房地产管理工作的必要条件和重要依据;

③具有准确性,是根据国家标准采用科学的方法使用测量仪器设备测绘的成果;

④具有时效性,在社会主义市场经济条件下房地产的交易十分活跃,城镇建设日新月异,房屋和房屋用地的现状和权属在不断地变化,每次变更都要进行变更测量,对原有的房地产资料进行修正和处理;

⑤具有法律性,是调解房屋产权与土地使用纠纷、审核房屋建筑是否违章等必不可少的法定资料凭证;

⑥具有共享性,它不仅是房地产开发利用、交易、征收税费以及城镇规划建设的重要数据和资料,而且可以作为城市地理信息系统的子系统为城市的土地、地籍的基础资源管理,交通安全,公安消防管理及城市管网管理等提供信息资源。

一、检查验收的目的和要求

房地产测绘成果检查验收是为了保证测绘成果的质量,提高测绘人员的高度责任感,强化各生产环节技术管理和质量管理,建立健全房地产测绘产品生产过程各项技术规定,并严格执行各项技术规范。确保房地产测绘成果的法律效力和维护产权人的合法权益,规范房地产市场。

各级检查验收工作都必须严肃认真,根据自身的实际情况按照房地产测量规范要求建立成果质量检查验收体系,将检查验收工作渗透到每个生产环节。按照房地产测量规范要求制定各生产环节的检查验收标准,使检查验收和生产人员都做到有章可依,按章执行,违章必究。测绘成果不仅要正确可靠,而且还要清楚整齐,体现测绘成果的可续性和严肃性。

二、检查验收的办法与体系

房地产测绘工作是十分细致而复杂的工作,为了保证成果的质量。测绘人员必须具有高度的责任感、严肃认真的工作态度和熟练的操作技术,同时还必须有严格的质量检查制度。

1. 检查验收的办法

房地产测绘成果实行二级检查和一级验收制。一级检查为过程检查,在全面自检、互查的基础上,由作业组的专职或兼职检查人员承担;二级检查由测绘单位的质量检查机构和专职检查人员在一级检查的基础上进行。

检查验收工作应在二级检查合格后由房地产测绘单位的主管机构实施。二级检查和验收工作完成后应分别写出检查、验收报告。

(1)自查

自查是保证测绘质量的重要环节。作业人员在整个操作过程应该经常检查自己的作业方法。对每一天完成的任务要当天查,一旦发现遗漏或错误,必须立即补上或改正,在上交成果以前要全面地作最后检查。

(2)互查

互查是测绘成果在全面自查的基础上,作业人员之间相互委托检查的方法。被委托的互检人员要全面地进行检查。互查不仅能避免自查不容易发现的错误,而且还是互相学习取长补短的一种有效方法。

(3)一级检查

一级检查是在作业人员自查互检的基础上,按房产测量规范、生产任务技术设计书和有关的技术规定,对作业组生产的产品所进行的全面检查。

(4)二级检查

二级检查是在一级检查的基础上,对作业组生产的产品进行再一次的检查。在确保产品质量的前提下,生产单位可根据单位实际情况,参照产品验收详查项目制定出"测绘产品最终检查实施细则",并报上级主管部门批准后执行。

(5)验收工作

验收工作应在测绘产品经最终检查合格后进行。由生产任务的委托单位组织实施,或由该单位委托专职检验机构验收。验收单位按有关项目和不低于表 12-3 规定的比例对被验产品进行详查,其余部分作概查。

表 12-3　房地产测绘产品验收中的详查比例

产品名称	单位	详查比例占年总量	产品名称	单位	详查比例占年总量
控制测量	点	10%	建筑面积计算	项目	20%
界址点测量	点	10%	用地面积计算	项目	20%
标石埋没实地检查	坐	3%	变更测量	项目	20%
编绘原图	幅	10%	房地产测量	项目	20%
分幅图	幅	5%～10%			
分丘图	幅	5%～10%			
分户图	幅	5%～10%			

2. 检查、验收体系

检查验收是保证房地产测绘产品质量的一项重要工作,必须严格执行检查验收的各项规定,建立必要的质量管理机构。

一级检查主要由专职或兼职人员承担,二级检查主要由队(所、科)的质量管理机构负责。验收工作由生产任务的委托单位组织实施,或由该单位委托专职检验机构验收。

生产单位的行政领导必须对本单位的产品质量负责,各级检验人员应对其所检验的产品质量负责,生产人员对其所完成的产品作业的质量负责到底。

在检查、验收中发现有不符合技术规定的产品时,应及时作好记录,提出处理意见,交被检验单位进行改正。当问题较多或性质较严重时,可部分或全部退回被检验单位,令其重新检查和处理,然后再进行检查、验收。当检查人员与被检查人员在质量问题的处理上有分歧时由队(所、科)总工程师裁决,当验收单位与被验收单位对产品质量的意见有分歧时,由仲裁机构裁定或者由当地人民法院裁决。

三、检查验收需上交资料的项目及成果评定

1. 检查验收项目

(1)检查验收依据

①上级下达任务的文件或委托单位合同书;

②《房产测量规范》;

③房地产测绘技术设计书及有关补充规定;

④房屋、土地面积确权的法律文件或协议。

(2)控制测量

①平面控制网的布设和标志埋设是否符合要求;

②各种观测手簿的记录和计算是否正确;

③各类控制点的测定方法、扩展次数及各种限差、成果精度和手簿整理是否符合要求；

④起算数据和计算方法是否正确，平差后的成果精度是否满足要求；

⑤仪器检验项目是否齐全，精度是否符合规定。

（3）房地产调查

①房产调查：a. 各种房产要素调查与填表项目内容是否齐全、正确；b. 房屋权界线示意图上所标绘的房屋及其相关位置、权界线、四至墙体归属以及有关说明、符号是否正确，并与房产图是否一致。

②房屋用地调查：a. 各种房屋用地要素调查与填表项目内容是否齐全、正确；b. 房屋用地范围示意图上所表示的用地位置、四至关系、用地界线、共用院落界线、界标类别和归属，以及有关说明、符号、界址点编号和房地产图上是否一致。

（4）房地产图测绘

①图廓点、方格网、各级控制点、界址点的展绘有无遗漏，位置是否准确；

②房地产图各类要素的施测方法是否符合要求，各项误差是否在限差以内；

③各种要素的注记、说明注记和数字注记是否齐全、正确，位置是否恰当；

④与房地产有关的地形要素有无错漏、移位和变形，各要素的综合取舍和配赋是否恰当合理，图面是否清晰易读；

⑤图幅接边是否在限差内，权属界址线和主要线状地物有无明显变形移位，配赋是否合理；

⑥图廓及图廓外的整饰和注记是否正确齐全。

（5）界址点坐标测量

①界址点测设方法是否符合要求，坐标量测是否正确，精度是否符合要求；

②界址点点号是否编号正确；

③界址点坐标成果表填写是否符合要求，填写项目是否齐全，与图上相应点的编号是否一致。

（6）面积测算

①房屋建筑面积测算是否符合精度要求；

②房屋建筑面积计算范围是否符合规定；

③房屋建筑或用地面积独用部位、共用部位的确定是否合理、正确；

④共用部位的建筑或用地面积分摊计算方法是否符合规定，测算结果是否正确。

2. 成果质量评定

房地产测绘产品质量实行优、良和合格三级评定制，产品质量由生产单位评定，验收单位负责核定。房地产测量先以单项测量为单位进行质量评定，分别评出控制测量、房地产调查、房地产图、界址点坐标量测和面积量算的单项质量，并将各单项质量的优、良、合格分别记为95分、80分、65分，然后取加权平均值，求出综合质量总分。

3. 检查、验收报告

检查报告的主要内容包括：任务概括、检查工作概括、检查的技术依据、主要质量问题及处理情况、对遗留问题的处理意见、质量统计和评价等。

验收报告的主要内容包括：验收工作情况、验收中发现的主要问题及处理意见、质量统计（含与生产单位检查报告中质量统计数的变化及其原因）、验收结论；验收结论是通过产品质量中成绩、缺点问题的分析，对产品质量作出客观的评价、其他意见和建议等。

本 章 小 结

本章介绍了房地产测量的一些基本知识,如定义、任务、作用以及房产要素测量、房产变更测量和最终成果的检查验收等,其中房屋建筑面积的测量和房屋共有建筑面积的分摊是本章的重点。通过本章的学习,使学生对房地产测量的基本知识以及程序和原则有所了解、认识。

思 考 题

1. 什么是房地产测量,房地产测量的任务是什么?

2. 房地产测量有什么特点,其有什么现实作用?

3. 房地产测量的主要工作内容是什么?

4. 房产要素测量的内容有哪些,界址点坐标测量的方法有哪些?

5. 什么是航空摄影测量,用航空摄影测量方法进行城市房地产测量有何弊端?

6. 能够计算建筑面积的房屋原则上应具备哪些条件?

7. 房屋建筑面积测量有哪些方法?

8. 如何进行共有建筑面积的分类与确认?

9. 房屋共有面积分摊的原则及计算方法?

10. 什么是房地产变更测量,房地产变更测量有哪些种类?

11. 房地产变更测量的精度要求有哪些?

12. 简述房地产编号的变更与处理。

13. 房产测量需要上交哪些成果资料,其精度如何评定?

附录　实习实训

实验一　水准仪的认识与使用

一、实验目的

(1)认识水准仪的构造、各部件的名称和作用。

(2)学会水准仪的安置、瞄准和读数方法。

(3)测定地面上两点间的高差。

二、实验要求

每人安置一至两次水准仪,测定地面上两点间的高差。

三、实验仪器和工具

DS_3 自动安平水准仪一套,水准尺一对,尺垫一对,记录板一块,自备2H或3H铅笔一支。

四、实验方法和步骤

1. 安置仪器

在两点中间架设三角架,高度适中,架头大致水平,踏实脚架,用连接螺旋将仪器固定在三脚架上。

2. 整平仪器

任选一对脚螺旋,在其连线的方向上调整这两个脚螺旋,使圆水准器气泡居于连线方向的中间,再转动另一个脚螺旋,使气泡居于圆水准器的中央。操作规律为:左手大拇指的运动方向与气泡的移动方向一致,两手转动脚螺旋时,作相对转动。

3. 瞄准

先调节目镜调焦螺旋使十字丝清晰,并转动仪器用准星和照门瞄准水准尺,然后调节物镜调焦螺旋使水准尺的成像清晰,并调整水平微动螺旋使十字丝竖丝大致平分水准尺上的分划。读数前注意消除视差。

4. 读数

分别读取后视水准尺和前视水准尺上的读数,读数时应按照从小到大的方向并估读到毫米位,要逐步培养良好的习惯,即不读出单位,只报四位数字。

5. 记录和计算

观测者读取读数时,记录员复诵记入表中相应栏内。测完后视尺、前视尺读数即可计算出两点间的高差。

五、实习报告

将数据填入水准仪的使用观测记录中。

水准仪的使用观测记录表

日期_____ 班级_____ 组别_____ 天气_____ 观测者_____ 记录者_____

测站	测点	后视读数/m	前视读数/m	两点间的高差/m		备注
				+	−	

实 验 二 水 准 测 量

一、实验目的

(1)练习并掌握四等水准测量的观测、记录及计算方法。

(2)进一步熟练水准仪的操作。

二、实验要求

用双面尺法观测一条长约500 m 左右的闭合水准路线。视线长度≤100 m,前后视距差≤±5 m,前后视距累计差≤±10 m,视线离地面最低高度应≥0.3 m,黑红面读数之差≤±3 mm,

黑红面高差之差≤±5 mm。

三、实验仪器和工具

DS$_3$ 自动安平水准仪一套,水准尺一对,尺垫一对,记录板一块,自备 2H 或 3H 铅笔一支。

四、实验方法和步骤

1. 在地面上选择一条长约500 m 左右的闭合水准路线

2. 测站观测顺序

观测后视尺的黑面,分别读取下、上、中丝的读数(1)、(2)、(3)并记入观测手簿。

观测前视尺的黑面,分别读取下、上、中丝的读数(4)、(5)、(6)并记入观测手簿。

观测前视尺的红面,读取中丝读数(7)并记入观测手簿。

观测后视尺的红面,读取中丝读数(8)并记入观测手簿。

注意:读数前要消除视差,记录时要按观测的次序将观测数据记入观测手簿中的相应位置。

3. 测站计算与校核

(1)视距部分

后视距离 (9) = (1) - (2)

前视距离 (10) = (4) - (5)

前、后视距差(11) = (9) - (10)

前、后视距累计差(12) = 上站(12) + 本站(11)

注意:(11)的值应 ≤ ±5 m,(12)的值应 ≤ ±10 m。

(2)同一水准尺黑、红面中丝读数的检核

(13) = (6) + K - (7)

(14) = (3) + K - (8)

式中,K——水准尺黑、红面常数差(4687 或 4787)

(13)、(14)的值应 ≤ ±3 mm。

(3)计算黑、红面的观测高差

(15) = (3) - (6)

(16) = (8) - (7)

检核:(17) = (15) - [(16) ±0.100] = (14) - (13)

注意:(17)的值应 ≤ ±5 mm,式中 0.100 为两根水准尺 K 值之差,以 m 为单位。

(4)计算平均高差

$(18) = \frac{1}{2} \left| (15) + [(16) ±0.100] \right|$

4. 路线计算与校核

(1)高差部分

当测站数为偶数时校核公式为

$\sum [(3) + (8)] - \sum [(6) + (7)] = \sum [(15) + (16)] = 2\sum (18)$

当测站数为奇数时校核公式为

$\sum [(3) + (8)] - \sum [(6) + (7)] = \sum [(15) + (16)] = 2\sum (18) ±0.100$

(2)视距部分

$\sum (9) - \sum (10) = \sum 末站(12)$

总视距 $= \sum [(9) + (10)]$

五、实习报告

将观测数据填入四等水准测量观测手簿,并完成水准测量成果计算表。

四等水准测量观测记录手簿

日期_____ 班级_____ 组别_____ 天气_____ 观测者_____ 记录者_____

测站编号	后尺 下丝 / 上丝	前尺 下丝 / 上丝	方向及尺号	标尺读数		K+黑-红	高差中数	备注
	后视距	前视距		黑面	红面			
	视距差 d	$\sum d$						
	（1）	（4）	后	（3）	（8）	（14）		
	（2）	（5）	前	（6）	（7）	（13）		
	（9）	（10）	后－前	（15）	（16）	（17）	（18）	
	（11）	（12）						
			后					
			前					
			后－前					
			后					
			前					
			后－前					

四等水准测量观测记录手簿

测段	点号	测站数	距离/m	实测高差/m	改正数/m	改正后高差/m	高程/m	备注
辅助计算								

实验三　经纬仪的认识与使用

一、实验目的

(1)认识电子经纬仪的构造,了解仪器各部件的名称和作用。
(2)练习经纬仪的使用方法,掌握经纬仪的操作要领。

二、实验要求

(1)每人安置一次经纬仪并读数 2~3 次。
(2)仪器对中误差小于 3 mm,整平误差小于一格。

三、实验仪器及工具

电子经纬仪一台,自备铅笔一支。

四、实验方法和步骤

1. 认识电子经纬仪的构造,了解经纬仪各部件的名称和作用
2. 经纬仪的对中、整平

(1)松开三角架,调节脚架长度,使脚架高度与观测者身高相适应,在保证架头大致水平的同时,将三角架的三个脚大致呈等边三角形安放在测站点周围,使仪器大致对中。转动光学对中器目镜调焦螺旋,使对中器分划板清晰,推拉对中器镜管,使地面标志点清晰,转动脚螺旋使光学对中器分划中心与地面点标志相重合。

(2)伸缩三角架的任意两个架腿并反复调节使圆水准气泡居中。

(3)转动脚螺旋使照准部水准管气泡居中。先使管水准器平行于任意两个脚螺旋,通过调节这两个脚螺旋使管水准器气泡居中,转动照准部使管水准器垂直于原来的两个脚螺旋,调节第三个脚螺旋使管水准器气泡居中。反复调节脚螺旋直到管水准器气泡在这两个方向上都居中为止。

(4)检查地面点标志是否在分划板中心,偏离量不大时,在架头上移动基座精确对中。精确对中和精平反复交替进行。

3. 瞄准、读数

用望远镜上的准星和照门大致瞄准目标,并进行望远镜目镜、物镜调焦,使十字丝和物体成像变清晰,利用照准部水平制动、微动螺旋和望远镜制动、微动螺旋精确照准目标。

读取电子经纬仪屏幕上相应读盘的读数,并记入观测手簿中。

五、实习报告

将观测数据填入经纬仪使用操作记录表中。

经纬仪使用操作记录表

日期_____ 班级_____ 组别_____ 天气_____ 观测者_____ 记录者_____

观测次数	水平度盘读数	竖直度盘读数	何种读数装置	备注

实验四 角度测量

一、实验目的

（1）掌握测回法测量水平角的操作、记录及计算方法。

（2）进一步熟练电子经纬仪的操作方法。

二、实验要求

用测回法对同一个角度观测两个测回，上、下半测回互差不得超过 $\pm40''$，各测回间角值互差不得超过 $\pm24''$。

三、实验仪器及工具

电子经纬仪一套，对中杆两个，自备铅笔一支。

四、实验方法和步骤

1. 将经纬仪在测站点上进行对中、整平，选取两个对中杆作为两个固定的目标 A,B。

2. 置经纬仪于盘左位置瞄准目标方向点 A，使水平度盘的读数略大于 $0°$，转动照准部 $1\sim2$ 再次瞄准目标方向点 A，并读取水平度盘的读数 a_1 记入观测手簿。松开照准部和望远镜的制动螺旋，顺时针方向转动仪器瞄准目标方向点 B，读取水平度盘的读数 b_1 并记入观测手簿。计算上半测回角值 $\beta_{左}=b_1-a_1$，填入观测手簿。

3. 置经纬仪于盘右位置瞄准目标方向点 B，读取水平度盘的读数 b_2 并记入观测手簿。松开照准部和望远镜的制动螺旋，逆时针方向转动仪器瞄准目标方向点 A，读取水平度盘的读数 a_2 并记入观测手簿。计算下半测回角值 $\beta_{右}=b_2-a_2$，填入观测手簿。

4. 若上、下两个半测回角值之差不超过 $\pm40''$，取其平均值作为观测结果即

$$\beta_1 = \frac{1}{2}(\beta_{左}+\beta_{右})$$

5. 第二个测回的观测方法和第一个测回大致相同，只不过在盘左位置瞄准目标方向点 A 时，将水平度盘的读数配置成略大于 $90°$。

6. 若两个测回间的角值之差不超过 $\pm24''$，取其平均值作为观测结果即

$$\beta = \frac{1}{2}(\beta_1+\beta_2)$$

五、实验报告

将实验数据填入测回法观测手簿中。

测回法观测手簿

日期_____　班级_____　组别_____　天气_____　观测者_____　记录者_____

测站	盘位	目标	水平度盘读数/ (° ′ ″)	半测回角值/ (° ′ ″)	一测回角值/ (° ′ ″)	各测回平均角值/ (° ′ ″)	备注

实验五　全站仪的认识与使用

一、实验目的

(1)认识全站仪的构造,了解仪器各部件的名称和作用。
(2)初步掌握全站仪的操作要领。
(3)掌握全站仪测量角度、距离和坐标的方法。

二、实验要求

每人操作并观测一次。

三、实验仪器及工具

南方 NTS665 全站仪一台,自备铅笔一支。

四、实验方法和步骤

1. 将全站仪在测站点上进行对中、整平
2. 距离测量
(1)选择距离测量模式,输入棱镜常数改正值、温度和大气压等参数。
(2)精确照准目标棱镜的中心,确认处于测距模式下,按相应的测距功能键,即可测得两点间的平距、斜距。

3. 角度测量

(1)在角度测量的模式下,盘左瞄准起始目标方向点 A 并读取水平度盘的读数,顺时针转动照准部瞄准另一目标方向点 B 并读取水平度盘的读数。计算上半测回的角值。

(2)置仪器于盘右位置瞄准目标方向点 B,读取水平度盘的读数;逆时针方向转动仪器瞄准目标方向点 A,读取水平度盘的读数。计算下半测回角值。

(3)若上、下两个半测回角值之差不超过限差,取其平均值作为观测结果即

$$\beta_1 = \frac{1}{2}(\beta_左 + \beta_右)$$

4. 坐标测量

(1)进入程序菜单,新建一个测量文件。

(2)进入侧视测量,分别输入测站点和后视点的坐标和高程以及仪器高和棱镜高,并照准后视点进行定向。

(3)照准精确照准目标棱镜的中心,按测量功能键,即可测得目标方向点的空间位置。

五、实验报告

将相关的实验数据记录下来。

实验六　点位放样

一、实验目的

(1)练习水平角、水平距离和确定已知坐标点的测设方法。
(2)掌握经纬仪、钢尺在测设工作中的操作步骤。

二、实验要求

角度测设限差范围为 $\pm 40''$,距离测设相对误差范围不大于 1/5 000。

三、实验仪器及工具

电子经纬仪一台,钢尺一把,木桩一个,测钎 2～3 个,对中杆一个,自备铅笔一支。

四、实验方法和步骤

1. 计算放样数据

在欲测设已知坐标点的附近有两个已知点 T_i,N_8,其中 T_i 为测站点,N_8 为后视点,A_i 为欲放样的点。

点号	X 坐标/m	Y 坐标/m	备注
T_i			测站点
N_8			后视点
A_1			放样点
A_2			放样点

（1）计算测设的水平角度

①计算方位角 $\alpha_{T_iN_8}$

$$R_{T_iN_8} = \arctan\left|\frac{\Delta y_{T_iN_8}}{\Delta x_{T_iN_8}}\right| = \arctan\left|\frac{y_{N_8} - y_{T_i}}{x_{N_8} - x_{T_i}}\right|$$

根据 $\Delta x_{T_iN_8}$，$\Delta y_{T_iN_8}$ 正负，判断其所属象限；从而得出 $\alpha_{T_iN_8}$ 的值。

同理，计算方位角 $\alpha_{T_iA_i}$。

②计算测设水平角度 β

$$\beta = \alpha_{T_iN_8} - \alpha_{T_iA_i}$$

当 β 小于 0° 时，加上 360°。

（2）计算测设水平距离

$$D_{T_iA_i} = \sqrt{(x_{A_i} - x_{T_i})^2 + (y_{A_i} - y_{T_i})^2}$$

2. 水平角、水平距离的测设

在测站点 T_i 上将经纬仪对中、整平，将仪器置于盘左位置照准后视点 N_8 并使水平度盘的读数为 0°00′00″，转动照准部使水平度盘的读数为准确的欲测设角值 β；在此视线上以 T_i 为起点，用钢尺量取预定的水平距离 D，定出点 A_i'，盘右同法测设水平角 β 和水平距离 D 定出点 A_i''，若 A_i'，A_i'' 不重合，取其中点 A_i 为准。检核角度、距离，若在规定的限差范围之内，则符合要求。

五、实验报告

将实验数据填入点的平面位置测设表中。

点的平面位置测设、检测记录

日期_____　班级_____　组别_____　天气_____　观测者_____　记录者_____

测站	测设水平角/ （°　′　″）	检测水平角/ （°　′　″）	误差/ （°　′　″）	限差/ （°　′　″）
	测设水平距离/m	检测水平距离/m	相对误差	限差/mm

实验七　高程放样

一、实验目的

练习测设已知高程点的方法。

二、实验要求

高程测设误差不应大于 ±10 mm。

三、实验仪器及工具

DS$_3$ 水准仪一台,水准尺一把,木桩一个,自备铅笔一支。

四、实验方法和步骤

测设已知高程 $H_设$。

1. 在欲测设已知高程点的附近有一已知水准点 A,其高程为 H_A,在欲测设高程点 B 处打一木桩。

2. 安置水准仪于 A,B 之间,后视 A 点上的水准尺,读后视读数 a,则水准仪视线高 $H_i = H_A + a$。

3. 计算前视读数 $b_应 = H_i - H_设$。

4. 在 B 点紧贴木桩侧面立尺,观测者指挥持尺者将水准尺上、下移动,当水准仪中的横丝对准尺上读数 b 时,在木桩侧面用红铅笔画出水准尺零点位置线(即尺底线),此线即为所要测设已知高程点的位置线。

5. 检核:重新测定上述尺底线的高程,与设计值 $H_设$ 比较,误差不得超过规定值。

五、实验报告

将实验数据填入测设已知高程表中。

已知高程的测设、检测记录

日期_____ 班级_____ 组别_____ 天气_____ 观测者_____ 记录者_____

测站	水准点高程 /m	后视读数 /m	视线高程 /m	待测设点设计高程/m	前视尺应读数/m	检测		备注
						读数	误差	

实验八 房产测量

一、实验目的

(1)练习经纬仪的结构及使用方法,练习角度测量和距离测量的方法。

(2)练习界址点测量和房屋建筑面积和房屋用地面积量算的方法。

（3）测绘 1∶500 房产分宗平面图。

二、实验要求

房屋边长应往返丈量两次,两次丈量结果的较差应满足 $\Delta D \leqslant \pm 0.004D$。

房地产界址点的精度要求

界址点等级	界址点相对于邻近控制点的点位误差和相邻界址点间的间距误差	
	限差/m	中误差/m
一	±0.04	±0.02
二	±0.10	±0.05
三	±0.20	±0.10

房地产界址点的精度要求

房产面积的精度等级	限差	中误差
一	$0.02\sqrt{S}+0.0006S$	$0.01\sqrt{S}+0.0003S$
二	$0.04\sqrt{S}+0.002S$	$0.02\sqrt{S}+0.001S$
三	$0.08\sqrt{S}+0.006S$	$0.04\sqrt{S}+0.003S$

三、实验仪器及工具

电子经纬仪一台,水准尺一根,钢尺一把,计算器一台,自备铅笔一支,电脑一台,CASS7.1 成图软件一套。

四、实验方法和步骤

1. 量取建筑物的边长,并记录其结构、楼层数、建成年份等房产要素,并绘制宗地草图。

2. 根据量取的建筑物边长,以及其形状,用简单图形面积的计算方法,测算出房屋的建筑面积。

3. 用极坐标法或角度交会法、距离交会法测定出界址点、必要地物特征点的坐标,利用公式

$$S = \frac{1}{2}\sum_{i=1}^{n} x_i(y_{i+1} - y_{i-1})$$

计算出房屋用地的面积。

4. 根据绘制的宗地草图以及测定出来的界址点、必要地物特征点的坐标和房屋的边长,利用成图软件绘制出房地产分宗平面图。

五、实验报告

将实验数据填入界址点观测手簿中。

界址点观测手簿

日期_____ 班级_____ 组别_____ 天气_____ 观测者_____ 记录者_____

丘　　号	界址点编号	标志类型	等　　级	坐标/m		点位说明
				x	y	
⋮	⋮	⋮	⋮	⋮	⋮	⋮

实验九　断面测量

一、实验目的

(1)掌握全站仪断面测量的基本方法。
(2)学会利用 CASS 软件绘制断面图。

二、实验要求

每个作业组能在规定的时间内独立完成如附图 1 所示的其中一条长度为 100 米的断面的测设工作,并绘制断面图。

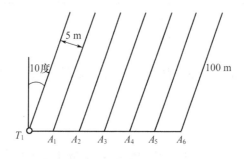

附图 1

三、实验仪器及工具

全站仪 1 台,脚架 1 个,棱镜 1 个,对中杆 1 根,计算器 1 台,小锤 1 把,木桩若干,自备铅笔 1 支。

四、实验方法和步骤

1. 根据已知数据首先计算出断面的起点和终点的坐标,然后根据已知点坐标计算放样数据并将断面的起点和终点采用极坐标法在实地放样出来。

2. 在断面起点上将仪器进行对中、整平,用钢尺量取仪器高和棱镜高,在目标方向点上竖立对中杆。

3. 将仪器置于盘左位置并瞄准目标方向点,在此方向的坡度变换点上放置棱镜并进行观测,将观测的数据存储在全站仪内。

3. 将全站仪内的数据传输到计算机内。

4. 利用 CASS 软件绘制断面图,步骤如下(由坐标文件生成)。

(1)如图附图 2 所示,在屏幕下拉菜单中选择"绘图处理"→"改变当前图形比例尺",在下面命令栏中输入比例尺后回车。

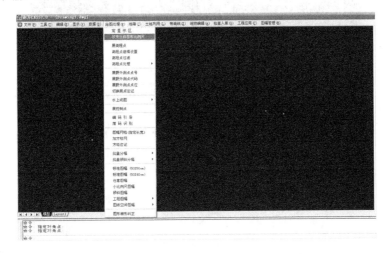

附图 2

(2)在屏幕下拉菜单中选择"绘图处理"→"展野外测点点号",选择野外所测数据,在命令栏中输入"pl",将起点和终点连成多段线后回车,如图附图 3 所示。

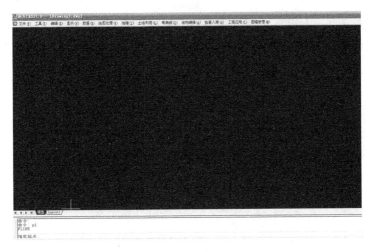

附图 3

(3)在屏幕下拉菜单中选择"工程应用"→"绘断面图"→"根据已知坐标",如附图 4 所示,然后用鼠标点取所绘断面线,屏幕上弹出"断面线上取值"对话框(如附图 5 所示),找出坐标数据文件名存储路径,并根据需要设置采样点间距和起始里程(系统默认采样点间距为20 m,起始里程为 0 m)。

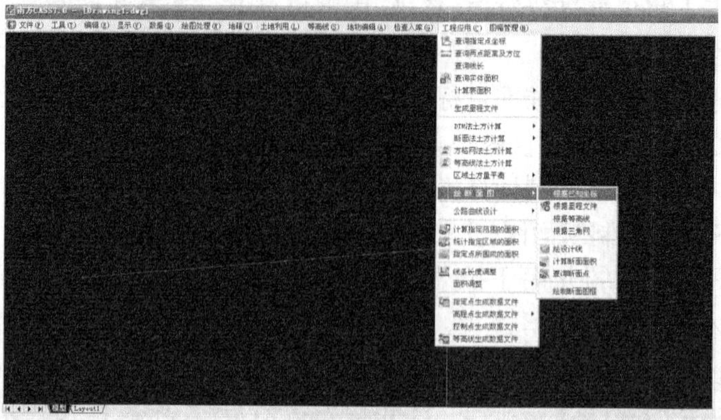

附图 4

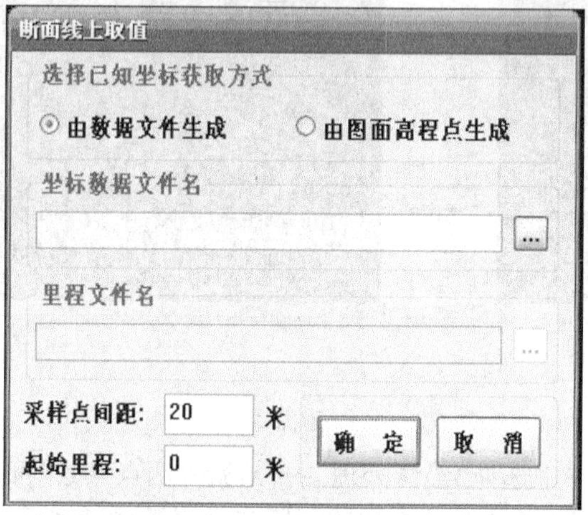

附图 5

（4）点击"确定"后,在屏幕上弹出的绘制纵断面图对话框（如附图 6 所示）中设置相应的参数,选择断面图位置后点击"确定",在屏幕上即出现所选断面线的断面图（如附图 7 所示）。

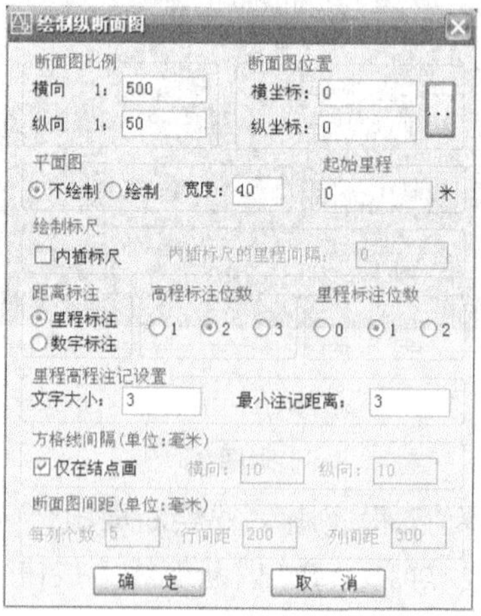

附图 6

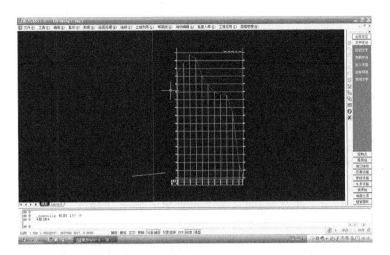

附图7

五、实验报告

1. 每个小组提交一份断面测量的资料。
2. 每个小组成员提交一份纵断面图。

参 考 文 献

[1]杨华.工程测量[M].哈尔滨:哈尔滨工程大学出版社,2010.

[2]邢继德.房地产测绘[M].重庆:重庆大学出版社,2008.

[3]王根虎.土木工程测量[M].郑州:黄河水利出版社,2005.

[4]李生平.建筑工程测量[M].北京:高等教育出版社,2002.

[5]付新启.测量学[M].北京:北京理工大学出版社,2008.

[6]张晓东.地形测量[M].哈尔滨:哈尔滨工程大学出版社,2009.

[7]张晓东.工程测量[M].北京:教育科学出版社,2007.

[8]高井祥 张书毕 汪应宏,等.测量学[M].中国矿业大学出版社,1998.

[9]罗志清.测量学[M].昆明:云南大学出版社,2006.

[10]杨松林.测量学[M].北京:铁道出版社,2002.

[11]王兵.工程测量学[M].重庆:重庆大学出版社,2009.

[12]靳祥升.工程测量技术[M].郑州:黄河水利出版社,2004.

[13]邓洪亮.土木工程测量学[M].北京:北京工业大学出版社,2005.

[14]张鑫,耿宏锁,李援农.测量学[M].咸阳:西北农林科技大学出版社,2006.

[15]杨晓平.建筑工程测量[M].武汉:华中科技大学出版社,2006.

[16]杨中利.应用测量学[M].西安:西安地图出版社,2006.

[17]李仕东.工程测量[M].北京:人民交通出版社,2002.

[18]熊春宝,岳树信.测量学[M].天津:天津大学出版社,1996.

[19]李天和.工程测量[M].郑州:黄河水利出版社,2006.

[20]张慕良,叶泽荣.水利工程测量[M].北京:水利电力出版社,1979.

[21]张慕良.水利工程测量(第二版)[M].北京:水利电力出版社,1979.

[22]季斌德、邵自修.工程测量[M].北京:测绘出版社,1988.

[23]华东水利学院测量教研组.水利工程测量[M].北京:水利电力出版社,1979.

[24]周正健.建筑工程测量技术[M].武汉:武汉理工大学出版社,2002.

[25]刘志章.工程测量学[M].北京:水利电力出版社,1992.

[26]中国有色金属工业协会.工程测量规范(GB 50026—2007)[S].北京:中国计划出版社,2008.

[27]国家测绘局测绘标准化研究所.房产测量规范(GB/T 17986.1—2000)[S].中国标准出版社,2000.